건축 텍스트북

주거론

Introduction to Housing

대한건축학회 편

기문당

발간사

대한건축학회는 1945년 창립 이래 모든 건축인의 협조와 관심으로 학술·예술·기술에 관련된 역량을 축적해 오면서 우리나라 건축계에서 으뜸가는 두뇌집단으로 성장하였고, 국제적으로도 우리나라 건축계를 대표하는 역할을 수행하여 국가와 사회에 봉사하는 학술단체 면모를 굳건히 하고 있습니다. 우리 학회에서 수행하고 있는 여러 사업 중에서 발간사업은 매우 중요한 것으로서 보다 활발해야 할 것으로 생각됩니다.

건축학은 종합예술, 종합기술이며 실용학문으로 학문적 이론과 학술연구 결과가 실무에 적용되도록 널리 보급되는 것이 바람직합니다. 더욱이 작금의 기술과 학문은 빠른 속도로 변화하고 있으며, 그에 따라 국제화, 정보화 시대에 경쟁력에 맞는 건축문화와 건축기술을 선진화하는 데 일각의 시간도 헛됨이 없어야 하겠습니다. 여기에 학술연구와 그 결과를 보급하기 위한 발간사업의 중요성이 강조되는 것입니다.

금번 우리 학회에서는 건축의 모든 분야를 다루는「건축텍스트북 시리즈(12개 분야, 16권)」를 발간하게 되었습니다. 이것은 지난 1995년의 건축학전서 11권 발간에 이어 두 번째 총체적 발간사업입니다.

이번에 발간되는「건축텍스트북 시리즈」는 대학교재로 활용할 수 있도록 각 분야별 전공 내용을 담았으며, 분야별 전공교수와 실무 전문가들이 참여하여 열과 성을 다하여 집필하였습니다. 이 책은 건축의 전공자뿐 아니라 건축기획, 건축실무, 정책의 수립과 집행 등에 관계되는 모든 분들에게 건축 전반에 대한 지침서로서도 훌륭히 역할을 할 수 있으리라고 믿습니다.

끝으로 이번「건축텍스트북 시리즈」발간에 애쓰신 우리 학회 출판부장 서봉교 교수와 각 권 집필 책임위원을 비롯한 집필위원 여러분께 감사드리며, 또한 좋은 책이 되도록 세심히 살펴주신 기문당 강해작 사장님과 출판사 관계자 여러분께 고마움을 표합니다.

2010년 4월

대한건축학회 회장 손장열

머리말

건축의 역사는 주거로부터 시작했습니다. 구석기시대, 신석기시대 수 만년을 거치면서 원시인들의 가장 큰 꿈은 집을 갖는 것이었습니다. 집을 가짐으로써 인류 문명과 문화의 큰 발전이 시작되었습니다. 집은 인간 문화 발전의 베이스캠프인 셈이었습니다. 주거는 과거나 미래에 있어서 그 어느 것보다도 인간생활에 깊은 영향을 미치며, 사회와 문화영역과 더 밀접하게 연관되어 있습니다. 그리고 주거가 건축영역에서 차지하는 비중은 양적으로나 질적으로 절대적입니다.

1997년 대한건축학회가 발간한 〈주거론〉이 주거를 전공하는 건축학 교수들의 연구성과를 정리한데 반하여, 이번 주거 저술은 최신 정보와 지식을 바탕으로 대학 교재 집필을 1차적 목적으로 했습니다. 주거 분야를 〈주거론〉, 〈주택디자인〉, 〈공동주택디자인〉 3권으로 나누어 집필했습니다. 〈주거론〉은 주거 이해의 입문서로 기획하여 주거와 문화, 주거와 사회, 주거와 환경, 주거와 경제로 구성했습니다. 〈주택디자인〉은 주택계획의 입문서이면서 저학년 주택설계 교재 목적으로 기획하여 주택디자인 요소, 주택디자인 유형, 주택디자인 프로세스, 주택 사례분석으로 구성했습니다. 〈공동주택디자인〉은 공동주택계획의 입문서이면서 고학년 공동주택설계 교재 목적으로 기획했습니다. 집필위원은 지역 대학과 수도권 대학에서 주거를 강의하거나 설계 전공 교수들로 균형있게 구성하고 산업계 및 연구소 전문가도 포함하여 유능하신 60여 분이 참여하셨습니다.

〈주거론〉은 그 내용이 광범위하여 건축학, 주거학, 경영학 등 다양한 분야의 집필진으로 구성했습니다. 특히, 많은 주거학과 교수들께서 애쓰셨습니다. 이 책이 우선 주거를 전공하는 젊은이들이 애독되고, 건축계나 주거학계 뿐만 아니라 다양한 분야에 널리 읽히는 이로운 책이 되기를 기원합니다. 〈주거론〉 발간에 깊은 애정을 가지고 리드해주신 주거집필위원회 위원이신 강순주 교수, 권오정 교수 그리고 이상호 교수께 감사드립니다. 알찬 책이 되도록 좋은 글을 주신 집필위원께 감사드립니다. 그리고 물심양면으로 배려해주신 기문당 강해작 사장님과 출판사 관계자 여러분께 감사드립니다.

2010년 4월 대한건축학회 계획위원회

위원장 이영한

집 필 진

1부 / 주거와 문화

1장 인간과 주거 강순주 | 건국대학교 건축대학 교수

2장 주거형태와 문화 전봉희 | 서울대학교 건축학과 교수

정건채 | 남서울대학교 건축학과 교수

3장 미래의 주거 김세용 | 고려대학교 건축학과 교수

2부 / 주거와 사회

4장 주거와 사회환경 백혜선 | LH토지주택연구원 연구위원

5장 주거수준과 현황 신화경 | 상명대학교 소비자주거학과 교수

6장 주거지 재생 강인호 | 한남대학교 건축학과 교수

7장 주거와 복지 권오정 | 건국대학교 건축대학 교수

김영주 | 중앙대학교 주거환경학과 교수

8장 정보사회와 주거 고일두 | 서울과학기술대학교 건축학부 교수

3부 / 주거와 환경

9장 인간과 환경 박경옥 | 충북대학교 주거환경학과 교수

10장 주거의 실내환경 전정윤 | 연세대학교 실내건축학과 교수

11장 친환경 주거 이태구 | 세명대학교 건축공학과 교수

4부 / 주거와 경제

12장 주택시장과 산업 심형석 | 영산대학교 부동산금융학과 교수

13장 주택사업과 마케팅 김승배 | 피데스개발 대표이사

14장 주택정책 서명교 | 대한주택건설협회 상근부회장

15장 주거관리 김선중 | 울산대학교 주거환경학과 교수

집필위원회 위원장 이영한 | 서울과학기술대학교 건축학부 교수

위 원 이상호 | 연세대학교 건축대학 교수

강순주 | 건국대학교 건축대학 교수

권오정 | 건국대학교 건축대학 교수

노승범 | 한양대학교 건축디자인대학원 교수

김민경 | 서울과학기술대학교 건축학부 교수

김호정 | 단국대학교 건축학과 교수

김세용 | 고려대학교 건축학과 교수

김태만 | 해안종합건축사사무소 대표

차 례

1부 주거와 문화

제1장 인간과 주거

제2장 주거형태와 문화

제3장 미래의 주거

1장 인간과 주거

주거란 인간이 주체(휴먼웨어)가 되어 삶과 문화(소프트웨어)가 만들어지는 장소(하드웨어)로서, 물리적 객체로서의 하드웨어인 주택과는 의미를 달리한다. 본장에서는 이러한 주거의 개념과 함께 여러 주거이론들을 통해 다양한 주거공간을 창출하는 일련의 과정을 배우고 생활주체인 인간의 생애주기와 가족 생활주기 속에서 주거요구의 변화와 주생활양식 이론을 이해한다. 또한 가족구조 변화 속에서 나타나는 가족의 다양화 현상을 살펴보면서 주거환경계획 방향을 모색해본다.

1-1 주거의 이해

(1) 주거의 의미

주거의 의미를 탐색해보기 위해서는 먼저 주택(住宅)과 주거(住居)의 개념이 어떻게 다른지를 이해할 필요가 있다. 주택은 물리적 객체로서 공간의 환경체계를 의미하는 반면 주거는 인간이 주체가 되어 생활을 수용하고 영위하는 장소로서 인간의 정서적인 내면과 함께 물리적 객체인 공간 사이에서 맺어진 심리적, 사회문화적인 측면도 같이 포함된다.

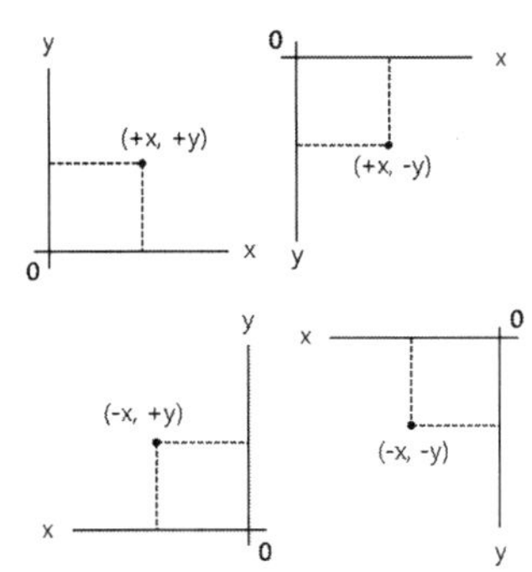

그림 1-1 | 점의 위치와 좌표
같은 점이어도 좌표설정에 따라 평가가 다름

요시자카 다카마사 吉阪隆正는 수학에서 어느 한 점의 위치와 의미를 알고자 할 때, 좌표축과 점이 어떤 관계에 놓여있느냐에 따라 점의 수식 표현이 가능한 것처럼, 인간의 존재가치를 논할 때에도 지금 처해 있는 장소를 원점(근거)으로 시작해야 한다고 하였다(그림 1-1). 즉, 주변환경의 관계설정에 따라 자신의 존재감을 확인할 수 있으므로 주거는 그런 의미에서 인간의 삶과 환경과의 관계 속에서 이해해야 한다.

결국 물리적 객체로서의 주택은 인간에게 실존의 의미를 갖도록 의미 있는 환경으로 인식하고 경험할 수 있게 디자인되고 관리될 때 비로소 주거가 됨을 의미한다.

여기서 물리적 하드웨어인 주택의 범위는 "단독주택·가구" "공동주택·공동시설" "주거지·지역시설"의 범위까지 확대되며 인간의 생활범위는 소프트웨어로서 개인생활부터 시작하여 지역의 사회생활 범위까지 확대된다. 종합하면, 주거란 인간이 주체(휴먼웨어)가 되어 삶과 문화(소프트웨어)가 만들어지는 장소(하드웨어)라 정의할 수 있다(그림 1-2).

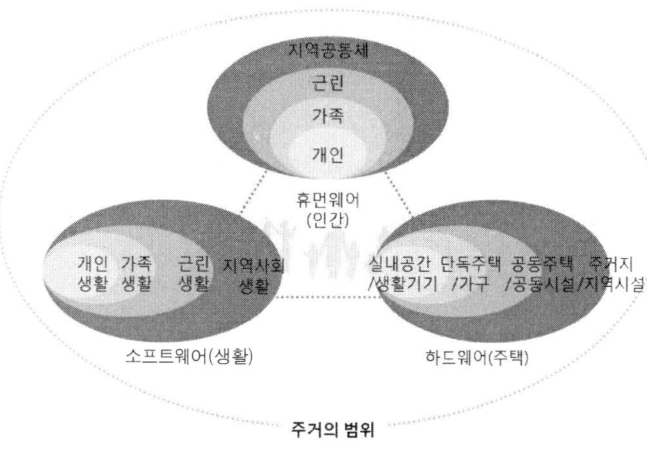

그림 1-2 | 주거의 범위

(2) 주거의 학문적 접근체계

주거를 다루는 학문은 인간의 거주환경을 1) 계획·설계 2) 생산·건설 3) 유통·판매 4) 운영·관리하는 일련의 과정 속에서 생활의 주체성을 기반으로 제반문제를 해결해 가는 학문이라 할 수 있다.

따라서 주거의 학문적 접근체계는 다음의 내용을 기본으로 한다.

첫째, 주거의 학문적 존립기반은 주거문제를 해결하기 위한 생활주체(거주자 또는 소비자)의 주거운동과 같은 것이다. 즉, 주택이나 주거환경이 자본원리나 편협한 일부 전문가 의식 속에서 일방적으로 만들어져 거주자에게 밀어붙이는 식이 아니라, 거주자의 의식, 경험, 요구를 기반으로 참여에 의해 인간성이 보장받는 주거환경체제 구축을 위하여 존재한다.

둘째, 주거의 학문적 역할은 생활 주체의 주거문제를 해결하기 위해 이론적이면서도 실천적으로 기여한다는 명확한 사회 · 정책적 목적을 갖고 있다. 이것은 다양화되고 고도화되는 주거의 제반 양상을 예리하게 과학적으로 분석하여 주거문제의 실천적 과제에 응해야 함을 의미한다.

셋째, 주거의 학문적 연구방법은 정치 인문사회 · 경제학적 인식과 공학기술 · 예술을 바탕으로 하되, 이를 이론적이고 실천적으로 해명하기 위해서는 생활의 공간적 측면 접근에 의거해야 한다. 이는 주거공간을 생활공간 시스템론(계획 · 생산 · 관리의 과정)으로 전개해야 함을 의미한다. 즉, 1) 주거공간에 있어서 생활주체에게 어떤 문제가 있는가, 2) 문제를 해결하기 위해서는 어떤 공간양식과 형태를 생각할 수 있는가, 3) 공간을 실현하기 위해서는 어떤 조건들이 필요한가, 4) 구체적으로 어떤 방법을 동원하여 공간을 만들 것인가, 5) 만들어진 공간을 어떻게 사용할 것인가, 6) 사용할 공간을 어떻게 운영하고 관리할 것인가 라는 맥락에서 접근하는 것이다.

넷째, 주거의 학문적 연구대상 영역은 생활과 공간의 상호 관계 속에서 규정된다. 앞서 주거의 개념과 범위에서도 서술하였듯이 기본적으로 개인, 가족, 지역사회 구성원들의 삶의 질 향상을 위한 주거의 4단계 물리적 공간영역(실내–단독주택–공동주택–주거지)은 각각이 고유의 특성을 갖고 있으면서도 상호 단계적으로 중첩되어 연속성을 갖는 일련의 공간 구성이므로, 이들이 만들어지고 사용되고 소멸되는 전 과정의 범위가 연구대상이 된다.

다섯째, 주거의 학문적 접근은 생활을 직시하면서 생활 주체의 의식, 요구, 가치관 등을 과학적으로 파악하는 것이다. 즉, 생활주체인 인간이 주택이라는 물리적 공간영역에 어떠한 요구를 갖고 어떠한 양식으로 생활하는가에 대한 행태와 요구 파악에서 시작해야 한다.

표 1-1 ● 주거의 학문적 접근체계

학문적 존립체계	생활주체 참여에 의해 인간성이 보장받도록 주거환경과 생활양식을 창조해 가는 사회체제 구축
학문적 역할	주거문제 해결을 위해 과학적 분석을 통해 이론적 · 실천적으로 기여
학문적 연구방법	생활공간시스템(계획 · 생산 · 관리) 과정의 총체적 접근 -정치, 인문사회, 경제, 공학기술, 예술
학문적 연구대상	개인, 가족, 근린, 지역공동체의 삶의 질 향상을 위한 주거의 물리적 공간영역(휴먼웨어+소프트웨어+하드웨어)

이상과 같은 접근체계는 화이트(white)의 개념 모형에서도 같은 맥락으로 이해할 수 있다(그림 1-3).

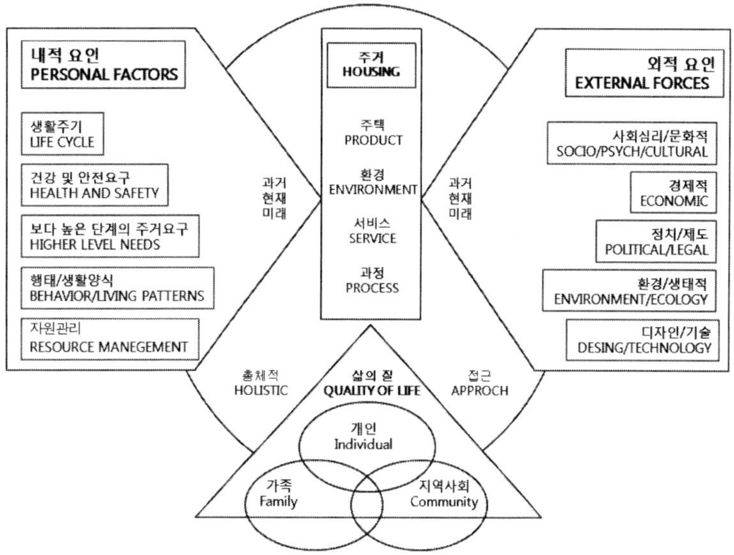

그림 1-3 | 주거의 학문적 구성과 내용

주거의 연구대상은 주택상품(product), 환경(environment), 서비스(ser- vice), 과정(process)이다. 즉, 주택상품은 사람들에게 물리적인 피난처와 상징적인 의미를 제공하기 위하여 만들어지는 제품이면서 이웃과 지역사회에 소속되기도 하는 독특한 생산품이다. 또한 주거는 인간을 둘러싸고 있는 근접한 환경으로서 주택 내의 빛 · 공기 · 열 · 음 등의 물리적 환경과 주택이 위치한 대지 · 이웃 · 지역사회의 각종 시설과 교통 등의 외적환경 등에 의해 많은 영향을 미치게 된다. 이 밖에도 주거는 계획, 개발, 건설, 매매, 관리, 조절함으로써 사람들의 서비스에 의존하며 주거에 관련된 계획, 생산, 분배 등의 전 과정 속에 주택이 생산, 이용, 소멸되는 프로세스를 거친다.

이러한 4가지의 주거 연구대상은 개인 · 가족 · 지역사회와 상호 연결되어 삶의 질에 영향을 미치므로 그 관련성을 연구하기 위해서는 총체적인 접근이 요구된다. 즉, 주거에 영향을 미치는 개인 및 가족 내적 요인(생활주기, 건강과 안전, 더 높은 주거요구, 생활양식, 자원관리 등)과 외적 요인(사회심리 · 문화, 경제, 정치 · 제도, 환경 · 생태, 디자인 · 기술 등) 들과의 관계를 과거 · 현재 · 미래의 역사적인 변천을 이해함으로써 자연스럽게 현재를 올바르게 파악하고 미래를 예측할 수 있어야 함을 의미한다.

이렇듯 주거의 대상은 개인 · 가족 · 지역사회의 복지에 초점을 맞추고 있으며, 관련된 기초학문의 분야가 다양하기 때문에 주거현상을 제대로 이해하기 위해서는 학제적인 다양하고 총체적인 접근방법을 갖고 상호보완적으로 적용할 필요가 있다.

(3) 주거 이론

인간이 가지는 주거의 의미는 주거 선택이나 주거디자인에 반영되어 나타나므로 이를 뒷받침하는 기본적인 이론인 주거요구, 주거의식, 주거가치관, 주거규범에 대한 이해가 필요하다.

1) 주거요구(housing needs)

생활의 주체성을 파악하는 기본은 생활의 주체인 거주자의 요구를 파악하는 일이다. 요구란 생활의 최소 단위인 〈인간(人)-사물(物)〉과의 관계 속에서 거주자가 어떤 목적을 가지고 사물에서 얻고자 하는 것을 추구하는 과정이다. 여기서 목적에 해당하는 것이 요구이며, 이 목적 달성을

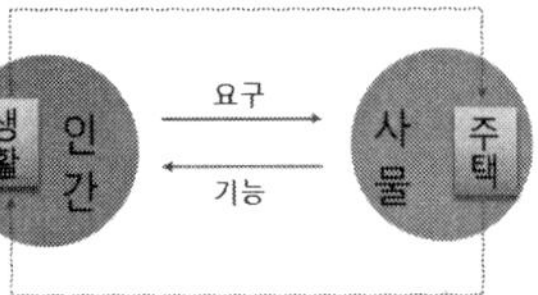

그림 1-4 | 주거요구와 기능과의 관계

위한 사물의 역할을 기능이라 부른다. 인간은 생활에 대한 여러 종류의 요구를 갖고 있으며 그 요구는 고정된 것이 아니라 생활상태, 조건 등의 변화에 따라 강도, 크기, 모양새가 다르다. 그 중에서 주택이라는 물적 대상에 대하여 나타나는 생활요구가 주거요구이다. 따라서 주거요구를 파악하기 위해서는 인간의 생활에 대한 기본욕구와 최소단위의 물적 대상인 주택의 기능에 대한 이해가 필요하다(그림 1-4).

여기서는 매슬로우(1970)의 인간의 5단계 동기이론에 근거하여 주거요구 기능을 살펴본다.

첫 번째 수준은 생리적 욕구로, 이는 가장 기본적인 인간의 욕구로서 먹고 숨 쉬고 움직일 공간을 필요로 하며 쉬고 잠자고 체온을 유지하는 신체적 건강관리를 위한 욕구이다. 따라서 주거는 이러한 욕구에 응할 수 있는 채광, 보온, 환기, 위생 등을 합리적으로 통제할 수 있는 환경으로 계획되어야 한다.

두 번째 수준은 안전성의 욕구로 이는 인간은 자기소유물을 보호하기를 원하고 주변에서 무슨 일이 일어날 것을 예측할 수 있을 때 안전성을 유지할 수 있으므로 위험으로부터 안전해야 하는 한다는 욕구이다. 따라서 주거는 구조적 안전성은 물론 자연의 위협이나 사회적 위험으로 보호받을 수 있는 내구성, 방범 등이 보장되어야 한다.

세 번째 수준은 사회적 욕구로, 인간은 혼자서 살 수 없는 사회적 동물이므로 항상 소속되기를 원하고 사랑받고 인정받기를 원하면서 인간관계를 맺으려는 욕구이다. 주거 내외의 가족과 근린들과의 바람직한 커뮤니티가 형성될 수 있는 공간구성 등은 생활을 보다 윤택하고 풍요롭게 해준다.

그림 1-5 | 매슬로우의 인간욕구 위계

네 번째 수준은 자아존중 욕구로 이는 사회적 욕구 충족이 이루어질 때 자아 확신감, 성취감, 독립심 등을 갖고자 하는 자존의 욕구이다. 주거환경의 프라이버시가 확보되고 내집, 우리 동네라는 소속감과 함께 개인이나 가족을 표현하는 상징성의 기능도 요구된다.

다섯 번째 수준은 자아실현 욕구로 이는 가장 높은 수준이며 개인의 잠재력과 재능, 능력을 마음껏 실현시키고자 하는 욕구이다. 자아실현을 추구하는 개인이나 가족에게 있어서 주거환경은 단순히 사는 장소 이상의 자아실현의 충족감을 부여할 수 있도록 계획되어야 한다(그림 1-5).

2) 주거의식(housing consciousness)

주거의식은 주거요구가 나타나게 되는 심리·정신적 기반으로서 개인의 거주경력, 관찰, 학습 또는 계몽, 광고 등에도 영향을 받으면서 형성되고 변화해가는 것으로서 주거요구의 방향과 강도에 영향을 주게 된다.

이렇듯 주거의식은 주거요구 안에 내재화되고 있는 의식이지만 때로는 주거에 대한 요구형태가 아닌 단편적인 견해로서 표현되는 경우도 있다. 이를 주거의견이라고 한다. 또한 당면의 실천적 요구로서가 아니라 개별적으로 체계화되고 객관화되어 구체적 형태로서 나타나는 것은 주거이상이라고 표현되기도 한다(西山夘三, 1968). 결국 주거의식, 주거요구, 주거의견, 주거이상 등은 다음에 서술할 주거 가치관이 만들어지는 각각의 요소들이라 할 수 있다.

3) 주거가치관(housing values)

주거가치관은 그림 1-6에서 보는 바와 같이 주거의식이 하나의 형태로 정리되어 나타나는 총체적 개념으로, 이는 시대와 사회계층에 따라 다르게 나타난다. 따라서 시대에 맞는 주거가치관에 대한 연구는 주택정책은 물론, 주택의 건설 공급 및 설계, 재생에 이르기까지 바르게 개선할 수 있는 방향을 제시할 수 있는 중요한 밑거름이 된다.

주거가치의 개념은 커틀러(Cutler, 1947)와 베이어(Beyer, 1975)의 연구 이후 많은 학자들이 주거조건의 평가기준으로 사용하여 왔다. 주거가치는 주거를 바람직하게 선택하도록 이끄는 가치로서 시간 및 공간적 변화와 함께 변화하는 상대가치라 하였다(Deacon & Firebaugh, 1981). 커틀러는 주거가치를 미(beauty), 안락(comfort), 편리(convenience), 위치(location), 건강(health), 안전(safety), 개인관심(personal interests), 사생활(privacy), 사회활동(friendship activities), 경제(economy) 등의 10개로 분류하였는데 이는 주거선택 상황에 한정시켜 적용하였다. 반면

베이어는 주거가치를 경제(economy), 가족중심(familycentrism), 평등주의(equality), 여가(leisure), 육체적 건강(physical health), 미(aesthetics), 자유(freedom), 정신적 건강(mental health), 위신(social prestige)의 9가지로 나누고 이들 가치는 주거선택에서의 가치뿐 아니라 일반적 가치로서 보편적인 생활상의 가치와 같게 보았다.

나카지마(中島), 칸바야시(上林, 1986)는 주거 가치관은 주거선택은 물론 주거계획에도 유기적인 관련이 있다고 하면서 전통관습형, 과시형, 합리형, 개성자율형의 4가지 유형을 제시하기도 하였다. 우리나라에서는 1980년대부터 주거가치관에 대한 연구가 시작되면서 주로 주거선택과 만족도, 주거계획 등의 연구에 적용시키고 있다.

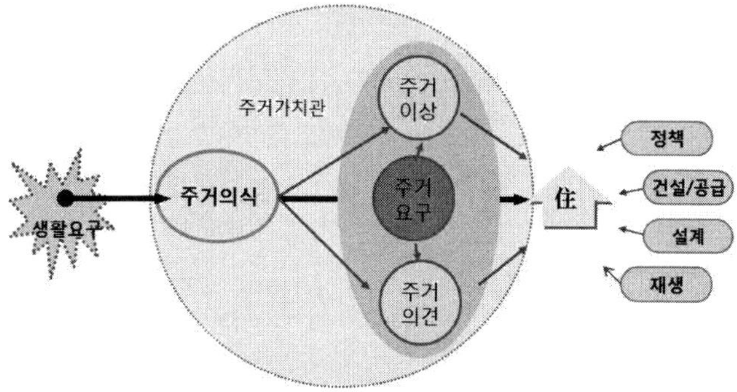

그림 1-6 | 주거가치관의 개념요인과 의의

4) 주거규범(housing norms)

주거규범은 한 문화권에 사는 개인이나 가족이 바람직하다고 생각하는 주거에 대한 기준이며, 이는 자신과 타인의 주거상황을 평가하는데 사용된다. 주거규범에는 한 사회에서 보편적으로 주거에 적용하는 문화규범과 개별 가족이 자신들의 주거에 적용하는 가족규범이 있다. 문화규범과 가족규범이 꼭 일치하지는 않으나 대부분의 가족은 가족규범과 절충하면서 사회화를 통해 문화규범을 고려한 주거규범을 갖게 된다. 모리스(Morris)와 윈터(Winter, 1978)는 주거규범의 속성을 소유(tenure), 공간(space), 주택유형(structure), 주거의 질(quality), 근린환경(neighborhood location), 주거비(expenditures) 규범의 6가지를 제시하고 있다. 그 중에서 소유, 공간, 주택유형의 3규범은 일반적으로 개인이나 가족이 우선적으로 가장 열망하는 주거규범이며 주거의 질, 근린환경, 주거비규범은 개인 및 가족의 라이프스타일과 사회적 지위 등에 따라 다양하게 나타나는 규범이라고 하였다. 그러나 오늘날은 꼭 이러한 공식에 적용되는 것은 아니며 문화권과 나라에 따라 다르게 적용된다고 할 수 있다.

① **소유규범** : 우리나라는 예로부터 주택소유에 대한 강한 열망을 갖고 있다. 주택소유 비율은 자가 거주율과 자가 보유율이 있는데 자가를 보유한다는 측면에서는 같으나 소유주택에 직접 거주하느냐에 따라 개념에 차이가 있다. 선진국의 경우 주택을 거주의 개념으로 보고 있어 자가 거주율과 자가 보유율 간의 차이가 그리 크지 않으나(예를 들어 영국의 2000년도 자가 거주율 69%, 자가 보유율 71%) 우리나라는 주택을 투자의 대상으로 보는 성향이 강하여 2005년도의 자가 거주율은 55.6%, 자가 보유율은 62.9%로 나타나 큰 차이를 보인다.

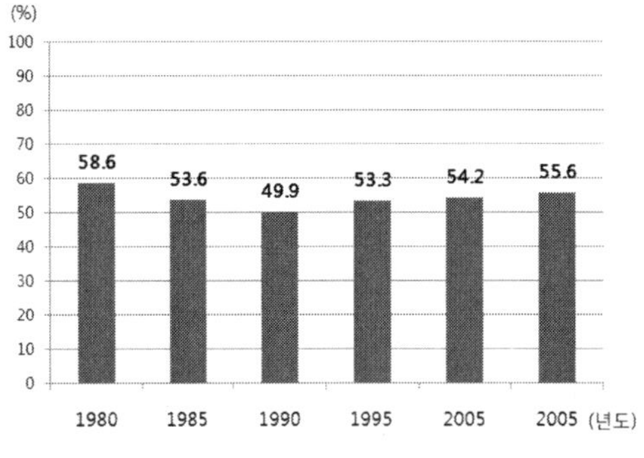

그림 1-7 | 주택 자가 거주율

② **공간규범** : 공간규범은 개인이나 가족이 생활하는데 필요한 주택공간의 양을 말하는 것으로 이는 가족의 수, 연령, 성별, 관계에 따라 다르다. 공간의 규모는 주택면적, 방수, 침실수로 나타내며 주거밀도는 1인당 주거면적, 방당 사람 수, 침실당 사람 수로 나타낸다.

통계청이 조사한 2005년 인구주택 총조사에 따르면 전국에 있는 주택의 38.2%가 62.81~95.86m^2 미만이고, 37.8%가 29.75~62.81m^{2}이다. 1980년대 이후 29.75m^2 미만의 소규모 주택비율은 줄어든 반면, 95.86m^2 이상 규모가 큰 주택비율은 늘어나고 있다. 1인당 주거면적 비율은 1980년에는 10.1m^{2}에 비해 2005년 22.9m^{2}로 증가율을 보이고 있으며, 이는 주택규모 규범이 점차 커지고 있다는 사실을 시사하는 것이다.

③ **주택유형규범** : 주택유형규범은 우리나라의 경우 가장 뚜렷하게 변화한 규범이다. 1970년부터 2000년까지의 주택유형을 보면, '00년에는 아파트가 47.7%로 가장 많고 다음이 단독주택 37.1% 등으로 나타났으나, '05년에는 아파트가 전체 주택의 절반을 넘어선 53.0%로 가장 많고 단독주택, 다세대주택 순으로 나타났다. 2005년에는 2000년에 비해 연립주택, 비거주용 건물내 주택, 단독주택 등이 감소한 반면 아파트와 다세대주택이 증가하였으며, '95년까지는 단독주택이 주된 주택이었으나 '00년에는 아파트(47.7%)가 단독주택보다 구성비가 크게 높아져 주된 주택유형으로 자리매김하였다.

④ **주거의 질규범** : 주거의 질규범은 주거가 가족의 사회적 지위에 합당한 질적 수준을 갖추어야 한다는 것을 규정한다. 주거의 질 지표를 구성하는 방법으로 모리스(Morris)와 윈터(Winter, 1978)는 미시간 지표를 응용하여 주거의 질을 건물의 내구연수, 재료 등의 주택과 대지의 물리적 구조의 질, 시설, 설비, 편리성 같은 주거서비스의 질 및 유지관리 상태 등의 항목을 개발하여 각 항목의 유무를 합한 점수를 이용하였다. 우리나라의 경우 윤주현(2005)은 주거서비스 지표 중에 질적지표로 건축 경과연수, 3인 이상 단칸방 거주가구 비율, 주거만족도(시설, 환경, 주변편의)를 제시하였으며, 주택도시연구원(2008)에서는 주택복지 지표 중 주택 지표로서 시설(수세식화장실, 입식부엌, 목욕시설, 상하수도), 1인당 평균주거면적, 방당 거주인 수를 제안하였다.

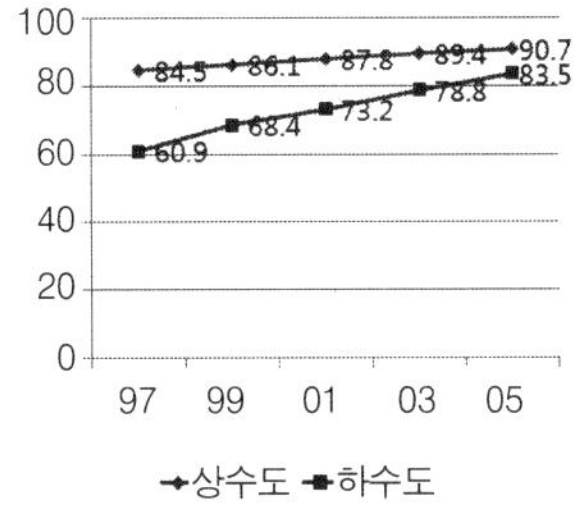

그림 1-8 | 상 · 하수도 보급률

⑤ **주거비규범** : 주거비규범은 가족의 주거비 지출수준이 소득 및 지불능력과 관계있다는 것을 규정하는 것으로 이는 가족의 사회 경제적 지위에 따라 다르다. 가구의 주거비 지불능력을 나타내는 지표로는 연소득 대비 주택가격 비율인 PIR(price to income ratio)과 월소득에 대비한 임대료 비율을 나타내는 RIR(rent to income ratio)이 있다. 우리나라의 경우 수도권의 PIR은 7.7 지방은 4.6 (윤주현외, 2005)으로 나타나 수도권이 높음을 알 수 있다. 반면 선진국인 미국의 경우는 (www.realtor.org) 주택가격이 연소득의 3~4배가 되는 수준이 적정하다고 인식하고 있다.

⑥ **근린환경규범** : 근린환경규범은 가족의 생활주기 및 사회경제적 지위에 적합한 근린환경에 사는 것을 규정한다. 근린환경규범은 주거의 위치가 타 시설들(직장, 학교, 상가, 여가시설, 친지 및 친구의 집)과의 관계를 나타내는 입지환경과 지역밀도, 일조, 통풍 등의 물리적 상태, 소방서, 파출소, 상하수도, 쓰레기처리 등의 공공서비스 질 등의 물리적 환경, 지역에 거주하는 주민들의 특성 등을 의미하는 사회적 환경을 생각할 수 있으며, 이러한 요소들은 서로 밀접하게 연관되어 있다. 근린환경규범을 통한 주거선택의 기준은 가족의 생활주기 단계에 따라 다르게 나타난다. 학령기 자녀를 가진 가족에게는 학군이 좋고 여가시설을 쉽게 이용할 수 있는 조건이 우선시 될 것이며, 무자녀 가족 및 단독가구의 경우는 도심 속에서 편리하게 다양한 주변 편익시설을 이용할 수 있는 근린환경규범이 적용될 것이다.

1-2 생활주기와 생활양식

(1) 생활주기

주거는 생활주체인 가족이 변화하면서 그에 따라 주거요구도 다르게 변화하므로 가족의 생활주기(라이프사이클)와 생애주기(라이프스테이지)

에 대한 이해가 필요하다. 가족의 생활주기란 일반적으로 두 남녀가 결혼하여 자녀를 출생하고 출생한 자녀가 성장하면서 독립하면 노부부만 남거나 또는 배우자 사망으로 인해 노인 단신이 되는 시간적 연속으로 가족의 형성기에서 확대, 축소, 해체기를 거치는 전 과정을 의미한다. 가족생활주기는 학자에 따라 6~8단계로 분류하고 있으나 여기서는 첫 자녀를 기준으로 첫 자녀 출산 이전까지의 가정 형성기, 첫 자녀가 출산하여 초등학교 다니기 전까지인 자녀출산 및 양육기, 초·중·고등학교를 다니는 자녀교육기, 19세 이상의 성년이 되는 자녀성년기, 첫 자녀가 결혼하는 자녀결혼기, 자녀가 모두 결혼하여 노부부만 남게 되는 노년기의 6단계로 나누어서 각 단계에 따른 주거공간 요구를 살펴본다. 이러한 가족생활주기는 시대 흐름에 따라 변화되고 있다. 특히 최근에는 출산율이 낮아지고 자녀독립도 빨라지고 있으며 사람의 평균수명이 길어져 노년기에 대한 중요성과 관심이 증가되고 있으므로 이에 대응하는 주택형태와 주거환경이 요구되고 있다. 한편, 생애주기란 인간이 태어나 발육기, 자립기, 활동기, 안정기, 자유기, 개호기의 단계를 거쳐 사망하는 전 생애단계를 의미하므로 각 가구 구성원의 연령에 따른 생애주기별 주 요구변화에도 대응할 필요가 있다. 가족 생활주기를 거치면서 각 단계별로 주택소유형태, 주택규모, 주택유형, 주거의 질, 주거비, 근린환경 등에 대한 주거요구가 변화하므로 이를 문화 주거규범과 비교해 볼 수 있다. 표 1-2는 가족생활주기를 거치면서 주거에 대한 규범과 현재의 주거상황과의 관계를 주거탐색기, 주거변동기, 주거안정기, 주거축소기, 주거의존기의 5단계로 나누어 비교한 것이다. 가족생활주기 단계와 주거생활주기 단계는 가족의 경제력, 의사결정 등에 따라서 단계적으로 하나씩 올라갈 수도 있고 1단계에서 직접 3단계인 주거안정기로 갈수도 있다. 또한 결혼 초기부터 바로 3단계인 주거안정기로 접어들 수도 있으며, 주거의존기 없이 주거축소기에 머물 수도 있다.

표 1-2 ● 라이프사이클별 주거요구

주거생활주기		주거규범과 주거상황의 비교	가족생활주기
제 1단계	주거탐색기	주거규범 > 현 주거상황	1. 가족형성기(결혼으로 가정 형성 또는 독신으로 분가) 2. 자녀출산 및 양육기 3. 자녀교육기 4. 자녀성년기
제 2단계	주거 변동기	주거규범 > 현 주거상황	
제 3단계	주거 안정기 주거규모 확대기 주거의 질 향상기 주거정착 안정기	주거규범 ≥ 현 주거상황 주거규범 ≥ 현 주거상황 주거규범 = 현 주거상황	
제 4단계	주거축소기	주거규범 ≤ 현 주거상황	5. 자녀결혼기 6. 노년기 – 막내자녀 결혼으로 부부 또는 독신 – 경제적, 신체적, 정신적으로 독립된 주거생활 불가능 – 사망으로 종결
제 5단계	주거의존기	자녀, 친지, 유 무료 양로원	

자료 : 김대년, 홍형옥, 1990, p.45

(2) 생활양식과 주생활양식

생활양식(라이프스타일)이란 개인이나 가족의 가치관에 의해 나타나는 다양한 생활과 행동 · 사고양식 등 생활의 모든 측면의 문화적 · 심리적 차이를 전체적인 형태로 나타낸 말이며, 이는 일반적으로 생활의 AIO(Activity · Interest · Opinion)로 분석한다. 즉, 소비자의 일상활동(activity), 주변 사물에 대한 관심(interest), 개인 및 사회적 문제에 대한 의견(opinion)들을 양적으로 측정하는데 여기에 가치(value)를 포함하여 분석하기도 한다. 이외에도 소득, 가족생활주기, 교육수준과 같은 인구 통계학적 변인을 포함시켜 더 유용한 정보를 얻는다. 생활양식 개념을 보급시키기 위한 전개는 특히 마케팅 광고 관련 학자와 대행자가 주도하였으며 대량생산, 대량판매, 대량소비 시대 뒤에 오는 새로운 시대의 대응책으로 생활양식 접근을 추진하였다.

이러한 생활양식에서 주거공간적인 측면만을 고려한 것이 주생활양식이라 할 수 있다. 즉, 인간이 주택이라는 공간환경에 대응하면서 발생하는 복합적인 행위체계를 의미한다. 주생활양식의 개념 범위는 학자들마다 다르게 설정하여 연구하고 있으나 그간의 연구들을 종합해보면 주생활양식은 3개의 범주 속에서 개념 지어진다.

첫째는 주거공간을 어떻게 관습적으로 사용하고 행위하느냐의 주생활 행태 측면, 둘째는 사용자의 주거 요구, 의견, 의식으로 형성되는 주거가치관 측면, 셋째는 주거공간 구성과 주거 내에 어떤 가구와 기기들을 사용하고 장식하고 있는가의 주거공간 측면이다(그림 1-9). 이러한 주생활양식은 시간의 흐름에 따라 경제, 사회적 구조변화와 더불어 발전하는 것이므로 주거환경의 질적 향상을 위해서는 다양한 주생활 양식에 대응하는 주거환경이 제공되어야 하며 주거계획을 할 때는 거주자들의 주생활양식을 분석하고 예측하는 것이 중요하다.

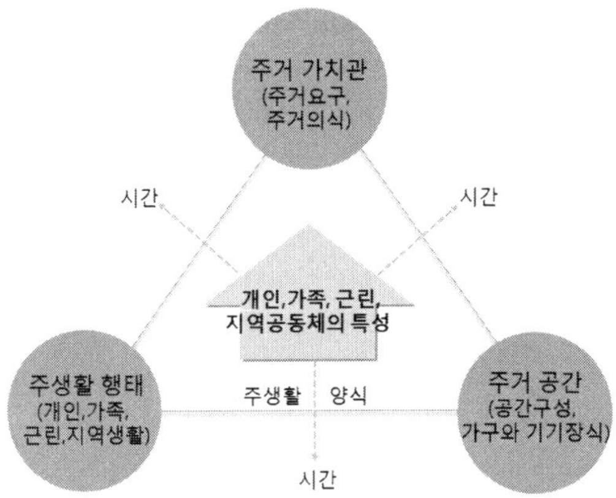

그림 1-9 | 주생활 양식의 개념도

1-3 가족의 다양화

(1) 가족구조의 변화

현재 우리나라 사회에서 가장 급변하고 있는 것 중의 하나가 가족구조이다. 1960년대 이후 급속한 산업화, 서구화, 도시화의 진행은 가구형태 및 가족구조를 변화시켰으며 가족에 대한 가치관과 이념도 커다란 변화를 나타내고 있다. 이러한 가족구조의 변화는 산업화, 도시화 및 여성들의 지위변화 등의 사회적 요인과 저출산, 고령화 사회로의 진입에 의한 인구학적 요인, 결혼, 부부, 자녀, 가족부양 등에 대한 가족가치관 요인이 상호 영향을 미치면서 나타나고 있다(그림 1-10).

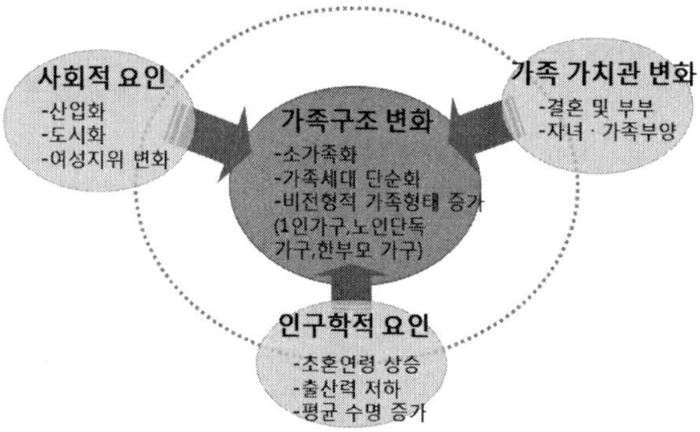

그림 1-10 | 가족구조변화와 요인들과의 관계

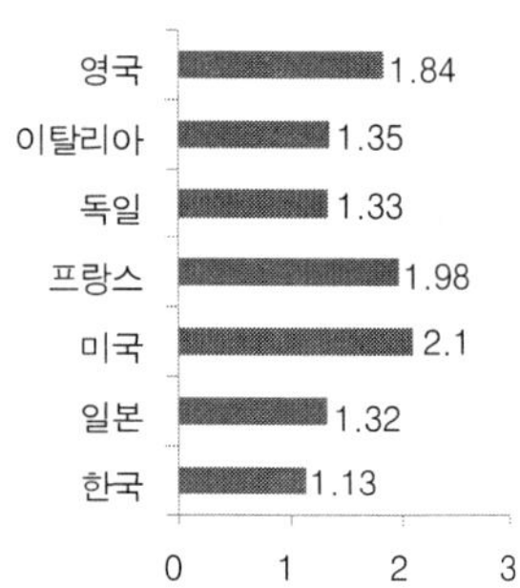

그림 1-11 | 2006년 OECD국가별 출산율

가족의 일반적 기능을 구성원의 재생산과 가족집단 형성, 경제적 지지, 양육 · 교육 및 사회화, 노약자 보호로 구분할 때 이러한 기능은 오늘날 개인의 자유, 권리에 초점을 맞추게 되면서 점점 약화되거나 대체되고 있다. 사회적 요인 중 특히 여성의 교육수준 향상이 두드러져 25세 이상의 대졸 학력을 가진 여성인구가 1975년에 2.4%에 불과하였으나 2005년에는 25.4%에 급증하였고, 이에 따른 여성의 취업률도 2008년에는 51%에 이르고 있어 산업화 도시화와 맞물리면서 핵가족화 및 가족 세대분화 현상을 가속화시키고 있다. 일반가구 중에는 부모와 자녀로 구성되는 2세대 가구가 2005년 55.4%로 가장 많았으나 그 중 한부모자녀 가구 및 1세대 가구의 비중이 2000년도에 비해 증가하고 있으며 특히 1인가구의 증가율은 매우 높다. 인구학적 요인인 저출산 고령화 속도도 빠르게 진행되고 있다. 특히 여성의 초혼 연령이 높아져 여성 28.1세 남성 31.3세(통계청 2007)로 나타나고 있고, 이에 따른 결혼 후의 출산율도 낮아져 평균 출생아 수는 2007년 1.26명으로 OECD 국가 중 최하위를 차지하고 있다. 한편, 2009년 65세 이상 노인인구가 전체 인구의 10.7%로 나타나 고령화 사회에 이미 진입했으며 평균수명도 2006년 남자는 75.7세 여자 82.4세에 이르고 있다. 핵가족화 및 소가족화가 심화되고 있는 상황에서 노인단독가구는 증가 추세에 있다.

표 1-3 ● 가구구성 및 가족형태

		2000		2005		증감(2000~2005)	
						증감	증감률
계		14,312	(100.0)	15,887	(100.0)	1,575	11.0
친족가구	- 1세대 가구	2,034	(14.2)	2,575	(16.2)	541	26.6
	- 2세대 가구	8,696	(60.8)	8,807	(55.4)	111	1.3
	부부+자녀	6,892	(48.2)	6,702	(42.2)	-190	-2.8
	한부모+자녀	1,124	(7.9)	1,370	(8.6)	246	21.9
	조부모+손자녀	45	(0.3)	58	(0.4)	13	28.5
	- 3세대 가구	1,176	(8.2)	1,093	(6.9)	-84	-7.1
	- 4세대 이상 가구	22	(0.2)	16	(0.1)	-6	-27.6
1인 가구		2,224	(15.5)	3,171	(20.0)	946	42.5
비친족 가구		159	(1.1)	226	(1.4)	67	41.9

자료 : 통계청 인구주택 총조사 2005

(2) 가족유형의 다양화

근대 산업사회로 이전하면서 확대가족에서 핵가족으로 변화하였듯이 현대의 정보 지식사회구조의 변화와 더불어 핵가족형태는 다시 수정된 새로운 가족유형으로 변화되고 있다. 아직은 부부와 미혼자녀로 구성된 일반 핵가족이 가장 높은 구성비를 보이고 있으나 이외에도 부부만으로 이루어진 가족, 한부모가족, 기러기가족, 복합가족 등이 증가하고 있을 뿐만 아니라, 이전의 가족의 개념이나 형태와는 다른 독신가구, 노인단독가구 및 비혈연가구 형태들이 상대적으로 급증하고 있다. 여기서는 다양한 가족유형들의 특징과 현황만을 알아보기로 한다.

1인 가구 늘어나니 단위:만명

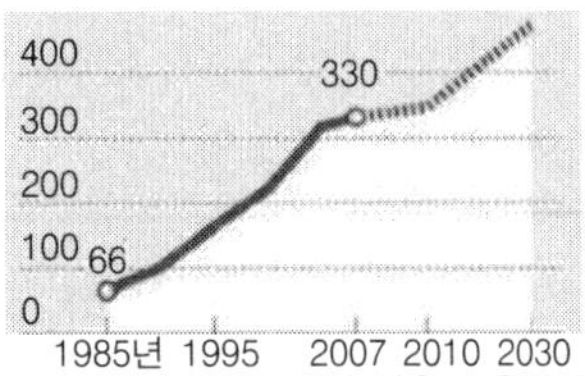

※ 2010년 이후는 추정치
자료:통계청

그림 1-12 | 1인 가구 추이

1) 간소화 가족

간소화 가족이란 후기산업사회와 정보지식사회로 들어서면서 더욱 간소화되는 무자녀가구와 1인가구와 같은 가족유형을 말한다.

무자녀가구의 가족유형은 부부가 합의하여 자발적으로 아이를 갖지 않는 가족형태로서 딩크족(Double Income No Kids)이라 부르기도 한다. 우리나라의 경우 2005년 통계자료에 의하면 15~49세 여성이 가임기간에 낳을 것으로 예상되는 평균 출생아 수는 1.08명으로 집계되고 있어 세계 최저 수준의 출산율을 기록하고 있다.

1인 가구의 가족유형은 결혼을 하지 않고 혼자 사는 독신가구와 기혼자와의 사별, 이혼 또는 노인단독가구로 나눌 수 있다. 최근 우리나라도 젊은 층을 중심으로 1인 가구 비율이 증가하고 있는데 2005년도의 통계자료에 의하면 2000년도에 비해 4인 이상 가구의 비율은 감소한 반면 1인, 2인 가구 비율은 각각 42.5%, 28.9% 증가율을 보이고 있다. 특히 1인 가구는 2005년도에 317만 가구로 이는 전체 가구의 19.9%에 달하는 수치이며 이는 앞으로 더욱 증가될 전망이다. 남녀 미혼율도 높아지고 있는데, 특히 결혼 적령기로 말하는 20대 후반 여성의 미혼율이 가파른 증가를 보이고 있어 앞으로 1인 가구 증가에 따른 주거환경 조성이 필요하다. 최근 우리나라에도 도심을 중심으로 호텔이 지닌 편리성과 다양한 부대시설을 고급 아파트(또는 오피스텔) 공간에 옮겨 놓은 서비스 레지던스와 같은 복합개념의 주거공간 유형이 등장하고 있다. 또한 정부에서는 2009년 5월부터 주택법(제2조4호, 시행령 제3조)에 도시형 생활주택의 개념과 종류를 신설함으로써 1~2인 가구의 주거 수요에 대응하고 있다.

그림 1-13 | 서비스 레지던스 실내

2) 한부모 가족

한부모 가족유형은 이혼이나 사별로 인해 한부모 가족이 만들어지는 유형과 처음부터 결혼은 하지 않고 자녀를 입양하거나 결혼 없이 아이를 갖는 경우를 말한다. 한부모가구의 가족유형은 세계적인 현상으로 우리나라도 2005년 1,042천 가구에 이르며, 2000년(871천 가구)~2005년

(1,042천 가구) 사이에 가장 많은 증가율을 보였다.

표 1-4 ● 한부모가구 비율 단위 : 천 가구, %

		1985	1990	1995	2000	2005
한부모가구		594	662	744	871	1,042
가구주와 혼인상태	사별	443	498	526	502	501
	이혼	50	79	124	246	399
	미혼	101	85	94	123	142
한부모가구 비율		6.2	5.8	5.7	6.1	6.7

자료 : e-나라지표, 2005

3) 기러기 가족

가족이면서도 비동거하는 유형으로 최근 우리나라에 자녀교육을 위해 가족이 일시적으로 분산을 경험하는 형태이다. 서울시 교육청이 발표한 서울지역 초·중·고교생들의 조기유학자 통계를 보면 2005년도에는 조기 유학생 수가 7,000명을 넘어섰다(초등학생 15.3%, 중학생 18.2%, 고교생 10.9%).

4) 복합가족-다문화가족

다른 국적을 가진 인종들 사이의 결혼이 증가하면서 복잡한 혈통을 지닌 혼혈인이 '제4의 인종'으로 떠오르고 있다. 국내의 국제결혼 비율은 1990년 1.2%에 불과하였던 것이 1995년 3.4%, 2001년 4.8%, 2003년 8.4%, 2007년 11.1%로 꾸준한 증가 추세를 보이고 있다. 국제결혼으로 태어난 2세 코시안은 2010년이면 10만여 명, 2020년에는 167만 명에 달할 것으로 추정하고 있어 다문화의 복합가족의 증가를 예측할 수 있다.

생각해보기

1 오늘날 한국인의 주거가치관은 계층별 세대별로 어떻게 유형화될 수 있는지 조사해보고 토론해보자.

2 우리나라의 주거문화규범과 우리 가족의 주거규범과는 어떤 차이가 있으며 차이의 배경은 무엇인지 생각해보자.

3 오늘날 다양한 가족유형별로 요구되는 주거환경계획 요소는 무엇인지 생각해보고 외국 사례도 조사하여 비교해보자.

참고문헌

1. 강순주·김상희, 현대주거학, 서울 : 교문사, 2002.
2. 강인호·한필원, 주거의 문화적의미, 서울 ; 세진사, 2000.
3. 공동주거관리연구회, 공동주거관리이론, 서울 : 교문사, 2008.
4. 김대년·홍형옥, 주거생활주기 모형설정을 위한 이론적 접근, 한국주거학회지 창간호, 1990.
5. 김정석, 가족과 가구, 김두섭·박상태·은기수 편, 한국의 인구, 통계청, 2002.
6. 윤주현, 지역간계층간 주거서비스 격차 완화방안연구(1) : 주거서비스 지표의 개발 및 측정, 2005.
7. 이재훈·강순주·최재필·변혜령, 미래주거환경 비전 및 전략연구, 건설교통부, 2007.
8. 이재훈·강순주·최정민·오병욱, 미래주거환경 변화에 따른 미래주택건설 방안 연구, 국토해양부, 2008.
9. 주거학연구회, 넓게 보는 주거학, 서울 : 교문사, 2005.
10. 최은희·홍형옥·지은영·채혜원·은난순, 주거복지지수의 개발과 관리, 주택도시연구원, 2008.
11. 통계청. 2007년 한국의 사회지표, 인구동향조사, 2008년 통계로 보는 여성의 삶. http://www.kosis.kr
12. 吉阪隆正, 吉阪隆正集3 住居の意味, 勁草書房, 1986.
13. 西山夘三, 住居論, 勁草書房, 1968.
14. HRRA(Housing Education and Research Association), Introduction to Housing, Pearson Prentice Hall, 2006.
15. White. B. J., Housing as a field of study. Housing and Society, 13(3), 188-204, 1986.

그림출처

그림 1-1 吉阪隆正,吉阪隆正集3 住居の意味. 勁草書,1986.

그림 1-3 White. B. J, Housing as a field of study, Housing and Society,13(3)

그림 1-6 西山夘三. 住居論,1968. p.375.를 토대로 재구성

그림 1-7 통계청, e-나라지표. 2005

그림 1-8 통계청, 사회통계국 인구조사과, 2005

그림 1-10 김정석, 가족과 가구, 김두섭, 박상태, 은기수 편, 한국의 인구1, 통계청, 2002

그림 1-11 통계청, 2007년 출생통계

그림 1-12 통계청. 2005~2030년 장래가구

그림 1-13 마포 stay7 홈페이지

2장 주거형태와 문화

주거는 수많은 건축유형 중에서도 인간의 생활과 가장 밀접하게 연결되어 있고 가장 많이 건설되어 왔으며, 그만큼 광범위한 지역적 · 시대적 차이를 가지고 있다. 이 장에서는 다양한 주거형태를 이해하기 위한 조건들을 살펴보고, 이를 문화 개념을 통해 해석하는 방법을 학습한다. 또 편의상 한국 · 서양 · 동양으로 지역을 나누어 주거형태와 문화의 관계를 각각 구체적으로 고찰하고, 이들이 지역적으로 혹은 시대적으로 지속되거나 변모되는 상황을 이해하는 것을 목표로 한다.

2-1 주거의 문화적 이해

(1) 주거환경과 주거문화

인간은 그를 둘러싼 자연환경과 사회환경으로부터 고립되어 살 수 없다. 그러므로 삶의 보금자리인 주거 역시 자연환경과 사회환경과의 관계 속에서 이해되어야 한다. 특히 기후, 지형, 지질, 식생 등 외부적으로 쉽게 관찰되는 자연환경은 지역에 따른 주거형태의 다양성을 분석하는데 일차적인 고려의 대상이 되어 왔다. 지금과 같이 사람과 물자, 정보의 교류가 전 지구적으로 행해지지 않았던 전근대사회에서는 과학기술의 발달이 미숙했던 만큼 집의 재료와 형태를 정하는데 있어서 주변의 자연환경에 크게 영향을 받았다. 흙, 나무, 돌 그리고 진흙을 말리거나 구워서 만든 벽돌은 주변에서 쉽게 구할 수 있는 재료로서 넓은 지역에서 주거건축의 재료로 사용되어 왔다. 그러나 사냥이나 목축을 주업으로 하는 지역에서는 건물의 외피를 만드는데 동물의 가죽을 이용하기도 했고, 흙도 나무도 구하기 힘든 지역에서는 이누이트(Inuit)족의 이글루(Igloo)처럼 얼음을 잘라 지은 집도 발견된다. 또 추운 겨울을 나는 곳에서 지면 아래로 땅을 파서 지열을 이용하거나, 덥고 습한 밀림지역에서 통풍이 잘 되고 동물의 접근을 피할 수 있도록 나무 기둥 위에 집을 짓는 것은 모두 자연환경과 관련이 있다. 지붕의 모양도 자연환경과 관련되는데, 비가 적게 오는 지역에서는 지붕을 평평하게 한 경우도 있지만, 비가 많이 오는 지역에서는 빗물이 잘 흐를 수 있도록 뾰족한 경사지붕을 가져야 했다.

그림 2-1 | 타이완 브농족의 돌집

그림 2-2 | 이누이트족의 이글루

이와 같이 인간은 자신을 둘러싼 자연환경을 잘 이해하고 이에 효과적으로 대응하는 주거형태를 발전시켜 왔기 때문에 자연환경과 주거형태 사이에 마치 필연적인 인과관계가 성립하는 것처럼 느껴진다. 이처럼 자연환경이 주거형태를 결정한다는 이론을 환경결정론이라 한다. 그러나 동아시아와 서유럽은 비록 기후적으로 같은 온대지역에 속하지만 주거형태의 차이가 확연하다. 또 다락창고나 벽돌집 등 기후와 관련 없이 전 세계적으로 분포하고 있는 주거형태도 있다. 이들의 형태는 자연환경보다는 경제활동의 내용, 종교적인 의식, 사람들 사이의 사회적 관계에서 더 큰 영향을 받아 형성되었으리라 추정된다. 이러한 주거형태들이 보고되면서, 자연환경은 주거형태의 결정요소가 아니라 수정요소로 보아야 한다는 의견이 대두되었다. 자연환경이 주거형태를 결정하는 다양한 요소 중의 하나일 뿐이라는 생각을 환경가능론이라고 하며, 비슷한 관점에서 자연환경을 주거형태 결정의 기회적 요소 혹은 잠재적 가능성으로 보는 이론을 환경개연론이라고 한다.

그림 2-3 | 서울의 고층주상복합 아파트

그림 2-4 | 전주 한옥마을 전경

환경가능론 혹은 환경개연론의 근거는 사회환경의 존재이다. 주거형태는 인간이 집단적으로 고안하고 계승해 온 인위적인 발명품이기 때문에, 자연환경만큼이나 그 사회환경이 중요한 작용을 하며, 이는 보통 문화 개념과 맞물려 설명된다. 문화의 정의에는 매우 다양하고 복잡한 이론들이 있지만 크게 두 가지의 범주로 대별된다. 먼저 총체론적 시각에서 문화란 사회의 구성원으로서 인간이 습득한 지식, 신앙, 예술, 법률, 도덕, 관습,

그림 2-5 | 일본 다카야마시 요시지마 주택의 내부

기술 등 생활양식의 총체를 가리킨다. 이러한 시각에서 주거는 해당문화의 주요한 구성요소가 된다. 반면 구조주의적 시각에서 문화란 사람의 행위나 구체적인 사물 그 자체가 아니라 그것을 가능케 하는 기준 또는 규칙을 가리킨다. 즉, 현상의 이면에 있는 관념체계를 문화로 보는 것이기 때문에, 이러한 관점에서 주거는 문화의 구성요소가 아닌 문화의 산물로 이해된다.

그림 2-6 | 안동 하회마을 전경

어떤 정의에 따르든지 문화는 해당 사회에서 일관된 방식으로 공유되고 학습을 통해 전승되며, 따라서 지속적으로 축적된다는 공통점이 있다. 사람들은 살아가면서 그들이 직면하고 있는 문제들에 항상 새로운 해결방법을 시도하고 이것의 성공과 실패의 경험은 후대로 이어진다. 성공한 해법은 문화의 한 부분으로 수용되고 굳어지며, 실패한 사례 역시 새로운 교훈이 된다. 이처럼 혁신을 통해 변화하려는 노력과 기존의 안정된 기반을 유지하려는 경향이 중첩되면서 한 문화의 정체성이 형성되는 것이다. 주거형태와 자연환경의 관계도 문화 개념으로 재해석해 볼 수 있다. 문화라는 창을 통해 바라보는 자연환경은 객관적인 실체와는 거리가 있다. 주거형태에 영향을 미치는 자연환경이라는 개념은 실제로는 해당 문화권에서 상징화와 의미화의 과정을 통과해 수용된 인식이기 때문에, 이를 통해 도출된 주거형태는 자연과학적 시각에서 볼 때 오히려 반환경적인 형태를 취할 수도 있는 것이다.

그림 2-7 | 중국 사합원 주택

주거형태의 문화적 이해란 주거를 구성하는 건물들이 모여 있는 형태, 건물 바닥의 모습, 방들의 관계, 상징적인 외관 등의 주거형태를, 문화를 구성하는 요소인 세계관, 환경의 인식, 종교, 사회구조, 가족제도 등과 관련지어 이해하는 것을 말한다. 한 사회의 문화를 구성하는 여러 부분들은 개별적이고 독립적으로 존재하는 것이 아니라 서로 간의 긴밀한 관계를 통해 유지되고 있기 때문에 주거형태를 이해하는 과정에서도 이러한 관계에 유념해야 한다. 예를 들어, 중국의 주거건축이 남북방향의 축을 설정하고 그 좌우로 방을 대칭되게 배치하는 형식을 갖는 것은 고대 중국인의 우주관에 바탕을 둔 것이며, 일본 중부 산악지역 농가의 거대한 경사지붕은 양잠업과의 관계 속에서 나온 것이다. 이러한 주거문화는 특정

시기, 특정 개인이 갑자기 만들어낸 것이 아니라 오랜 시기에 걸쳐 집단적으로 형성하여 온 것이다. 그러므로 수백 년에 걸쳐 형성된 오래된 마을의 주거문화를 단순히 현재의 모습과 현 사용자의 행태만을 가지고 단정하는 것은 곤란하며, 오랜 기간 동안 지속되고 변모되어 현재에 이르고 있음을 숙지할 필요가 있다. 이러한 관점은 문화의 다양성 혹은 상대성에 대한 이해로 연결된다. 문화가 표현되는 방식은 단일한 것이 아니며 지역과 시대에 따라 차이가 난다. 주거형태의 문화적 이해는 이러한 차이를 고찰하는 것이며 궁극적으로 그 차이가 발생한 문화적 요인을 추적하는 작업이다.

그림 2-8 | 일본 시라카와고 합장조 주택

(2) 주거문화를 이해하는 관점

1) 주거형태와 주생활양식

주거형태란 주택을 만드는 구조와 재료, 설비, 주택 내·외부의 형태 및 공간의 구성 등을 포함한 물리적 현상을 가리킨다. 주생활양식이란 주거 공간을 이용하는 방식, 주거에 대한 사용자의 인식과 태도 등을 포괄하는 인문적 개념을 말한다. 즉, 주거형태와 주생활양식은 각각 주거의 유형적인 부분과 무형적인 부분을 대표하는 용어로서 주거문화를 분석하기 위한 가장 기초적인 개념이 된다. 먼저 주거형태를 분석하는 작업은 집이 위치한 자리와 주변의 상황, 집의 구조와 모여 있는 형식, 지붕·벽·바닥을 이루는 재료와 형태, 출입구·거실·침실·부엌 등 주요공간의 위치, 건물과 마당의 관계, 창호·벽면의 세부장식과 색채 등을 조사하고 다른 집들과 비교하여 특징을 찾아내는 방식으로 진행된다. 한편, 주생활양식을 분석하는 작업은 한 집에 거주하는 가족의 구성과 공간 점유의 방식, 손님을 맞는 방식, 관혼상제의 각종 예식, 성스럽게 여기거나 금기시하는 물건 혹은 장소, 일상생활을 구성하는 가사와 노동의 형태를 통해 집의 사용방식을 이해하는 과정이다. 주거에 대한 초기의 연구에서는 각 학문의 성격에 따라 중심적인 분석대상과 방법에 차이를 가졌었다. 예를 들어, 지리학이나 건축학 분야에서는 주로 주거형태를 조사하고 분포도를 작성하는 것으로 시작한 반면, 민속학이나 인류학 분야에서는 주

그림 2-9 | 체코 프라하의 도시주택

그림 2-10 | 주택의 실측 조사

그림 2-11 | 미국 샌프란시스코 주거 지역

그림 2-12 | 중국 시솽반나 태족 주택

생활양식을 기록하고 계통도를 작성하는 것으로 시작했다. 그러나 학문들 간의 교류가 점차 활발해지면서 주거형태와 주생활양식의 종합적인 이해가 강조되는 단계로 발전했으며, 현대 주거학에서는 다양한 주거문화에 대한 비교론적 접근이 활발히 진행되고 있다.

2) 지역과 시대

한 주거문화는 다른 주거문화와의 비교를 통해 특징이 부각된다. 문화는 그것이 작동하는 공간적 · 시간적 범위를 가지기 때문에 비교의 대상은 크게 공간적인 범위와 시간적인 범위로 구분해볼 수 있다. 공간적인 범위에서의 비교는 문화권을 구분하고 지역적 특성을 추출하는데 이용된다. 시간적인 범위에서의 비교는 주거의 형태가 변모하는 모습을 살펴보는 것으로서 시대적 특성을 밝히려는 작업이다. 전반적으로 주거건축은 기념비적 건축들과는 달리 지역 전통에 의지하는 바가 많고 문헌의 기록이 적기 때문에 역사적인 변화를 미세하게 추적하는 일이 어렵다는 공통점을 가지고 있다. 이 때문에 현재 시기를 대상으로 지역성을 설명하고 문화권을 정의하는 연구들이 주도적으로 수행되어 왔다. 특히 문화권 사이의 접촉이 활발해진 근대 이후, 주거형태는 정신문화에서 산출된 물질문화의 정수라는 관점이 대두되었고, 제국주의나 민족주의의 관점과 맞물려 특정 문화의 본질을 찾기 위한 연구대상으로서 각광받게 되었다. 이러한 연구들은 기본적으로 공시적 비교연구의 입장을 취하고 있었다. 그러나 최근에는 새로운 발굴성과와 학제간 연구, 문헌 · 비문헌 자료의 다채로운 조합 등을 통하여 주거의 역사적인 변모를 재구성하려는 통시적 비교연구도 활발히 진행되고 있다.

3) 민속과 토속

민속 혹은 토속이라는 관점은 때론 같은 개념으로 그리고 때론 서로 구분되는 개념으로 주거건축의 역사적 맥락과 위상을 대표하는 말로 자주 사용되어 왔다. 우선 넓은 범위에서 민속건축의 개념은 특정한 수요자와 건축가를 갖는 고급건축의 전통에 비해 보다 대중적이고 일반적인 건

그림 2-13 | 부여 정계채 가옥

그림 2-14 | 서울 보문동의 양옥

축전통을 가리킨다. 민속건축은 수수하고 일반적인 외관을 가지며 고급기술이 아닌 민간기술이 적용되어 있기 때문에 지역의 문화적 정체성이 강하게 드러나는 것이 특징이다. 민속건축은 동시대 고급건축의 공존 여부를 기준으로 원시건축과 토속건축으로 세분되기도 한다(A. Rapoport, 이규목 역, 1997). 원시건축은 아직 고급건축이 존재하기 이전인 원시사회에서의 건축이다. 원시사회에서는 모든 사람들이 각각 집짓는 기술을 가지고 스스로 집을 지었으며, 문화의 축적이 적고 고급 건축기술이 발달하지 못했기 때문에 가장 간단한 재료와 형태로 건물이 지어졌다. 이러한 상황은 필연적으로 모든 건축이 동일한 형태를 갖도록 유도했다. 이에 반해 토속건축은 고급건축이 지어지던 문명사회의 대중건축이다. 토속건축의 건설에는 전문적으로 집을 짓는 기술자가 상당 부분 관여한다. 그러나 집주인과 기술자가 집의 형태 · 구조 · 재료 등에 대한 지식을 공유하고 건축과정에서 긴밀하게 협력하기 때문에 같은 문화권 내에서 주거형태는 상당한 수준의 공통점이 발견된다. 이 때문에 토속건축은 건축가의 창작이라는 관점보다는 해당사회의 주거문화라는 관점에서 접근할 수 있는 가능성이 높다. 고급 건축전통의 연구가 개성이 강한 외관과 구조를 중심으로 미학이나 정치사의 관점을 많이 차용한 반면, 상대적으로 주거사 연구에서 서민의 삶과 연계된 인류학이나 사회학의 관점이 채택되는 경우가 많은 것은 이처럼 주거가 본질적으로 토속건축의 전통을 따르고 있다는 가정에서 비롯된다. 민속과 토속이라는 관점은 모두 주거건축의 익명성을 전제로 특정한 사용자나 건축가를 드러내지 않고 주거형태를 문화의 일부로 파악하려는 태도이다.

4) 원형과 변이

원형과 변이는 건축형태의 지속과 변동을 설명하기 위해 유형학에서 사용하는 용어이다. 유형이란 대상의 형태적 특징을 개념화한 집합인데, 가장 근본이 되는 형태를 원형이라고 하며, 원형이 변모하는 모습을 변이 또는 변형이라고 한다. 자연환경의 영향이 크고 기술의 수준이 낮았던 원시건축에서는 원형을 고수하는 경향이 매우 뚜렷한 반면, 토속건축은 제한적이나마 끊임없이 변이를 만들어내고 있다는 점이 특징이다. 주거형태에서 변이가 발생하는 큰 이유는 건축전문가와 거주자의 관계로부터 생각해볼 수 있다. 전근대사회에서 주택의 건축은 주로 전문가에 의존하지만 동시에 그 과정에 거주자가 깊이 참여하게 된다. 이때 해당 문화권에서 지속되어 온 보편적인 주거형태의 원형에 대한 합의를 바탕으로, 전문가의 새로운 기술이나 거주자의 특정한 요구가 반영되어 원형이 약간씩 수정 및 보완된다. 그렇지만 변이가 원형을 근본적으로 바꾸는 것은 아니기 때문에 별도의 유형을 창출하는 단계까지 이르기는 어렵다. 한 마을을 이루는 개별주거의 형태들이 세부적으로는 모두 다르지만 외관이나 공간구조의 차원에서 분석하면 공통성이 더 크게 발견되는 이유가 여기에 있다. 이에 비해 현대사회에서는 전문가와 거주자의 두 주체가 예전만큼 협력하지 않으며, 전문가 역시 역할분담과 전문화가 뚜렷해서 보다 많은 수의 변이가 나타나고 새로운 주거유형이 증가한다.

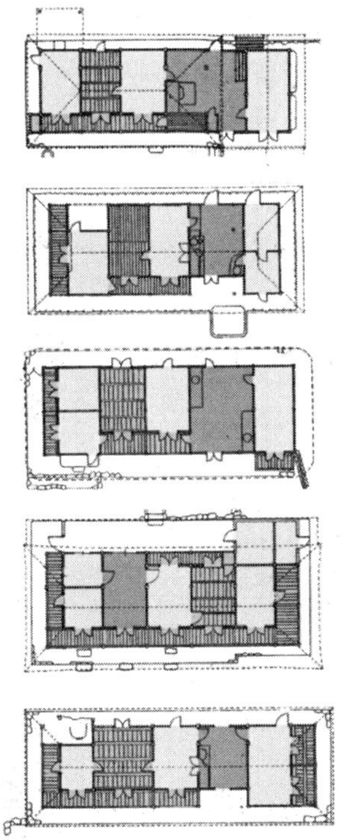

그림 2-15 | 전남 보성 강골마을 주택 평면들

5) 영구성과 일시성

영구성과 일시성은 주거의 상대적인 수명과 관련된다. 영구적인 주거는 정착을 전제로 하기 때문에 농업을 생계수단으로 사는 사회나 안정적인 인프라를 갖춘 도시지역에 일반적이다. 반면 사냥과 채집을 생계수단으로 갖는 원시사회나 이동이 잦은 유목사회에서는 일시적인 주거를 이용하는 빈도가 높다. 이처럼 주거의 영구성과 일시성은 해당 사회의 문화가 반영된 결과로 이해되며, 주거형태와 다양성의 정도에서 차이가 발생하는 요인이 된다. 영구 주거와 일시 주거 사이에는 중간 정도의 수명을 가지는 간헐주거, 이동주거, 계절주거 등의 형태도 존재한다. 이동주거는 설치와 철거가 용이하고 운반이 간편해야 하기 때문에 유형이 다양하지 못한 것이 특징이다. 때문에 이동주거에서 유형의 변이는 평면형태보다는 장식의 차이로 드러나는 경우가 많다. 그러나 일시적인 주거라고 해서 한 번 쓰고 폐기되는 것은 아니다. 직물로 만들어진 주거는 오래 영속할 수 없는 것임에도 불구하고 그러한 구조물은 분해되거나 철거되어 후에 다른 장소에서 비슷한 형태로 재조립된다. 즉, 개별적인 수명은 일시적이지

그림 2-16 | 몽고의 천막 주택

그림 2-17 | 중국 복건성 토루 내부

만 문화로서의 주거형태는 오랜 기간 존속되는 것이다. 한편, 영구적인 주거는 오랜 수명을 갖는 것이기 때문에 한 번 지어지면 오랜 세월 동안 존치된다. 이 때문에 주변과의 관계에 보다 민감하며 집단이 공동으로 이용하는 시설이 함께 지어지는 것이 일반적이다. 주거와 공동시설은 지속적으로 추가되거나 수정되며 복잡한 사회구조를 반영하게 된다. 또 이와 같이 안정된 사회 기반을 바탕으로 다양한 주거형태가 실험되기 유리한 측면이 있다.

그림 2-18 | 어린이방

6) 개인공간과 사회공간

개인공간과 사회공간의 구분은 사람들 간의 관계가 투영된 주택의 공간구조를 살펴보는데 이용된다. 주거에서 프라이버시 문제는 거주자의 구성과 상호 관계에 대한 문화적 규범에 기초하고 있으며, 건축적으로는 남자와 여자, 어른과 아이, 가족과 타인을 구별하는 장치로 표현된다. 이러한 구별은 대개 해당 문화권의 성과 수치심에 대한 태도에서 비롯되지만 그 차이와 해결방식이 동일한 것은 아니다. 특히 주거를 구성하는 공동체로서 가족은 시대와 지역에 따라 대단히 상이한 개념으로 정의되기 때문에, 막연히 가족공간과 주거를 동일시하는 관점은 주의를 요한다. 주거공간을 구성원에 따라 구분하는 건축적 장치는 크게 각각 별도의 건물을 갖는 방식에서부터 단일건물에서 서로 다른 방을 소유하는 방식, 한 방에서 자리를 차지하는 방식까지 다양한 층위에서 조절된다. 한옥에서 안채와 사랑채의 존재는 이러한 구분을 별도의 건물로 해결한 방식이다. 이처럼 개인공간과 사회공간은 구성원에 따라 주거공간을 구별하고 통합하는 장치로 작용한다. 이때 주거 외부에 있는 사회공간, 예를 들어 작업장이나 공동시설 등의 존재양상 또한 주거 내에서 개인공간과 사회공간이 구성되는 방식에 영향을 준다.

그림 2-19 | 안동 하회마을 충효당 사랑채

2-2 한국 주거형태와 문화

(1) 근대 이전 시기의 주거문화

그림 2-20 | 서울 암사동 선사유적지

1) 선사시대의 주거문화

한반도 지역에 사람이 살기 시작한 것은 60만 년 전부터지만 농경과 목축생활을 하며 모여 사는 집터가 발견되는 것은 기원전 6천 년경부터 기원전 1천 년경까지의 신석기 시대부터이다. 강이나 바다, 호수 근처의 구릉지에 분포하는 신석기 시대의 주거유적은 보온에 유리하고 간단한 구조로 지붕을 덮을 수 있도록 바닥을 파서 만든 움집구조를 하고 있다. 당시의 움집터는 지름이 3~6m인 원형 혹은 타원형의 평면으로 바닥을 0.6~1.2m 가량 판 모습이다. 지붕은 평면의 가장자리에 세운 나뭇가지를 가운데로 모아 만드는데, 이 과정에서 보조기둥을 세우고 가로부재를 기둥에 거는 목구조의 원시형식이 발생했을 것으로 추정된다. 출입구는 채광의 기능을 겸해야 했기 때문에 남쪽을 택하는 경우가 많고, 구획이 없는 실내의 가운데는 난방, 조명, 취사의 기능을 겸하는 화로가 자리했다. 쌀농사가 시작된 청동기 시대의 움집은 규모가 커지고 실내공간을 나누기에 유리한 사각형의 평면으로 변모하였으며 바닥을 얕게 파고 수직 벽체가 도입되는 등 점차 지상화하는 과정을 보여주고 있다.

2) 고대국가 형성기에서 고려시대까지의 주거문화

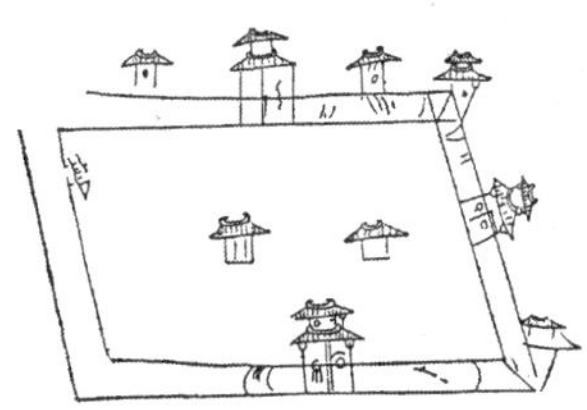

그림 2-21 | 약수리 고분벽화중의 성곽도

한반도의 고대국가들은 지역을 기반으로 하는 세력들이 성곽을 쌓고 그 안에 공공시설을 배치하는 성읍국가로 시작했다. 선진 문명과 접촉이 빨랐던 일부 지역에서는 궁실과 사당 등 고급 건축이 지어졌지만 움집, 귀틀집, 다락집 등 원시주거의 상태를 벗어나지 못하고 있었던 지역도 많았다. 만주와 북한지역에서는 선사시대 이래로 실내의 일부 공간에만 구들을 놓는 쪽구들이 출토되어 온돌의 초기형태를 알 수 있다. 삼국시대에는 중국과의 교류가 활발하여 성벽과 가로, 궁전과 사찰을 만드는 수준이 크게 발전하였다. 고구려 벽화에서 보이듯이 상류주거는 살림채 외에 부엌, 고깃간, 수레간, 외양간, 마구간 등이 각각 다른 건물로 지어졌고, 실

그림 2-22 | 고구려 안악 3호분에 묘사된 부엌의 모습

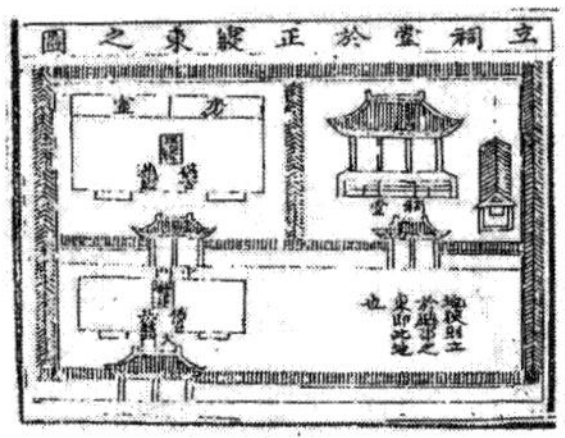

그림 2-23 | 정침과 사당. 『상례비요』

내에서는 낮은 나무 바닥에 앉는 좌식생활과 의자에 앉는 입식생활이 공존하고 있었다. 고려시대에 편찬된 『삼국사기』 「옥사조」에는 신라에서 신분에 따라 건축의 규모, 형태, 재료, 장식을 제한했던 규정이 자세히 기록되어 있다. 담장 · 회랑 · 대문의 형식, 바닥(床) · 천장(藻井) · 기단(階)의 격식, 공포와 목구조, 처마 · 기와의 형태와 장식, 색채의 규정과 함께 건물 전면 폭의 길이로 규모를 제한했다. 이를 통해 신라의 사회계층의 분화가 주거형태에 직접 영향을 주고 있는 모습을 볼 수 있으며, 당시 주거형태를 간접적으로나마 복원해볼 수 있다.

고려시대에는 문화의 중심이 경주지역에서 개성지역으로 이동했고, 아라비아인 등 외국인을 통해 이국적 장식요소가 유입되었으며, 거란 · 여진 · 원 등과의 접촉을 계기로 건축문화가 서로 합쳐지고 넓은 지역으로 보급되었다. 풍수지리설과 음양오행론이 유행하면서 주거의 입지에 영향을 주었고 높은 건물을 짓는 것을 금하는 일도 생겼다. 송나라 사신 서긍이 기록한 『선화봉사 고려도경』에 의하면, 개성의 상류주택은 기와지붕을 한 화려한 장식으로 지어졌으며 상류계층은 중국처럼 침상과 온로를 이용하는 입식생활을 했던 것으로 전하고 있다. 온돌은 주로 하류계층의 전유물이었지만 상류계층에서도 욱실(燠室)이란 명칭으로 겨울에 대비하는 방이 있었다. 이에 비해 여름에 이용했던 양청(涼廳)은 마루가 지속되고 있었던 사례로 추정된다. 고려 후기에는 성리학이 보급되면서 집집마다 사당(家廟)을 세우고 조상에게 제사를 지내는 풍속이 전파되기 시작했다. 또 건물의 규모를 칸으로 세는 개념이 보편화되었고 한 건물의 내부를 여러 가지 기능으로 나누어 쓰는 방식이 발달하게 되었다.

3) 조선시대의 주거문화

조선시대에는 유교문화가 주거형태에 큰 영향을 미쳤다. 먼저 엄격한 신분제도는 곧바로 주거형태의 세밀한 제한으로 이어졌다. 새로운 도성인 한양의 땅을 적절히 이용하기 위해 신분에 따라 집터 규모를 제한하였으며, 집터 안에 지어지는 집의 칸수와 나무부재의 치수를 함께 제한해서 법령화했다. 이러한 법령에는 정침, 익랑, 서청, 내루, 내고, 사랑 등의

그림 2-24 | 안동 의성김씨 종가

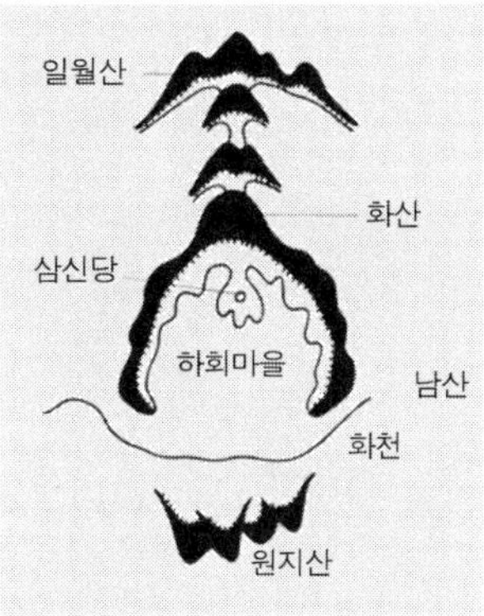

그림 2-25 | 하회마을의 풍수지리

그림 2-26 | 성주 한개마을

건물 명칭이 등장해서 상류계층의 주거가 서로 다른 기능을 갖는 여러 채의 건물들로 구성되고 있었음을 알 수 있다. 또 주택에서 단청, 공포, 잘 다듬은 돌을 사용하는 것을 금하였지만 세도가의 집에서는 이를 어기는 경우도 많았다. 남녀유별(男女有別)과 장유유서(長幼有序)의 관념은 주거의 공간구분에 적용되었다. 여자들은 폐쇄적인 안채에서 생활했고 남자들은 대문에서 가까운 사랑채에 기거하는 것이 보통이었다. 그러나 유교에서 예식을 행하는 중심공간인 정침(正寢)은 안채의 대청으로 규정되었기 때문에 제사를 지내는 등 큰 집안행사에는 안채가 이용되었다. 또 고려말부터 보급되기 시작한 사당을 짓는 일도 일반화되었다. 사당은 가례(家禮)의 규정에 따라 보통 안채의 동북쪽에 지어졌다. 조선 후기에는 신분제가 붕괴되기 시작했고 서민사회에도 유교적 공간질서가 보편적으로 수용되어 양반주거와 상민주거를 구분하는 것이 점차 어렵게 되었다.

농촌주거는 농사활동에 유리하도록 서로 모여 마을을 이루는 경우가 많았다. 특히 평지의 대부분은 논농사를 위해 이용되었기 때문에 마을은 대개 경작지가 끝나고 산자락의 경사가 시작되는 곳에 자리 잡았다. 풍수지리설은 지형의 모습과 방위를 살펴 거주지의 위치를 결정하는데 중요한 이론이 되었다. 조선후기에 저술된 이중환의 『택리지』에서는 거주지의 조건으로 지리, 생리, 인심, 산수의 4가지를 들었는데, 물의 흐름, 들의 형세, 흙 빛깔 등 주로 풍수지리설과 관련된 지형적 요소를 지리라 하고, 물자의 유통 등 경제적 요건과 관련된 조건을 생리, 지역사회의 당파별 구성이나 풍속을 인심이라 하여 중시하였으며, 마지막으로 주변에 볼만한 경치가 있어야 한다는 점을 산수라 하여 살기 좋은 땅의 조건을 정리하였다.

가부장적인 대가족제도를 배경으로 같은 성씨가 모여 사는 씨족마을은 조선시대 농촌의 일반적인 마을형태였다. 논농사의 발달과 함께 모내기 등에서 많은 사람의 협동 작업이 필요했기 때문에 마을은 공동체의식이 요구되었으며, 이 중 효과적인 결속방식은 같은 조상을 섬기는 씨족집단이 마을을 이루는 것이었다. 씨족마을은 마을 앞의 넓은 들을 생산영역으로 삼고, 골목과 개별 주거로 이루어지는 생활영역이 구분되며, 씨족공동체의 구심역할을 하는 각종 기념비로 이루어지는 의식영역이 마을 경계와 내부 곳곳에 자리 잡는 구성을 취한다. 주택들이 모여 있는 생활영역은 종가(宗家)와 씨족 공동의 사당, 서당, 누정 등 공동체적 상징성을 갖는 시설이 기준이 되어 집주인의 혈연적 위계에 따라 각 집들이 배치되었다. 마을의 입구에는 큰 길에서 마을이 바로 들여다보이지 않도록 마을숲을 꾸몄고, 충신 · 효자 · 열녀의 정려비(旌閭碑)를 세워서 마을의 위신을 세우려 하였다. 마을 내에 있는 각 집들은 세부 의장과 규모, 좌향 등에 있어서 조금씩 차이를 갖지만 큰 차원에서는 유형학적인 동질성을 갖는 것도 특징이다.

그림 2-27 | 고창 문화 류씨 정려비

(2) 한국 전통주거의 형태와 구성

1) 배치와 평면

한국 전통주거는 여러 채의 건물이 각각의 기능을 가지고 담장 안에 모여 주거를 이루는 특징이 있다. 안채, 사랑채, 행랑채, 문간채, 별당채 등은 거주하는 사람과 일어나는 행위에 따라 건물이 특화되어 있는 사례들이다. 각 채들은 각각의 마당을 가지기 때문에 건물과 외부공간이 합쳐져서 기능에 대응한다. 여자들의 일상생활공간인 안채는 내밀함이 강조되는 안마당이 부속되어 있고, 남자들의 공간인 사랑채에는 보다 공공적인 사랑마당이, 행랑채에는 작업공간으로서 행랑마당이 있어서 작업과 감독, 보관과 운반, 사무와 휴식의 다양한 행위에 대응할 수 있도록 구성되었다. 그러나 지역과 시대, 신분과 재력에 따라 채와 마당이 분화되는 정도에 차이가 있다.

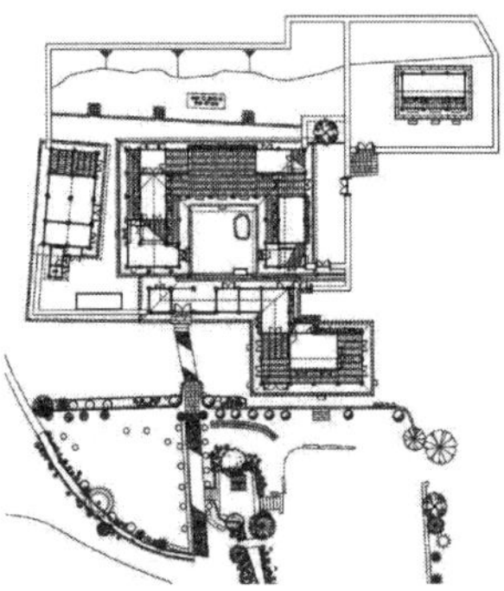

그림 2-28 | 논산 명재 고택 (윤증 고택)

그림 2-29 | 괴산 김기응 가옥 툇마루

하나의 채는 여러 개의 칸으로 구성되는데, 여기서 칸은 4개의 기둥이 만들어내는 평면단위이기도 하고, 2개의 기둥 사이를 가리키는 입면단위이기도 하다. 대개는 한두 칸의 규모를 하나의 공간으로 이용하지만, 대청처럼 복합적인 공간은 6칸 이상의 규모를 가지는 경우도 발견된다. 각 공간의 기능은 바닥을 만든 재료를 통해 쉽게 파악이 가능하다. 한국 주택의 평면은 각각 흙, 나무, 온돌을 바닥으로 삼은 부엌, 마루, 방의 3가지 요소공간이 복합적으로 구성되는 것이 고유한 특징이다. 이들 요소공간은 각각 별도의 건물로 지어지다가 고려시대 후기에 결합되기 시작했고, 3가지 요소가 모두 결합된 평면이 보편화되는 것은 조선 중기 이후의 상황으로 추정된다. 그 이전에는 2가지 요소공간이 개별적으로 결합된 사례들이 발견된다. 좌우에 온돌방을 거느린 마루의 구성은 권위적이고 의례적인 전통으로 부엌을 따로 둘 수 있는 상류주택의 평면에 적용되었고 궁궐의 침전이나 고급 주택의 사랑채 등에서 발견된다. 이에 비해 온돌방과 부엌의 결합은 부뚜막을 매개로 난방과 취사를 겸하는 효율적이고 편리한 생활전통으로 소규모 주택에서 널리 활용되었다. 조선 중기 이후 전형화 된 한국 주택의 평면구성은 이와 같은 의례적인 전통과 생활적인 전통이 결합된 것으로서 부엌, 안방, 대청, 건넌방이 한 줄로 연결된 4칸집을 기본으로 한다. 건물의 확장은 이 구성을 유지한 채 안방이나 대청의 규모를 키운다든지, ㄱ자 혹은 ㄷ자로 꺾어서 개실들을 덧대는 방향으로 진행되었다(그림 2-32).

그림 2-30 | 경기도 양주 회암사지 온돌 유구

그림 2-31 | 충청남도 아산 맹씨행단

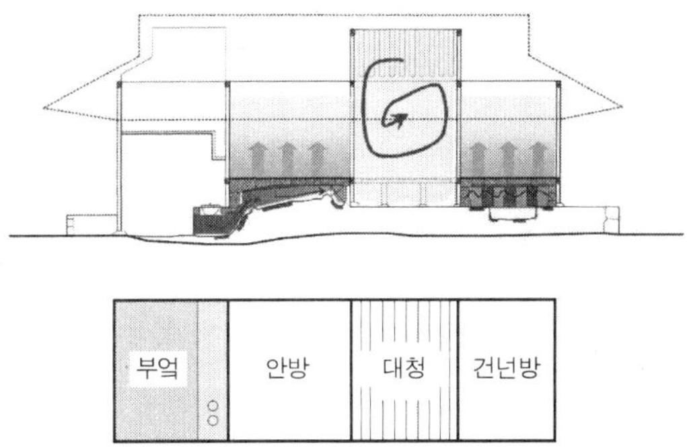

그림 2-32 | 부엌-온돌-마루의 결합

지역에 따라 차이를 보이는 다양한 평면형태는 위와 같은 개실구성의 확장과 응용으로 볼 수 있다. 예를 들어 서울지역에서는 부엌을 안방 아래로 배치한 ㄱ자형이 많이 분포하고, 서남해안 지역에서는 부엌 옆에 다시 방을 두는 방식이 많이 발견된다. 또 상류주거에서는 작은 방들이나 보관시설을 직각으로 이어 달아 주거형태가 ㄷ자나 ㅁ자 모양을 갖는 경우도 많다. 이러한 변이들을 지붕의 용마루선이 이루는 형태를 기준으로 일(一)자집, 곱은자집(ㄱ자집), ㄷ자집, ㅁ자집으로 구분하기도 하며, 지역에 따른 특징에 주목하여 평안도형, 중부형, 서울형, 남부형 등으로 구분하기도 한다. 한편, 함경도에서는 마루를 두지 않고 정지 옆으로 방을 두 줄로 배열한 전(田)자형의 구성을 보이기도 하며, 강원도와 경상북도의 일부 지역에서도 이와 비슷하게 외양간을 포함하여 두 줄로 배열된 방들을 한 지붕으로 덮는 집중형의 형태가 존재한다. 함경도집, 강원도 너와집, 경상도의 까치구멍집, 울릉도집, 제주도집, 서남해안의 마리집 등은 모두 지역적 특성이 강하게 드러나는 특수한 유형으로 분류되는 사례들이다.

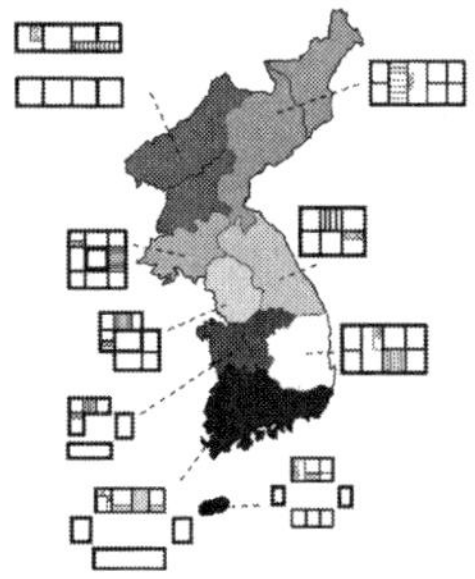

그림 2-33 | 지역에 따른 특징적인 평면형태

2) 구조와 생산

한국 전통주거의 구조방식은 목구조를 이용해서 뼈대를 만들고 흙벽으로 그 사이를 채우는 모습이 가장 일반적이다. 뼈대가 되는 목구조는 기단 위 초석에 기둥을 세우고 들보와 도리를 각각 직각으로 얹어 지붕면을 구성할 수 있는 기반을 만든다. 주택의 측면 규모는 목구조에서 사용되는 도리의 개수로 표현되는데, 도리를 3개 이용하는 삼량가(三樑架)나 5개 이용하는 오량가(五樑架)로 지어지는 것이 보통이다. 넓은 대청과 툇마루를 이용해야 하는 안채나 사랑채의 중심부분은 오량가로 구성되는 경우가 많고, 이 밖의 건물은 삼량가를 이용하는 경우가 많다. 주택에서는 공포를 사용하지는 않지만 도리 밑에 장여를 받치거나 소로를 삽입하여 화려하고 견고한 장식미를 표현하기도 한다. 도리의 상부에는 서까래와 개판을 올리고, 그 위에 큰 통나무와 다량의 흙을 얹어 하중을 안정시킨 다음 짚단이나 기와로 지붕면을 만드는데, 너와집이나 굴피집처럼 나무 널이나 나무껍질을 사용하는 경우도 있다.

그림 2-34 | 목구조를 이용한 뼈대

집을 짓는 과정에는 순서에 따라 다양한 의례들이 수반된다. 공사의례에는 주거를 대하는 문화적 태도가 반영되어 있으며, 집주인과 건축 장인이 주인공이 되어 치러진다. 터를 파는 날에 공사의 시작을 알리는 개기제, 장인들이 공사 시작을 앞두고 연장을 씻는 의식과 함께 진행되는 모

그림 2-35 | 상량식 장면

탕고사, 기둥을 세우는 입주식, 종도리를 올려 짜는 상량식, 그리고 공사 완료 후 집들이에 해당하는 입택고사 등이 대표적이다. 이 중 상량식은 목구조의 뼈대를 짜는 공정의 마지막 완성을 알리는 것으로서 가장 성대하게 치러진다. 종도리는 건물에서 가장 위에 자리하는 구조부재로서 집안의 평안과 부귀를 관장하는 성주신의 신체로 인식된다. 여기에는 공사의 일시와 건물의 좌향, 집안의 축원을 적은 상량문을 보관하며, 그 아래면이나 옆면에는 상량묵서가 쓰인다. 주인이 건물을 이용하기 시작함을 알리는 입택고사는 장소의 정화와 가택신에 대한 예배를 통해 새로운 주거를 축원하는 의식이다.

3) 실내공간과 장식

그림 2-36 | 서울 안국동 윤보선 가옥 사랑채

그림 2-37 | 장흥 방촌 위계환 가옥 지붕장식

주택의 장식은 각 공간의 기능에 따라 달라진다. 상징적인 공간으로서 대청은 목구조를 노출해서 강건한 구조미를 강조하는 경우가 많지만 생활공간으로 주로 이용되는 온돌방의 실내에는 종이로 도배를 해서 청결하고 밝은 분위기를 연출하게 된다. 이때 온돌방은 천장을 막고 벽면과 같이 도배를 해서 바닥에 앉아서 생활하는데 심리적으로 적정한 높이를 만든다. 반면 천장을 막지 않고 지붕구조를 노출시켜 실내 높이를 높게 만든 대청은 서서 이용하는 행위에 맞추어져 있다. 툇마루는 건물의 제일 바깥쪽 기둥과 그 안쪽 기둥 사이에 마루를 설치한 공간으로 대개 반 칸 이하의 폭을 갖는다. 때문에 온전한 방으로 사용하기에는 규모가 작지만 마당과 방의 사이에 위치해서 신을 벗고 올라서는 공간, 한 방에서 다른 방으로 이동하는 공간, 간단한 작업과 수장의 공간으로 다양하게 이용되어 주거공간의 활용도를 높이고 공간구성의 다양성을 보장하는 장치가 된다. 또 툇마루의 발달은 신을 신지 않고 생활하는 영역이 증가하는 것으로서 실내공간이 복잡해지는 과정과 함께 진행된다.

외부에서 보이는 장식효과는 먼저 커다란 지붕의 형태에서 찾을 수 있다. 기와집의 경우 안채와 사랑채는 팔작지붕으로 꾸며 화려한 모습을 드러내는 것이 보통이다. 지붕을 크게 하면 시각적으로도 한층 풍부한 경관을 연출할 뿐만 아니라 건물 주변으로 비를 피하고 그늘이 지는 처마 밑

그림 2-38 | 구례 지례동 오류헌 미닫이

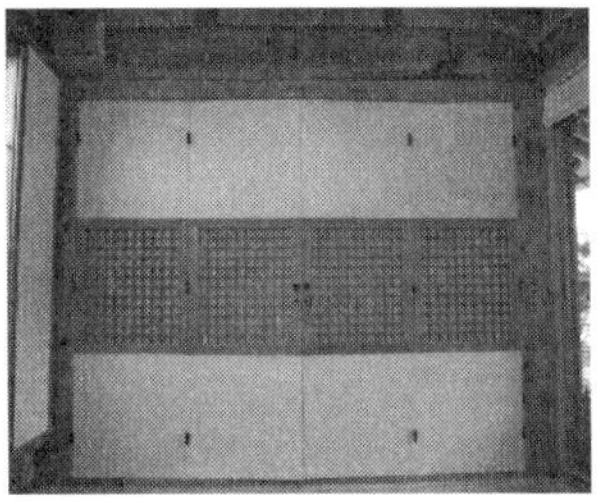

그림 2-39 | 서울 가회동 한옥 분합문

그림 2-40 | 거창 동계고택

공간을 확보할 수 있는 장점이 있다. 그래서 처마를 이중으로 돌출시키는 모습도 자주 발견되는데 이를 겹처마라고 한다. 겹처마는 부연이라고 하는 작은 사각단면의 서까래를 한층 더 내미는 것으로 장식효과도 크다. 또 팔작지붕의 측면에서 삼각형 형태로 보이는 박공면을 기와조각이나 벽돌로 문양을 만들어 장식하는 것도 건물을 장식하는 주요한 수단 중 하나이다.

또 하나의 주요한 요소로 창호를 들 수 있다. 창호는 문과 창을 함께 이르는 말로, 여는 방법에 따라 여닫이, 미닫이, 미세기, 들어열개문 등으로 나누어진다. 또 문짝의 구성에 따라서는 창살을 짜고 창호지를 바른 살문과 나무 널을 차례로 붙여 마감한 판문으로 나눌 수 있다. 방문으로 주로 사용되는 살문은 가는 나무로 만든 문살을 여러 가지 기하학적 문양으로 문짝에 끼워 넣고, 한쪽 혹은 양쪽 면에 창호지를 발라서 만든다. 창호지는 실내방향에 붙이는 것이 보통으로 외부에서는 창살의 입체적 형태와 질감이 보이고 실내에서는 창호지에 비치는 그림자를 통해 반투명한 빛의 효과를 느낄 수 있다. 안방과 대청 사이 또는 대청의 정면에 많이 사용되는 분합문은 넓은 면을 막기 위해 보통 3짝 내지 4짝으로 구성되는데, 각 문짝을 열어 접고 이들을 모두 한 번에 들어 올려 기둥과 기둥 사이를 전부 개방할 수 있는 점이 특색이다. 분합문을 제외한 다른 창호는 대개 벽면의 중간에 들어간다. 마당에 면한 방의 창 아래에는 나무로 울거미를 짠 머름이라고 하는 작은 나무판벽을 만든다. 머름은 흙벽보다 정교하게 마감이 되므로 아름답고 튼튼한 입면요소가 된다. 머름의 높이는 바닥에 앉아서 생활하는 자세에 맞춘 것으로, 실내 가구의 높이와도 관련된다.

전체적으로 주택에는 색채를 쓴 단청을 하거나 나무 부재에 조각을 하는 등의 과도한 장식을 하지 않고 원래의 재료가 가지고 있는 재료미를 중시하였다. 예를 들어 들보의 머리가 노출되는 부분을 오각형으로 깎아 멋을 부린다든지, 기둥이나 문선의 모서리를 둥글게 깎아 부드러운 느낌을 주기도 했으며, 긴 면에는 홈을 내어 부재가 지나치게 크게 보이는 것을 막았다.

(3) 근대 이후의 변화

1) 전통주거의 변모

그림 2-41 | 해남 윤탁 가옥 욕실

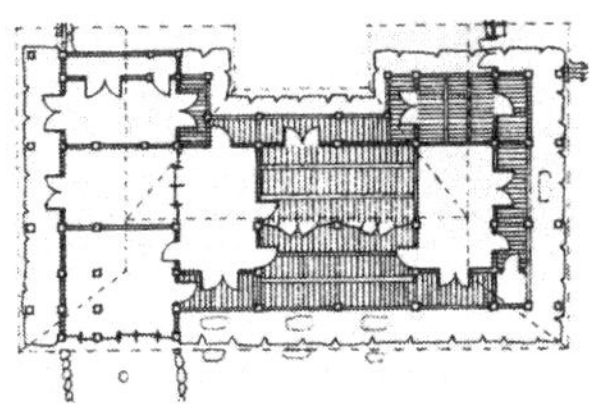

그림 2-42 | 보성 이용우 가옥 평면도

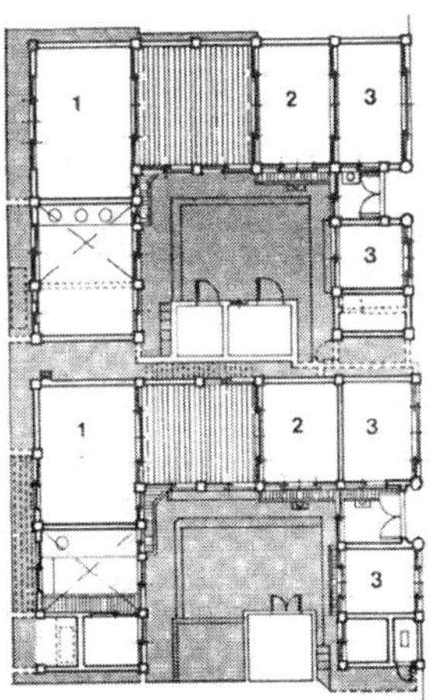

그림 2-43 | 서울 용두동 도시형 한옥

근대 이후 전통주거형태는 자유로운 사회분위기에 힘입어 규범에서 탈피하는 모습이 보이기 시작한다. 벽돌이 장식적으로 이용되고, 신분에 맞지 않게 솟을대문을 세우거나 사당을 목욕간으로 개축하는 등의 사례도 발생했다. 20세기 초 전국적으로 전개된 수리사업의 결과로 새로운 농경지가 크게 확대되면서 마을 역시 예전과 같은 위계질서보다는 공동의 경제활동이나 생활의 편리가 중시되었고 외부에 대해 과시하려는 태도가 드러나 보인다. 이 시기에 새로 형성된 마을들은 명당자리를 선호하기보다는 넓은 경작지를 관리하기 편하고 동시에 도시와의 교통이 편리한 위치에 자리 잡는 경우가 많았다. 주택들의 관계에서도 위계질서가 많이 약화되어 규모와 장식이 유사해지고 유기적 연대가 중시되었다. 단위주택에서는 건물의 규모가 크게 확대되고 실내에서 이용할 수 있는 공간들이 다양화되었다. 이 시기의 대표적인 경향으로, 각 방들이 한 줄로 연결된 홑집에서 벗어나 앞뒤로 방을 가지면서 공간의 차폐도를 조절하고 복잡한 동선을 만들어낼 수 있는 겹집의 유행을 들 수 있다.

점차 과밀화되는 도시에 지어지는 중산층의 주택에서는 안채와 문간채만으로 구성되는 압축적인 평면이 유행하였다. 또 주택의 상품화 과정에서 칸수와 칸 규모를 조정하고, 구조적 의미가 없는 장식을 추가하는 등의 변화가 발생했다. 안채의 전면에 유리문을 달면서 툇마루는 복도의 기능이 한층 강화되었다. 복도는 안방, 대청, 건넌방을 연결하는 통로이면서 외부와 단절된 실내공간이 되었다. 또 벽 재료로 흙 대신 벽돌을 이용하고, 서양식 가구나 유리가 달린 여닫이문을 도입하는 사례도 증가하였다. 특히 1930년대 이후 대도시에서 주택난이 심화되고 수요가 급증함에 따라 임대업자들이 우후죽순으로 생겨나며 도시형 한옥의 건설이 활발해졌다. 도시형 한옥은 경기지역 안채의 기본평면에 문간채가 결합한 ㄷ자형 평면을 기본으로 다양한 유형이 개발되었고, 평면의 실내화, 지붕의 일체화, 문간채 및 측간의 통합이 이루어졌다. 도심부에서는 관아나 대저택이 들어서 있던 대형필지들이 주택단지로 변모되었고, 변두리 지역에서는 농경지나 구릉지가 토지구획정리 사업을 통해 개발되면서 격자형 가로체계가 적용되었다. 이러한 도시형 한옥은 새로 등장한 주택 생산업자에 의해 집단적으로 생산되었으며, 벽돌 · 타일 · 유리 · 함석 등 근대에 새로 유입된 재료가 과시적으로 사용되었다.

그림 2-44 | 서울 가회동 도시형 한옥군

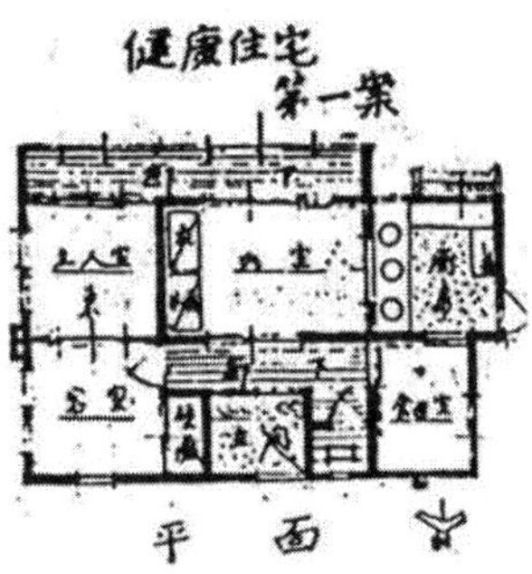

그림 2-45 | 김윤기의 건강주택안

그림 2-46 | 1950년대 청량리 부흥주택

2) 새로운 주거형태의 수용

개화기를 거치면서 신생활운동의 일환으로 다층주택, 정원의 이용, 환경과 위생, 가족공간과 개인공간의 구별 등이 새로운 주거문화로 소개되었다. 또 19세기 말부터 20세기 초까지 전화, 전기, 수도가 도입되면서 상류주택으로부터 점차 확산되어 갔다. 서양식 주택이나 일본식 주택은 개항장의 조계지에 처음 선보인 이래 점차 도시로 확산되어 갔다. 일제강점기에 지어진 일본식 주택은 곡선이 없는 경사지붕, 짧은 처마, 암수기와를 결합한 기와, 가는 기둥에 개방된 벽면을 특징으로 하면서 가로변을 따라 지어졌다. 1910년대에는 서양식, 일본식 혹은 이 둘 모두를 한옥과 절충하려는 시도들이 등장했다. 1920년대의 주택개량론에는 오늘날의 거실에 해당되는 생활실이 있었고 객실에는 벽난로나 베란다를 두는 등 서구식 주생활양식을 지향하고 있었다. 이와 같은 새로운 형식의 주택은 문화주택이라는 이름으로 불렸다. 이때 문화는 문명개화의 개념에서 차용한 것으로, 우월하고 선진적이라는 가치가 개입된 접두사처럼 사용되었다.

1941년 7월에는 심화된 도시부의 주택난 해소, 특히 전시체제하에서 노동자에게 최소한의 주거를 제공하기 위하여 관민 합작의 조선주택영단이 발족되었다. 주택영단에서는 5평형에서부터 20평형에 이르기까지 규모별로 표준형을 만들어 임대와 분양을 위한 주택단지를 보급하려고 하였다. 주거형식은 단독주택과 2호 연립이 대부분이었고 현관과 속복도를 갖는 기능적 평면구성을 가지고 있었다. 이러한 국가 주도의 서민주택 공급은 해방 이후에도 이어져서 1960년대 중반까지 국민주택, 재건주택, 부흥주택 등의 이름으로 흙벽돌과 시멘트블록을 이용한 주택단지가 건설되었다. 1962년 설립된 대한주택공사는 아파트 건설과 주택단지 개발을 주도하였으며, 특히 1960년대 후반 이후 대규모 아파트단지의 건설을 이끌었다. 한편, 1970년대에는 농촌취락주거 개선사업과 새마을운동의 일환으로 농촌에 표준설계도를 보급하여 농촌마을의 경관을 일신하였다.

현대 도시주택의 상당부분을 차지하는 아파트는 일제시기에 도입되었다. 1930년대에 지어진 초기의 아파트는 일본인 봉급생활자를 위한 3층 정도의 소규모 건물로서 온돌방이 없었고 공동시설이 건물 내에 있는 형태였다. 해방 이후 아파트는 다양한 주거형태의 실험장이 되었다. 중층건물에서 온돌의 설치, 입식 부엌의 적용, 보일러 · 수도 등의 설비, 발코니 · 다용도실 · 붙박이장 등의 조절을 통해 효율적인 가사작업이 가능하고 가족단란공간으로서 독립성이 강조되는 평면형태로 자리 잡아 갔다. 거실(L), 식사실(D), 부엌(K)의 위치와 통합 정도를 조절하는 것이 가장 주요한 고민거리였다. 1970년대 중반부터는 민간기업도 적극적으로 아파트 건설에 참가하였고, 대규모로 개발되면서 도로와 공공시설을 고려한 단지계획이 중요해졌다. 아파트는 점차 고층화되었고 첨단의 설비가 가장 먼저 적용되어 왔으며, 각종의 제도적 지원에 힘입어 현재 우리나라 주거문화를 대표하는 주거형태로 자리 잡게 되었다. 아파트의 대량보급은 토지와 건축비의 경제성, 입식 부엌, 온수공급, 중앙난방, 수세식화장실 개선, 중산층의 저변확대에 기여하는 등 한국 주거문화에 큰 영향을 주었으나, 동시에 획일적인 주거문화의 형성, 단지 외부의 도시환경에 대한 배타적인 태도 등의 문제를 야기하였으며, 2000년 이후 국적 있는 도시경관의 조성과 주거 다양성 확보를 위한 노력의 일환으로 한옥 등 단독주택에 대한 진흥책이 모색되고 있다.

그림 2-47 | 서울 마포아파트

그림 2-48 | 분당 신도시

2-3 서양의 주거형태와 문화

동양(East)과 서양(West)이란 말은 지리상의 표현으로 그리스 · 로마를 중심으로 한 세계관에서 비롯되었다. '빵은 길을 만들었고, 밥은 마을을 만들었다'는 말이 있듯이 동서 주거를 비교해보면 주거관념뿐만 아니라 문화적 차이를 이해할 수 있다.

- **현대주거의 원형은 원시주거로부터**

성서에 나타난 아담의 두 아들 카인(Cain)과 아벨(Abel)은 각각 '농사 짓는 자'와 '양치는 자'로 묘사되고 있어(창, 4 : 2) 당시 이들의 가옥이 정착민의 움막구조와 유목민의 텐트구조였음을 추측해볼 수 있다. 동굴이든, 움막이든 태초부터 인류가 자신을 보호하고 기본생활을 영위하기 위해서 '은신처(shelter)'가 필요했던 것이다. 그러면, 예를 들어 현대주거에서 많이 볼 수 있는 필로티(pilotis)구조는 어디서부터 왔을까?

니콜라스 페브스너(N. Pevsner)는 피로티를 "건물을 2층 레벨까지 들어 올려서 지상층을 개방하기 위해 설치하는 기둥을 일컫는 말"이라고 정의하였는데, 실제 근대 주거건축에서 르 코르뷔지에는 빌라 사보아에 필로티형식을 적용하여 자유로운 평면과 자유로운 입면형태를 취하였고, 현대 도시주거 역시 상황에 맞게 필로티 구조가 적용되고 있는 점은 흔한 일이다.

① 일류 최초의 주거형태　④ 청동기 움막(송곡리)　⑥ 빌라 사보아(Poissy, 프랑스)
② 후기 신석기시대의 동굴주거　⑤ 티모르주거(인도네시아)　⑦ 마쓰야마주거
③ Nong Chae Sao(태국 북부지역, Henriksen 1982, courtesy of P.Sørensen)

그림 2-49 | 원시주거로부터 사용된 필로티 형태

- 동양의 지붕문화와 서양의 벽문화 차이

문자적으로 동양의 집(家)은 '집면, 宀'이 쓰인 것으로 보아 지붕을 중요시한 것으로 이해할 수 있는 반면에 서양의 주거는 공간을 벽 혹은 층으로 구분한 것으로 보아 실 기능을 더 중요시한 것으로 보인다. 전통적으로 석재와 벽돌을 사용한 서양주거(조적식)에 비해 기둥과 보를 목재로 사용한 동양주거(가구식)는 형태와 기능면에서 현저한 차이를 보이고 있다. 동양주거는 실내에서 외부로의 출입함에 있어서 보다 개방성과 유연성을 갖는데, 목구조의 특성상 개구부의 조절이 용이하기 때문이다.

그림 2-50 | 동양의 집(家)구조와 지붕형태-일본 오키나와 주거형태

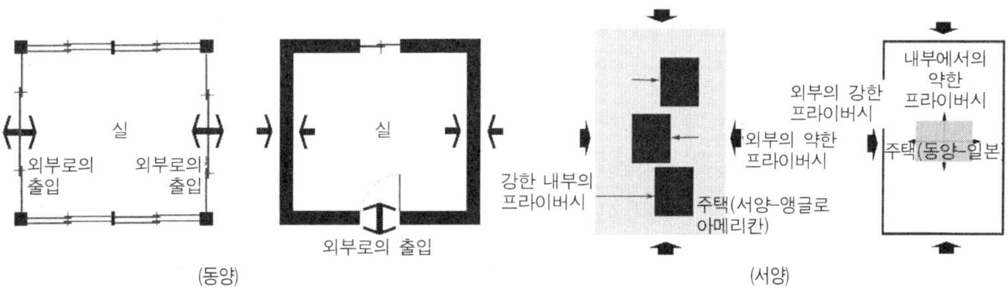

그림 2-51 | 동서양의 실 구조와 외부관계

- 기하학적 형태(geometric)와 자연적 형태(natural)

고대 이집트와 수메르로부터 기원한 서양주거는 그리스와 로마주거를 거쳐 발전하였고, 중세 초기에는 완전히 원시성을 탈피하여 합리적인 서양의 전통적 주거형식을 만든다. 근대 이후의 서양주거는 전통주거형식으로부터 해답을 찾기보다는 모더니즘의 기하학적 형태언어를 사용하여, 급기야 20세기 중반에는 국제주의 양식(International Style)을 보편화시켰다. 반면, 동양주거는 수천 년 동안

내려온 전통을 기반으로 자연에 순응하여 기후와 풍토를 고려하는 자연주의와 민족적 상징성을 보다 강하게 부여하였다.

- 여성공간 (housemaker's space)과 남성공간(householder's space)의 위치

  동서를 막론하고 주거공간에서의 여성공간은 불의 위치와 밀접한 관계가 있다. 여성공간은 주로 후면부에(취사의 기능이 약할 때는 측면부나 주택 밖에) 위치하며, 남성공간은 중정과 도로면에 가까운 전면부에 위치하여 사회적 기능을 반영하였다. 이와 같은 공간의 영역성은 남성의 사회적 역할과 여성의 가사부담에 대한 생활상의 위치에서 비롯되었다고 볼 수 있다. 그리스 주거의 안드론(Andron), 한국의 사랑채, 일본의 다실, 그리고 인도네시아의 자바 주거 뻰다빠(Pendapa) 등은 남성공간을 의미한다.

(1) 선사시대의 주거

생활도구로 불과 뗀석기를 사용했던 구석기시대(paleolithic age)의 주거는 동굴에 거주하며 수렵과 채집생활을 하였고, 주거지를 이동하면서 살았던 것으로 알려지고 있다. 신석기시대(neolithic age)는 움막을 짓고 농경생활을 했기 때문에 주거지를 이동하지 않아도 되었고 집단을 이루어 정착생활을 할 수 있었다. 태국서부 농채사오(Nong Chae Sao)에서 발굴된 후기 신석기 주거는 고상식 주거생활을 하였음을 입증하고 있는데 자연에 순응하였던 주거의 모습에서 주거생활에 불리한 요소들을 극복해나갔던 원초적 지혜를 엿볼 수 있다.

〈산간주거〉 〈도시주거〉 〈광야주거〉

이집트인들은 지금도 산지의 토굴주거에서 거주하는 사례가 많은데 광야 사막기후에 걸쳐있는 제벨 에 다후네(Jebel et-Tahuneh), 르비딤(Rephidim)과 동일시되는 와디 훼이란(Wadi Feiran) 북단 골짜기 등에서 이런 형태의 주거형식을 발견할 수 있다.

그림 2-52 | 현대 이집트의 다양한 주거의 유형

(2) 이집트의 주거

고대 이집트인들은 현세보다는 사후의 집을 더 좋게 만들어 영원한 안식을 추구하였기 때문에 지상의 주택은 임시거처지로의 의미가 컸다. B.C.3500년경 고대 이집트인들은 나일강 유역의 비옥한 농경지에서 경작활동을 하며 문명을 발생시켰고 도시를 형성하여 정착생활을 하였다. 그 주거지로 텔 엘-아마르나(Tell el-Amarna, 2층 주택, 20여 개의 실과 3개소의 중정으로 계획됨)에서 발굴된 도시주거는 고대 이집트인들의 대표적인 주거건축을 말해주고 있고, 텔 엘-마스쿠타(Tell el-Maskuta)는 히브리민족의 출애굽 출발지인 숙곳(succoth)으로 흙벽돌로 만든 흔적들을 이해하는데 좋은 사례이다[1].

1) 텔(Tell)이란 과거의 도시 혹은 주거지로 30~50m의 폐허된 언덕을 아랍어로 텔이라 부른다. 고대인들은 새로운 지역에 정착하기 위해 다음과 같은 조건을 충족시킬 장소가 필요했다. 1) 물을 쉽게 구할 수 있는 곳, 2) 관측과 방어에 우리한 고지, 3) 농사를

이집트 주거는 건조한 사막기후로 목재가 귀하여 양질의 목재를 쉽게 얻을 수 없었던 까닭에 목구조보다는 석재와 벽돌을 만들어 역청으로 모르타르를 발라 흙벽돌 조적조의 주거형식을 탄생시켰다. 강수량이 많지 않았기 때문에 흙벽돌에 내정을 갖는 평지붕형태의 주택을 창안하였는데, 반면에 농경정착생활 외에 육축이동생활을 위해 초지와 오아시스를 찾아 주거지를 옮겨가며 생활하는 유목민들은 텐트형식의 이동식 주거를 취하기도 하였다.

(3) 메소포타미아의 주거

B.C.3500년경 청동기시대(bronze age)의 사람들은 문자를 사용하였다는 점에서 인류문화사적으로 큰 의미를 갖는다. 인류는 이집트의 나일 강, 수메르 메소포타미아의 티그리스 · 유프라테스 강, 인도의 인더스 강, 중국의 황하 강 유역을 중심으로 문명을 탄생시키면서 도시주거지를 만들었다[2]. 가장 먼저 도시를 형성하였던 메소포타미아 문명의 수메르인은 농경생활과 함께 티그리스 강과 유프라테스 강 유역에서 쉽게 채취할 수 있었던 진흙을 가지고 벽돌을 만들어 주택을 지었다. 성경에서는 "그들이(인간이) 동방으로 옮기다가 시날 평지(바벨론지역)를 만나 거기 거류하며 벽돌을 만들어 견고히 굽고, 이에 벽돌로 돌을 대신하며, 역청으로 진흙을 대신하고(창세기 11 : 2~3)"라 전하고 있다. 진흙은 토판문서의 점토판과 주거건축에 결정적인 재료가 되었던 것이다.

(상) 무디프(Mudhif)의 갈대 집

(하) 하란(Haran)의 흙집 트롤리-진흙에 짚을 섞어 만든 트롤리 주거는 낮과 밤의 기온차를 줄여주는 효과가 있어 수천 년 동안 전통주거로 내려오고 있다.

그림 2-53 | 하란의 무디프 갈대 집과 트롤리(Trulli)의 흙집

고대 메소포타미아 문명의 중심지였던 우르(Ur)에서 발견한 전형적인 메소포타미아의 주택은 중정을 중심으로 여러 개의 방을 배치하는 형식으로 보통 2층 주택이었다. 주택의 입구 근처에 계단을 설치하여 2층으로 오르내리도록 하고 1층에는 응접실, 부엌, 가사공간을 배치하였으며 2층에는 침실과 거실 등 가족의 생활공간을 배치하였다.

지을 수 있는 비옥한 들판, 4) 무역로와 군사로를 통제할 수 있는 교통의 요충지 등(김성, '성서고고학 이야기', p.14, 동방미디어, 2002)

2) B.C.2500년경 인더스 강 유역에서 발생한 인더스 문명은 하라파와 모헨조다로와 같은 도시를 형성하였으며, 강 유역에서 진흙을 채취하여 벽돌을 만들어 주거지를 만들었다.

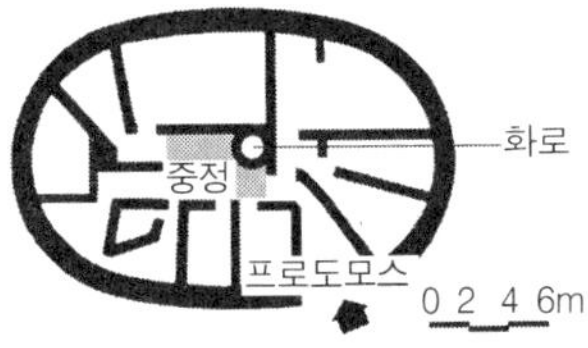

그림 2-54 | 카마이지의 타원주택 평면도

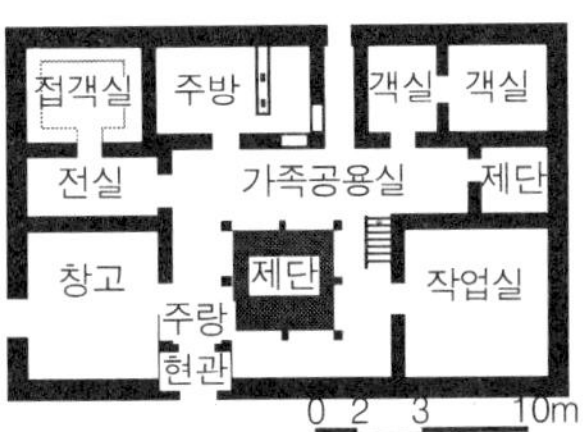

그림 2-55 | '행운의 집' 복원 평면도-올린토스

(4) 그리스 · 로마시대의 주거

고대 그리스인들의 주거문화는 이집트와 메소포타미아의 중정식 주거에 영향을 받아 중정을 중심으로 공간을 형성하는 중정형의 주택이었다. 카마이지(Chamaizi)에 지은 타원형 평면의 민가는 중정(The Court of Core)을 통해 각 실로 접근하도록 코어형식의 평면으로 계획되었다. 중정에다 화로(fire place)를 두어 취사와 식사, 접객 등의 공간으로 활용하였는데 이는 B.C.5세기 이후에 중정형으로 정착한 것이다. 참주와 귀족의 주택은 메가론(megaron)형식이었고, 일반도시국가의 서민주택은 파스타스(pastas-가족공용실)를 거쳐 각 실로 출입하는 내향식 주택이 많았다. '행운의 집'의 방 종류는 현관(prothyron), 주랑내정(peristilum), 식당(oikos), 접대실(andron) 등과 주방, 욕실, 침실, 객실, 창고 등으로 구성되어 있다. 가로에 면하는 주택의 외부벽면은 단순하게 마감하였고 내부공간의 구성은 중정을 중심으로 다양한 생활공간을 구성하였다. 중정의 역할은 가족생활의 중심공간으로 복합적 기능을 담당하였으며 내부공간과 연결하기 위해 벽면을 포티코로 처리하는 등 중요한 요소였다. 주공간 대부분은 여성의 공간이었으나 응접실과 유사한 안드론(Andron)은 생활공간과 분리되어 주택의 출입구 주변에 배치되었으며, 이러한 형식은 도시주택과 농촌주택에 모두 적용되었다. 올린토스(Olynthos)에서 발견된 '다채색 주택(House of Many Colors)'은 그리스 도시주택을 나타내주는 전형적인 주거형식이다.

로마의 주택은 크게 도무스와 인슐라로 구분할 수 있다.

첫째, 도무스(Domus, 邸宅)는 빌라(Villa, 別莊)와 함께 귀족주택으로 중정형 단독주택이다.

둘째, 인슐라(Insula)는 평민주택으로 도심, 도변에 건립한 도시집합주택이다. 도무스와 인슐라는 로마제국 내에서 뿐만 아니라 이스라엘과 같은 점령지의 도시주택에도 로마주거의 기본형을 적용하였음을 발견할 수 있다.

(5) 유대의 주거

A.D.70년 로마는 지중해를 건너 유대인의 성지 예루살렘을 철저하게

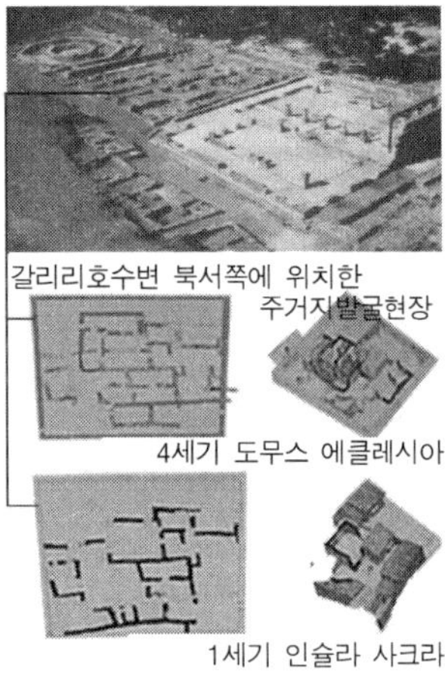

그림 2-56 | 로마의 점령지에 적용했던 도무스와 인슐라

파괴한다. 로마군대에 맞서 끝까지 항쟁하였던 1,000명의 마사다 항전도 3년만에 점령되어 유대민족은 나라를 잃고 만다. 당시 불타버린 예루살렘과 마사다, 그리고 사해지역의 쿰란 공동주거 등에서 고대 유대인의 주거모습들을 발견할 수 있는데 A.D. 1세기 예루살렘의 도시 일반주거는 석조로서 『거실+방+부엌』의 단순한 평면구성이었다. 특이하게 공동주거로서 사해사본(The Dead Sea Scrolls)의 발견지로 알려진 고대 쿰란 공동주거[3]는 사본이 발견된 동굴 가까이 위치하고 있는데, 집회소 및 대식당, 부엌, 필사실, 저수조, 예술가의 집(도공)과 가마터, 제례 욕장(ritual bath) 등을 갖추고 있는 집단마을이었다. 평옥지붕의 석조 공동주거(communal housing)는 망루가 있는 작은 요새처럼 계획되었으며, 수로를 만들어 물을 끌어들였고, 철저하게 신앙중심의 공동체생활을 하였다.

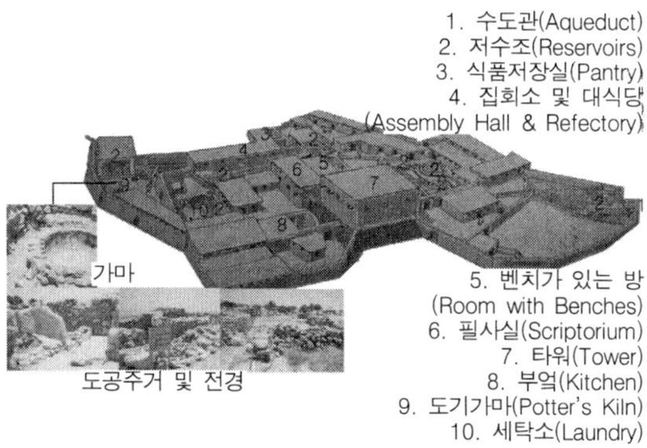

그림 2-57 | 쿰란의 고대 유대 에세네파 공동주거

(6) 중세의 주거

중세 사회상을 그대로 반영하고 있는 주거건축은 탑상주택 키이프(keep)와 매너하우스(manor house)가 대표적이다. 일반적으로 1만 에이커 이상을 소유한 영국의 귀족계급(nobility)는 장원 내에 매너하우스라는 저택을 지었다. 매너하우스의 원형은 북구의 1실 통나무주택으로부터 비롯되는데 중세 초기에 북유럽 스웨덴, 노르웨이, 덴마크 등은 풍부

3) 많은 학자들은 이 주거지를 고대 유대 에세네파(Essenes) 사람들이 거주한 곳으로 보고 있다(Sarah Kochav, 'ISRAEL-Splendour of the Holy Land', Steimatzky Ltd. p.268).

한 산림자원을 활용하여 1실형의 목조 통나무주택을 지어 생활하였다. 주거공간 내에는 가축을 기르지 않고 별도의 축사를 두었지만 생활양식이 개선되면서 차츰 외부계단을 설치하여 2층 구조와 2실 이상 짝수로 실을 증가하였다. 이는 노르만양식의 매너하우스로 발전하는 원형이었으며, 눈이 많은 지역에서는 단순한 박공형 지붕을 취하였다.

12세기 장원주거는 장원(莊園)의 봉건영주 저택과 소작농 및 관리인 주택으로 구성하는 것이 일반적이었다. 사회적으로 지위가 낮은 소작인의 전형적인 주거형태는 주택, 축사, 창고, 중정 등으로 구성되었다[4]. 이 장원주택, 매너하우스의 평면구성은 대 홀 중심의 2층 구조로 1층에 부엌과 식료품창고를, 2층에 일광욕을 즐길 수 있는 일광욕실을 두었으며, 부가 축적됨에 따라 부엌을 점점 식료품창고(buttery)와 식기수납실(pantry)로 분리하고, 현관을 설치하거나 주인공간과 부엌 사이에 회랑(gallery)을 두어 두 공간을 연결시키므로 이곳을 하인의 실로 활용하도록 하는 등 기본평면 위에 생활의 정도에 따라 실을 부가해나갔다.

그림 2-58 | 중세 유럽 북부의 통나무주택 및 스웨덴 1실형 주택

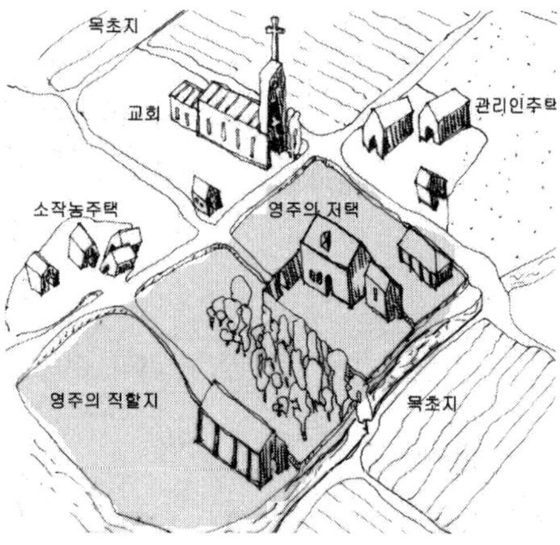

그림 2-59 | 12세기 장원(莊園)개념과 농토의 모형도

4) Bill Risebero 저, 오덕성 역, '서양건축사도해–The Story of Western Architecture', pp.39~40, 기문당, 1990.

(좌) 하이델베르크 시내전경 및 주거지 원경　(우) 헝가리 체스키크롬노프 주거지 근경
그림 2-60 | 중세유럽 도시의 주거지 모습과 주택의 지붕형태

한편, 중세 도시주거에 있어서 12세기 후반의 도시주거인 상가주택은 전면 폭이 좁고 길이가 긴 2층형 주택이었다. 전면 폭의 2배 이상의 긴 주택평면은 1층에 작업장과 점포를 도변에 면하게 하고 내부중정을 중심으로 부엌을 배치하였다. 중세 유럽의 도시주거형식은 외관형태의 특징에서 크게 2가지 양식으로 구분하여 이해할 수 있다.

① **라틴계의 주거형식** : 로마의 영향권이 강하게 남아있는 이탈리아반도, 남부 프랑스지역 등의 석재 문화권의 주거형식.

② **게르만계의 주거형식** : 로마의 영향권이 미치지 않았던 북유럽 독일, 스위스, 오스트리아 등의 목재 문화권의 주거형식.

(7) 르네상스 이후 근대의 주거

영국의 르네상스 건축가 이고니 존스(Inigo Jones)는 1630년에 이태리 고전양식을 도입하여 코벤트 가든 광장에 타운 테라스 하우스를 건립하였다. 그 후 근대 과도기시기에 근대 미술공예운동(Arts & Crafts Movement)을 일으켜 생활 속의 고딕을 실현하고자 하였던 윌리엄 모리스(W. Morris)의 영향을 받은 노만 쇼(Norman Shaw)는 교외주택의 외관에 앤여왕 양식을 적용하여 컨트리 커티지나 타운하우스(town house) 양식을 개발하여 붉은 타일의 지붕과 목재 발코니와 거친 질감의 회벽,

그림 2-61 | 18C 영국의 팔라디안 대칭구조의 전형적인 목조주택

작은 면으로 분할된 유리창 등을 계획하였다. 또한 필립 웹과 윌리엄 모리스는 붉은 집(The Red House, 1861, Bexleyeath)을 설계하여 수공예운동에 영향을 주었으며, 1875년에 발효된 공중건강법에 의해 건축과 환기 위생뿐만 아니라 표준주택의 높이를 높게 건축하였던 소위 조례주택(Byelaw Housing)이 표준화되어 20C 영국 주택의 대부분을 이루게 하였다[5].

한편, 산업혁명 이후 근대 유럽의 농촌인구가 도시로 이동하면서 이농현상이 심화되어 도시의 과밀현상으로 도시근교의 주택지가 단독주택과 타운하우스 혹은 테라스 하우스의 형태로 개발되었다. 따라서 농촌인구는 감소하여 영국의 경우 19C 초반까지 만해도 50%에 달하였으나 1850년대에는 그 반으로 줄었고, 1900년대에는 도시인구가 대부분을 차지할 정도로 농촌인구는 급감하였기 때문에 공가의 발생이나 과소 농촌지역의 발생 등 농촌사회는 물론 농촌주거에 큰 변화가 야기되었다. 19세기 후반 영국의 미술공예운동에 영향을 받아 유럽대륙 전반에서 아르누보

그림 2-62 | 가우디의 카사 밀라(Casa Milla), 1905, 바르셀로나

5) 윤복자, '세계의 주거문화', pp.208~209, 신광출판사, 2000.

(L'Art Nouveau 혹은 Art Nouveau)예술이 확산되었다. 예로, 스페인의 가우디(Antonio Gaudi, 1852~1926)는 스페인 지방의 전통과 고딕에 관심을 가졌으나 역사성을 벗고 카사 바틀로(casa batllo), 카사 밀라(casa milla) 등에서 주택외관을 파동형으로, 굴뚝을 마치 구름의 형상처럼, 입구철문을 식물의 줄기와 같이 자연의 형상으로 표현하였다. 비엔나에서는 '장식은 죄악이다(The Ornament is Crime)' 라고 주장, 건축에서 모든 장식을 배제하였던 아돌프 루스(Adolf Loos, 1870~1933)가 빈 교외에 스타이너 저택을 설계하고 구조와 관계없는 건물요소는 완전히 제거하여 필요한 창과 문만 설계한, 단순한 외관을 만들어 장식을 거부한 주택으로 당시 많은 이에게 감동을 주었다.

그림 2-63 | 르 코르뷔지에의 유니테 다비타시옹(Unite d'habitation)[1] 외관과 디테일

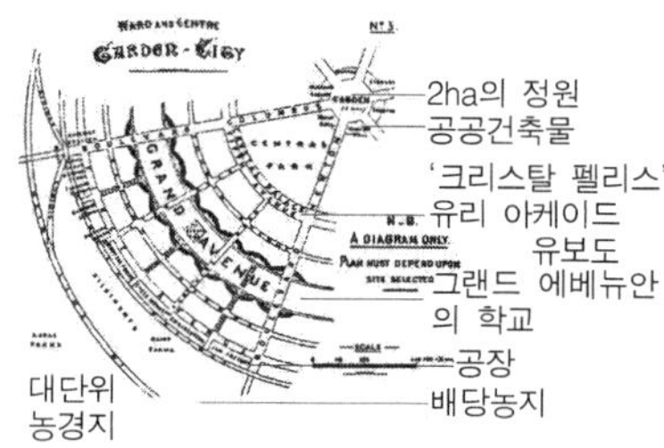

그림 2-64 | 하워드(E. Howard)의 '내일의 도시'책 내 전원도시계획안[1], 1898.

과거의 전통과 관습을 따라 디자인하길 원치 않았던 모더니즘은 1927년, 거장 미스 반 데어 로에(Mies von der Rohe)를 포함한 17인의 엘리트 건축가들은 독일의 슈투트가르트의 바이젠호프 주거단지에서 주택의 산업화라는 새로운 주거개념으로 주거문제를 해결하고 현대주택을 예견해줄 수 있는 주택들을 전시하였다. 미스의 유니버설 스페이스 개념은 모듈개념과 주거건축에 가변적이며 융통성 있는 공간을 설계하는데 많은 영향을 주었는데, 미스 이상으로 주거건축에 영향을 주었던 르 코르뷔지에(Le Corbusier)는 영국 하워드의 이상도시를 수직적으로 실현하였을

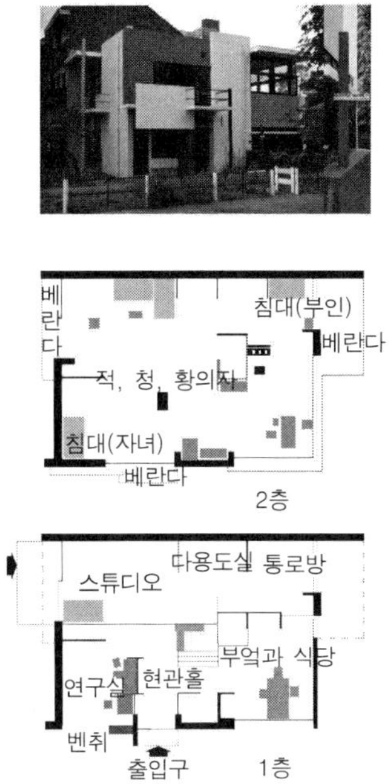

그림 2-65 | 게리트 리트벨트의 슈뢰더 하우스(남동쪽 입면, 1924년)

그림 2-66 | 미국 원주민 주거
(상) 1서부 원주민 주거 티피tepee, West America Heritage Center, UT.
(중) A.D.750~A.D.1300년 사이의 아나사지족 주거모형. Edge of the Cedars State Prak Museum

뿐만 아니라 당시 사회의 모순과 비위생적인 환경을 극복할 통로로 건축을 통하여 실현하고자 하였다. 그는 설계 5원칙을 적용하여 유니테 다비타시옹(Unite d'habitation)을 설계하였다. 벽면마감을 콘크리트 라멘조에 수직으로 거푸집을 대어 노출콘크리트(베통 브뤼, Button Brut)로 마감하는 수법을 사용하였는데, 이는 거칠지만 간결한 미학을 느끼게 하여 수많은 현대 건축가들에게 거친 시적 표현, 브루탈리즘의 미학을 전이시켰다.

이와 같이 20세기 초반은 건축역사상 유래 없이 주거건축에 있어서도 매우 다양한 실험을 했던 시기로 볼 수 있다. 이데올로기적 사회상에서도 예술의 극치를 찾아 모든 것을 등가로 규정하고 사선을 배제하였던 이념으로 현대의 주거건축에 실험적 정신으로 적지 않은 영향을 준 것은 게리트 리트벨트(Gerrit Rietveld)의 슈뢰더 하우스(1924년)이다. 그는 '적 · 청 · 황 의자'에서 2차원의 판상구조로 면을 구성하였듯이 외벽의 흰색과 진한 회색 판상구조를 4단계로 도색하여 벽과 개구부를 동적으로 대비시켰고, 비대칭성, 다정면성, 개방성, 단순성을 이루도록 하였다. 면재와 선재의 대비로 몬드리안의 구성원리와 동일시하였다. 내부공간의 구성에서도 최소한의 벽만 구획했을 뿐 등가의 구성원리와 공간의 보편성을 예시하였다.

(8) 미국의 주거

콜럼버스가 신대륙을 발견하고, 영국의 청교도들(Puritans)이 신앙의 자유를 찾아 지금의 보스턴 근처에 11개의 마을을 형성하고 살았던 것은 미 대륙의 서구주거사의 시작이라고 볼 수 있다. 서부개척시대 이전의 원주민(native Americans) 주거지로 A.D.750~A.D.1300년 사이의 아나사지(Anasazi)족(Puebloan)이 만든 아파트형 주거라든가, 이러쿼이(Iroquois)족의 롱 하우스, 남서부에 살았던 나바호(Navajo)족의 호간(hogan)주거, 대평원 원주민들의 티피(tepee)를 다양하게 발견할 수 있다. 대부분 토테미즘과 샤머니즘과 같은 토속신앙 생활을 하였던 원주민의 주거는 서구문명과 기독교신앙을 가졌던 유럽 이주민들에게 큰 영향을 주지 못하였다. 마을중심에 교회를 짓고 목사관을 건립한 다음 커뮤니티를 형성하는 미국인의 주거지형식은 일부 적대적인 원주민들로부터 방어하기 위해 처음에는 목조를 피하였으나 후에 주변의 숲에서 쉽게 얻을 수 있는 목재와 자연의 재료를 활용하여 집을 지었다.

영국 외에도 네덜란드, 프랑스, 스페인 등에서 이주한 미국인들은 본국의 주거문화를 그대로 도입하여 소위 English Colonial, Dutch Colonial, French Colonial, Spanish Colonial 등 주거형태를 만들었다[6]. 각각의 양식이 어느 지역에 들어와 근대 미국 주거문화에 어떻게 영향을 주었는지를 보면 다음과 같이 요약할 수 있다.

① **초기 미국의 주거** : 개척자들의 주거, 울타리로 주택을 보호하였고, 목재와 흙, 건초 등 주변의 재료를 이용한 박공형의 간단한 주거형식이었다.

② English Colonial : 1720년까지 초기 미국주거(Early American)로 유행하였으나 그 후 1800년경까지는 조지언(Georgian) 양식이 성행, 주로 매사추세츠, 필라델피아, 뉴캐슬, 델라웨어 등지에서 적용되었다.

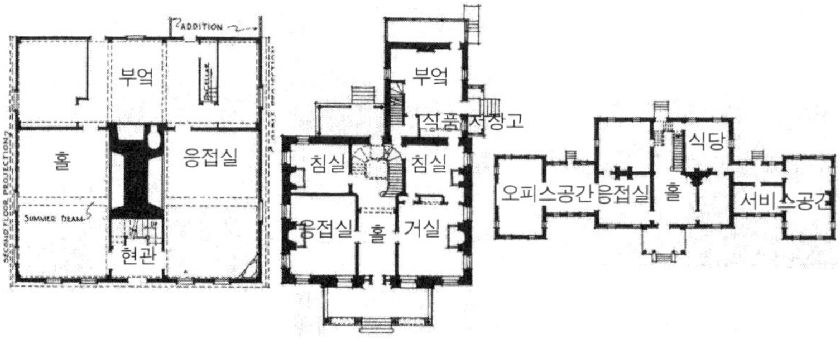

그림 2-67 | 영국 콜로니얼주거 평면유형

6) Rexford Newcomb & William A. Foster, 'Home Architecture', pp.18~35, John Wiley & Sons, Inc, New York, 1932.

(상) 18C 펜르페어 하우스, 워싱턴
(중) 19C 소도읍 주거, 로간, USU 도서관
(하) 지포드 농가, 프르이타, 유타
그림 2-68 | 미국의 주거

③ Dutch Colonial : 주택 단부에 굴뚝이 설치된 박공형 지붕(Dutch roof)의 주거형식으로 뉴 암스테르담(뉴욕), 롱 아일랜드, 허드슨 강, 뉴저지 일부 등지에서 성행하였다.

④ French Colonial : 내정을 갖는 2~3층의 주거로 아치 창, 철제 발코니, 장식기둥, 가파른 경사지붕 등의 입면요소가 특징으로 후기에는 프랑스 주거양식보다는 그리스 리바이벌 장식요소가 두드러졌다. 주로 디트로이트, 빈센스, 세인트루이스, 뉴올리언스, 루이지애나, 미시시피 강 유역, 캐나다 동부 등지에서 성행하였다.

⑤ Spanish Colonial : 스페인과 멕시코에서 선호한 조적식 벽돌주택으로 중정 혹은 파티오(patio)를 갖으며, 플로리다, 텍사스, 뉴멕시코, 애리조나, 캘리포니아 등지에서 성행하였다.

19C 후반 서부개척이 본격적으로 진행되어 중서부에도 소도읍이 탄생하였고, 지역의 독특한 커뮤니티가 형성되었다. 소도읍들은 중심가로(Main St.와 Central St.)를 축으로 격자형 도로망을 계획하여 점점 도시로 성장하였는데, 중심지 외곽으로 단독주거지를 개발하여 아름다운 도시경관을 만들어내었다. 작금의 미국 주거는 크게 싱글하우스(single house), 타운하우스(town house), 아파트(apartment house)로 대별할 수 있는데, 자유로운 주택의 입면형태를 취하는 가운데서도 도시의 스카이라인과 서구주거문화 및 전통을 무시하지 않고 아름다운 주거지 경관을 만들어내고 있는 것은 하나의 특징으로 볼 수 있을 것이다.

(9) 현대의 주거

제1, 2차 세계대전 이후 이데올로기적 냉전시대에 대한 거부감과 인간의 실존문제, 즉 인간성 상실에 대한 회복 및 환경을 생각하여 지속가능한 디자인 개념이 야기되었고, 현대건축거장 사후의 대안 모색 등 일련의 모더니즘에 대한 반성이 일어났다. 기능주의적 기계로서의 주거보다는 과거로부터 현재까지의 역사와 문화적 맥락을 수용하며, 주거와 자연생태의 순환을 중요시하면서 진정으로 인간생명의 존중과 삶의 안락함을 추구할

그림 2-69 | 현대의 주거
(상) GIS과 디지털건축방식으로 디자인된 주거단지, 리치몬드, 미국
(하) 지속가능한 에코디자인으로 미래형 주거모형 제시, '07 홋카이도, 일본

수 있는 현대의 주거건축을 갈망하였다.

현대 산업사회가 대두되면서 도시가 팽창하므로 도시주택난을 해결하기 위해 집합주택인 아파트 하우스가 중심을 이루게 되었다. 이것은 아시아의 대도시를 포함하여 세계적인 경향으로 거대도시의 출현과 국토의 도시화에 따라 도시가 근교농촌을 잠식하여 나타나는 러반(rurban)현상까지 나타나, 지역경관의 문제와 대도시의 주택난이 현안으로 떠올라 동서양을 막론하고 도시주거의 정비는 가장 시급한 문제로 대두되어 왔다. 도시의 주거정비는 도시재생 개념으로 블록단위로 저밀도 도시재개발과 뉴타운을 계획하여 도시에 생기를 불어넣는 일련의 작업들을 진행하고 있으며, 종전의 모더니즘에서 야기되었던 모순들을 수정해 나가기 위해 도시가 가지고 있는 역사문화와 경관을 복원하고 재생하는 작업들을 펼치고 있다. 종전의 방법과는 달리 시민이 참여하는 도시만들기가 일반화되었고, 도시 또는 지역의 고유한 경관을 유지하며 주거의 질을 향상시키는 디자인의 접근방식을 적용하여 매우 큰 효과를 거두고 있다. 현대의 주거는 단순히 개발만이 아니라 과거의 흔적들을 담고, 화석에너지의 부담을 최소화하면서 아름다운 역사문화적, 생태적 경관을 갖고자 노력하고 있는 것이다.

최근의 현대주택 디자인 과정에서도 타 영역과의 기술적 협력관계를 중시하여 단위주택이 더 이상 한 점으로서의 주택이 아니라 주거가 가지고 있는 사회적 요소(social factors), 생태적 다양성(bio-diversity), 토지이용(land use), 기술과 환경적 고려(engineering & environmental considerations) 등을 종합적으로 담고자 노력하고 있다. 이에 필요한 디지털 주거건축은 GIS와 연동하여 합리적 주거지 경관을 첨단기술로 해결해 나가고 있다.

2-4 | 동양의 주거형태와 문화

(1) 남아시아 주거의 특징

1) 개불 혼(Gable Horn)

좌⇨하) 인도네시아, 토라자주택의 바깥기둥의 물소 뿔 장식, 수마트라 서부 미낭까바우 주거의 뿔 모양 지붕, 티모르 주거의 지붕장식.

우⇨하) 베트남, 화빙 비엣족 물소 뿔 장식, 다양한 서까래 장식, 일본의 민가 지붕 장식(찌기), 므엉족 지붕장식.

그림 2-70 | 남아시아 주거의 지붕 개불 혼과 장식유형

개불 혼은 버펄로의 두상과 뿔을 취하여 직접적으로 장식하는 경우도 있지만 가위 모양(말레이 주택의 씰랑 군띵, Silang Gunting)이나 새의 형상, 나가(Naga-신화적 물뱀) 또는 하늘과 땅을 연결해주는 희생제물의 상징 등으로 장식되어 지역적 의미를 담기도 한다. 이러한 장식적 요소는 수마트라와 칼리만탄을 중심으로 강하게 나타나는데 남아시아 일대의 주거형식과 부분적으로나마 일본 또는 오스트로네시안 전역에 걸쳐 분포한다. 섬나라 일본은 고대 불교가 전해지기 전에 토속신앙의 신사건축에서 찾아볼 수 있다.

2) 안장형 지붕형식

또 하나의 남아시아 주거형식의 특징은 안장형(saddle roof) 지붕형태이다. 다이내믹한 지붕의 모양은 술라웨시의 토라자 주거와 수마트라의 미낭까바우 주거에서 흔히 볼 수 있는데, 말의 안장 모양을 띤 지붕형태는 길게 내민 처마를 받치기 위해 바깥기둥을 달아내거나 기둥과 벽을 밖으로 약 3도 가량 기울어지게 결구하여 육중한 안장형 지붕을 지지하게 한다. 이러한 안장형 지붕형식은 언어와 문화적 차이가 있음에도 수마트라로부터 파푸아 뉴기니에 이르기까지 남아시아의 전반에 걸쳐 응용되어 왔다.

3) 고상식 주거형식

1770년 당시 영국 동인도회사(the British East India Company)의 선장이었던 토마스 포레스트(Thomas Forrest, 1729~1802)는 남아시아 주거형식은 더운 공기를 위로 올라가게 하고 찬바람을 들어오게 하는 자연 순환구조로 다양한 형태의 고상식 주거였다고 기록하고 있다[7]. 이

7) Roxsana Waterson, 'The Architecture of South-East Asia through Traveller's Eyes', pp.126~127, OXFORD UNIVERSITY PRESS, 1998.

렇듯 고상식(高床式) 혹은 지상식(地床式)이라고 부르는 주거형식은 남아시아 주거형식의 특징적 요소 중의 하나이다. 고상식 주거는 예컨대, 타일랜드 북부산간지역처럼 고산지역의 추위를 피하기 위한 주거나 야오족(Yao)과 같이 중국의 영향을 받은 경우와 족자카르타, 마두라, 발리, 롬복 등 도서부의 경우를 제외하면 대부분의 지역에서 나타나고 있다[8]. 전통적으로 남아시아의 다수 종족이 고상식 주거에서 생활해왔고, 산악 소수민족 역시 이의 영향과 경사지형에 순응하여 고상식 주거형식을 취하여 왔음을 알 수 있다.

그림 2-71 | 필리핀 루손 까파스시 이주촌 내 주거

(2) 인도네시아의 주거

1) 인도네시아 주거의 특징과 형태

레이몬드 케네디(Raymond Kennedy)는 인도네시아의 종족을 200개로 제시하였는데, 군도의 나라로 종족과 언어가 다양하지만 주종을 이루는 자바인의 영향이 가장 강하다. 따라서 주거에 있어서도 자바주거가 기준이 되며, 그 영향이 크다고 볼 수 있다.

33개 주의 주거특징과 소수민족의 주거형태까지 종합한다면 민족성을 반영한 다양성의 주거라 말할 수 있다. 인도네시아의 주거형식은 소위 루마아닷(Rumah Adat)의 주거관념을 존중한다. 이는 군집관습, 사회적 관계성, 전통규례, 타부, 그리고 신화와 종교의 기호적 중심을 의미한다. 즉, 대가족이 사는 각각의 주택은 마을 전체적으로 사회적, 종교적 공동체적 생활을 형성하는바 성화된다고 하는 의식상의 주거 문화적 상징기능을 한다.

8) 山本直彦 等, "インドネシアマドゥラ島の 住居集落の 地域類型", 『日本建築學會大會學術講演梗概集(北海島)』, p.365, 1995.

그림 2-72 | 인도네시아의 지역별 · 민족별 주거형태

2) 자바 주거

자바주거의 기본평면으로 4개의 기둥이 상부지붕을 지지하고 주택의 내부공간(다렘, Dalem)을 형성하며, 이를 중심으로 남북축, 혹은 전 · 후면으로 필요한 실과 테라스 공간을 달아낸다. 보통 거실은 전면에 부엌은 후면에 배치하고, 필요에 따라 2~3개의 침실과 창고를 달아내어 전체적인 주거공간 및 형태를 만들게 된다. 자바의 전통적인 주거형식은 깜뿡양식(Kampung), 리마산양식(Limasan), 조글로양식(Joglo) 등 3가지 유형으로 구분할 수 있다. 외관상 각각의 특징을 갖고 있으나 구조형식과 공간구성 방식은 유사하다.

그림 2-73 | 리마산양식(Limasan Roof) 기본평면·입면, 쭈길란마을, 중부자바

3) 티모르 주거

티모르 주거에는 아토니 로뽀(Atoni Lopo), 아마라시(Amarasi), 수아이(Suai), 다가다 라우뗌(Dagada Lautem) 등의 주거형식이 공존하고 있다. 서티모르의 아토니 메토(Atoni Meto)주거는 원형평면과 벌집모양의 지붕형태를 취하고 있어 마치 꿀벌통과 같은 주거형식이다. 거주공간(Ume)과 공동의 거간(Lopo)이 주요공간이다. 거간은 4개의 기둥이 바닥을 받쳐 다락구조를 만들기 때문에 이를 곡물저장공간으로도 사용한다[9].

아가(Aga)전통마을의 배치형태 일반전통마을의 곡물창고(rice barn)

그림 2-74 | 아가 전통마을과 주택배치 및 단면구성, 발리

4) 발리의 주거 및 곡물창고

발리의 주거를 이해하기 위해서는 먼저 가족제도와 방위관(나와상가 Nawa Sangah)을 알 필요가 있다. 대가족제도를 유지하고 있는 발리는 주민 대다수가 힌두교를 믿는 곳이다. 북쪽(북동향)을 성(聖), 남쪽(남서향)을 부정(不淨)의 향으로 여겨 북동방향의 코너공간에 가장 성스러운 가족

9) Indonesian Heritage, 'Architecture', pp.44~45, Archipelago Press, 2001.

묘를 배치하며, 대지 내의 북향에 가족취침동과 여성의 작업장 등을 배치한다.

발리의 주거형태는 자바와 같이 동선주거(dong son model)로부터 기인하고 있으나 곡물창고(룸붕, Lumbung)는 고상식 형태이다. 곡물창고(Granary)는 마치 멜라네시아 얌(Yam)주거와 같이 가파른 경사지붕의 고상식 창고로 그 규모 정도에 따라 룸붕(Lumbung), 글레벡(Glebeg), 크룸뿌(Klumpu), 그리고 크림킹(Klimking)으로 구분하는데[10], 일반적으로 발리(Bali)와 인접한 롬복(Lombok) 섬에서도 곡물(쌀)을 저장할 때 룸붕을 사용하며, 이로써 각 가정의 빈부를 가늠하기도 한다.

5) 수마트라의 주거

(상) 토라자 주거의 지붕형태
(중) 토리지족의 절벽무덤
(하) 토라자주택의 벽면장식 문양
그림 2-75 | 토라자 주거형태와 무덤

미낭까바우, 니아스, 까로 바딱과 토바 바딱 주거는 수마트라 주거의 대표적인 양식이다. 빠당(Padang)지역을 중심으로 중서부와 북부 및 남부에 따라 다소 형태상의 차이를 보이나 물소 뿔(Buffalo Horn), 고상식 주거, 민족의 용맹성의 상징 등을 표현하는 것은 유사하다. 특히, 니아스 주거는 수백 명이 거주하는 남부지역 마을의 경우 마을 중앙에 박석을 깔아 광장 길(Ewali)을 만들고 양쪽 면에 주택을 병렬로 배치하여 마치 발리의 아가(Bali Aga)주거지와 흡사한 배치구조를 취한다. 일직선의 광장은 주택을 늘려나갈 때 'L자', 혹은 'T자'로 주거지를 확장한다. 수마트라 북부 까로 바딱 주택은 일련의 안장형 지붕형식을 취하고 있는데 피라미드 형상의 장식지붕(조상의 두개골을 보관하는 공간)을 올려 복합적 박공형 지붕을 만들어내며, 족장 집의 지붕은 더욱 장식화 된다. 소위 헤드 하우스(Head House-geriten)로 불리는 고상식 장방형의 피라미드지붕구조는 복잡하게 장식되며, 마을의 중심부에서 발견할 수 있다.

6) 토라자주거

토라자주택은 '대우주공간 속의 소우주'의 의미를 내포하고 있다. 즉,

10) roxsana waterson, 'the architecture of south-east asia through traveller's eyes', p. 273, oxford university press, 1998.

그림 2-76 | 이리안자야의 주거형식과 생활공간

지하세계에서 땅과 집과 하늘을 받들고 있는 신 퐁 뚜락(pong tulak)에 대한 신화적, 정신적 믿음으로 주거형태를 구성한다. 지붕을 랑기(langi), 내부 생활공간을 빠당(padang)이라 부르며 기둥들이 마치 배와 같은 형상의 주택을 떠받치고 있는 듯하다. 지붕의 양귀를 하늘로 높게 추겨 세움으로써 부족의 용맹성과 강인함을 표현하는 의미도 있다. 인도네시아 주거문화에서 가장 인상적인 주택외관을 갖는 것들 중의 하나인 토라자 주거는 매장의식 역시 사자(死者)를 위한 무덤을 절벽 바위에 파고 생전의 고인을 닮은 목각인형인 '타우타우'(tau-tau)를 무덤 앞에 세워놓는 독특한 풍습이 있다.

7) 이리안자야 주거

현재 파푸아 섬에서 생활하고 있는 이리안자야 인은 대부분의 오스트로네시안 인도네시아 사람들과는 달리 검은 피부와 곱슬머리를 하고 있어 인류학적으로 아프리카 대륙에서 이주한 인종으로 여겨진다. 주택의 형태는 원형이며, 원형의 주택에 장방형 축사가 부속되고, 공동의 마당을 공유하며 군집 배치한다. 단위주거 원형평면의 주거공간은 중심부에 화로를 설치하고 음식을 조리하며, 가장자리에 턱을 두고 취침공간을 마련하여 생활한다.

(3) 베트남의 주거

1) 베트남의 비엣족 주거

프랑스 인류학자 삐에르 구루(Pierre Gourou)는 베트남을 식물문화권이라 부르며, '동양 거주민들은 거의 대부분 식물에서 채취한 원료들을 이용하여 자신들의 음식, 도구, 의복, 주택을 만드는 데 사용하였다. 이러한 생활방식은 개별적인 하나의 문명이지 자연적인 조건의 산물은 아니다'라고 했다[11]. 약 2500년의 역사를 북거(北居)와 남진(南進)의 세력으로 구분하는 베트남 역사에서 북거는 중국과의 관계구조를, 남진은 동

11) Toan Anh, "Phong tuc Viet Nam", Sai Gon, NXB. Khai Tri, p. 298, 1966. 재인용.

남아시아 지역과의 관계구조로 대표하고 있는데[12], 독특한 민족의 정신과 고유한 문화를 지켜온 것은 54개 소수민족을 하나로 묶어내는 고유한 문화와 주거의 전통 유지 등에 기인하고 있기 때문으로 생각된다. 현재 식민문화의 혼합성이 공존하면서도 민족의 주류를 이루고 있는 비엣족(낑족, Kinh)이 소수민족과의 통합과 조화를 이루면서 베트남 주거의 아이덴티티를 만들어내고 있다고 볼 수 있다.

비엣족의 주택은 마을을 구성하고 있는 주택(응냐 Nhà)은 응냐 산(Nhà Sàn 농촌주택)과 합리적 모듈러 주택인 응냐 옹(Nhà Ống, 도시주택 筒家)이 대표적이다. 응냐 옹은 대롱집 또는 대롱 모양으로 생긴 집이라는 뜻으로 튜브하우스(Tube house) 혹은 튜브 라이크 하우스(Tube Like House)로 통용되고 있다.

2) 농촌주택

베트남의 농촌주택의 평면구성은 '거실(펑 카익, Phòng Khách)+방(펑 Phòng과 펑 건가이 Phòng Con Cái 자녀방)+부속사'로 구성하는 간단한 형식이다[13]. 부엌(뻽, Bếp)은 별도로 만들지 않는다. 즉, 방의 남동쪽에 취사도구만 설치하여 간단히 조리하고 식사를 할 수 있게 한다. 취사공간을 남동쪽에 배치하는 것은 테라스와 우물과 가까이 둠으로써 편리함과 동시에 화재를 고려했기 때문이다.

---

12) 전봉희 외1인, '베트남 목구조의 두 가지 전통', 대한건축학회논문집 계획계 제23권 제11호, p.199, 2007.

13) 베트남 주택의 공간구성은 항상 홀수를 이룬다. 방 한 칸에 두 개의 골방(3), 방 세 칸에 두 개의 골방(5), 혹은 부유할 경우에는 방 다섯 칸을 만든다(부썬투이 저, '베트남 베트남 사람들', 대원사, p.100, 2002.).

그림 2-77 | 베트남 북부 탄화이현의 농촌주택

3) 소수민족 므엉족 주거

베트남의 므엉족은 북부 산악지대에 거주하며 고유한 주거문화를 유지하고 있는데 주거양식은 캄보디아의 산악지대 소수민족의 주거인 프떼아흐[14]형식과 아주 흡사하다. 주거형식은 지면에서 지상으로 약 1.2m 정도 올려진 고상식(高床式) 주거형식이다. 주거생활은 전통성과 소수민족 커뮤니티의 특성을 반영하고 있다. 주로 천수답 소작농사와 목축, 수렵 등의

---

14) 프떼아흐형식은 일반적으로 8×12m, 작은 규모는 6×7m가 최하규모이다. 주택의 벽은 비내력벽으로서 방은 가벼운 널빤지나 야자수 가지 등으로 엮어진 파티션으로 구획하며, 부유한 주택은 2m 이상 지면에서 띄어 건축하나 대개는 0.5~1.0m 높이로 고상식 주거형식을 취하고 있다(조흥국 역, 인도차이나: 베트남 · 캄보디아 · 라오스, pp.32~34, 도서출판 주류성, 1997).

전통생활방식을 따르고 있다. 마을단위를 껠(Quel) 혹은 께(Que)라고 부르며 그 규모는 10호 미만으로부터 수십 가호의 규모에 이르는데 10~50호의 규모가 일반적이다. 커뮤니티 구성에 있어서 몇 개의 집이 모여 반을 이루며, 여러 반이 모여 므엉이 된다. 이들은 마을단위로 공동체적 생활을 중시하고 있고, 작은 마을이 큰 마을의 의견을 존중하는 것이 관례이다. 능선축과 경작지축에 따라 배치되는 원룸형의 공간구성에 있어서 여성공간은 불의 위치와 관련하여 안쪽이며, 입구부분은 남성공간이 차지한다.

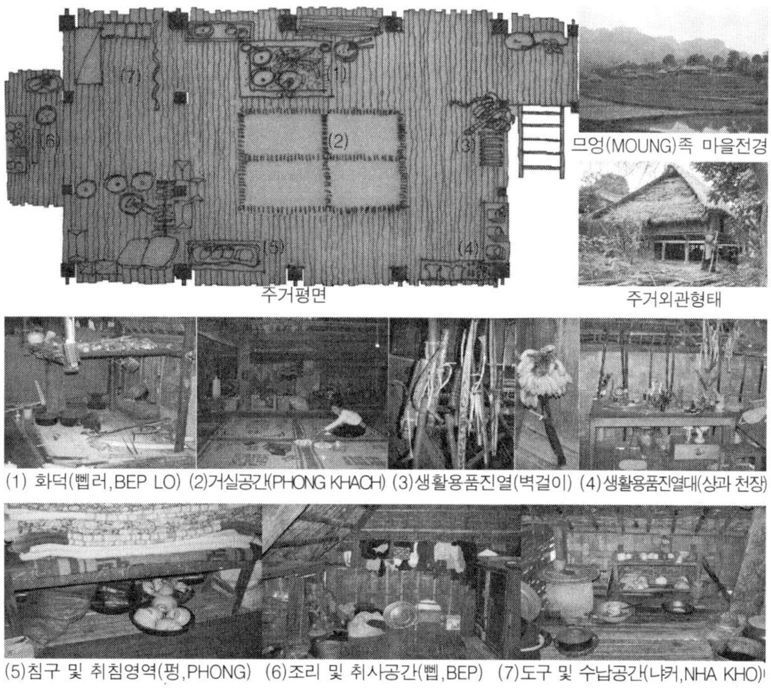

그림 2-78 | 베트남 소수민족 므엉족의 주택평면구성과 내부공간

4) 베트남 북부 주거의 목구조

고대 서까래구조에서는 하중을 담당하는 보(梁)의 역할이 크지 않았다. 동아시아 건축에서 보의 중요성은 대량식 구조(쌓는 구조)와 깊이 관련되며, 보의 사용은 기둥의 생략을 가능하게 하여 실내공간의 발달에 획기적인 사건이 되었다. 크레이스(L. Craste)는 근교의 민간주택을 조사하여 베트남 목구조의 유형을 '초가집 구조'와 '연결보 구조' 등 4가지로 분류하였다. 응냐 로이(nhà rội)는 토속적인 민간구조이고, 응냐 르엉(nhà rưởng)은 일정 격식 이상의 주거와 전각건축에 적용된 서까래구조로 베트남 북부 목구조와는 계통이 다르다. 연결보 구조는 주거뿐만 아니라 궁궐의 정전까지도 포함하는 중남부 베트남의 거의 모든 적각의 기본 구조로 사용된 것이다[15].

(4) 필리핀의 주거

필리핀은 16C 후반부터 20C 중엽까지 약 380년간 열강들의 지배를 받아 서구문화와 필리핀 고유문화가 융합되면서 독특한 혼합문화를 만들어냈고, 소위 콜로니얼 주거와 서구 절충주의와 전통양식의 혼합적 양상을 보여주고 있다. 전통적으로 필리핀 주거는 말레이주택 및 니파(Nipa) 주거형식과 유사한 고상식이었고, 현재는 비도시지역의 주거에서 볼 수 있다.

그림 2-79 | 아에타족 까띠뿌난(Katipunan) 마을의 배치도와 008호 주택, 루손 섬

1) 필리핀 소수민족 아에타족의 주거

아에타(Aeta)족은 필리핀의 소수민족으로 루손 섬 · 팔라완 섬 · 파나이 섬 · 네그로스 섬 · 민다나오 섬의 산악부에 흩어져 살고 있는 필리핀 니그리토(Negritos)의 총칭이다.

이들이 언제 필리핀으로 이주하여 왔는지 그 기원을 찾기 어려우나 인류학적으로 니그리토로 분류되며, 아프리카로부터 와서 필리핀 사람들과 아예 분리, 생활한 것으로 알려져 있다. 아에타족 주거의 구조 및 공간적 특징을 다음과 같이 요약할 수 있다.

첫째, 고상식(高床式)주거형태이다. 고상식 니파 주거는 스페인이 점령하기까지 한때 필리핀의 전통주거 형식이었고[16] 현재까지도 이용되고 있다.

둘째, 『방+식사 · 취사공간+바탈란(Batalan)』이 기본평면이다. 바탈란

---

15) L. Craste에 의한 근교 주택의 구조유형 분류에서 초가집 구조(냐 로이), 연결보 구조(냐 르엉) 비교 및 참조. 전봉희 외 1인, '베트남 목구조의 두 가지 전통', 대한건축학회논문집 계획계 제23권 제11호, p.207, 2007.

16) Jacques Dumarcay, 'The House in South-East Asia', p.53, 2004.

은 지붕에서 길게 달아내어 벽 없이 옥외 다목적 공간을 만들어 가사공간으로 사용하는 것이 특징이다.

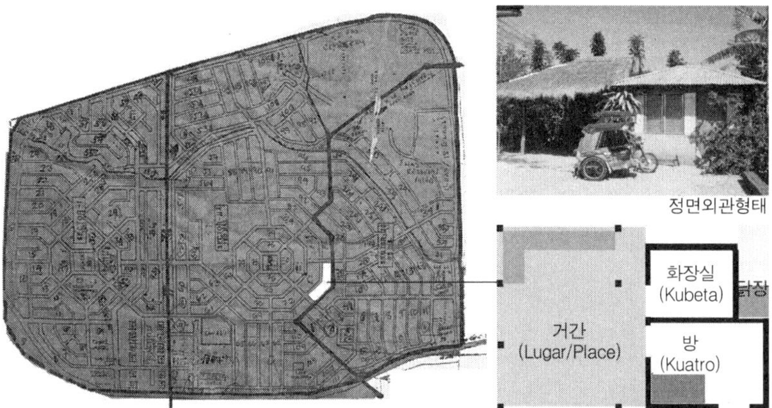

정면외관형태

크리스토 레이 이주촌 배치도

Manny씨 주택평면도

그림 2-80 | 크리스토 레이 이주촌 배치현황과 서민주택, 필리핀 까빠스시

2) 소수민족 이프가오(Ifgao)족 주거

그림 2-81 | 마닐라 근교 땅 아하리 수상주거(해변형)

필리핀의 바나우(Banaue)에서 거주해 온 이프가오 소수민족은 2000년 전의 원시적 도구로 집을 짓고 경작해오는 필리핀 원주민 중의 한 부족이다. 천수답으로 계단식 논을 수작농업으로 생활해온 이들의 주거는 '하늘에 오르는 계단'이라는 피라미드 형상을 띠고 있는데 이는 계단식 천수답의 형상과도 유사하다. 이들의 농지에서 생산되는 쌀은 35%밖에 충족될 뿐 자급자족이 어렵기 때문에 매우 열악한 생활을 하고 있는 실정이다.

3) 수상주거

남아시아의 주거문화는 강 하구의 풍부한 유기질 토양을 활용한 농업생활로부터 시작되었다고 해도 과언은 아니다. 필리핀 주거에 있어서도 습지 또는 강과 바다 위에서 생활하는 수상주거 문화는 현대에까지 중요한 위치를 차지하고 있다. 비록 수상주거라 할지라도 전기와 전화, 수도, 공공시설 등 기본적인 인프라가 갖추어져 있어 생활에 큰 불편은 없다.

대규모 수상주거지에는 마을공동시설을 설치하고 나름의 커뮤니티를 형성하며 독특한 주거문화를 이어가고 있다. 수상주거의 공간구성은 단독 주호가 많지만 가족단위별 2세대 혹은 3세대 주호도 적지 않다.

(5) 롱 하우스(Long House)

그림 2-82 | 뉴기니 도레(Dore)마을의 남성주거

에데 족의 롱 하우스, 베트남

그림 2-83 | 아시아 롱 하우스의 형태와 종류

롱 하우스는 칼리만탄 다약(Dayak)족으로부터 인도차이나반도의 소수민족 공동체적 롱 하우스에 이르기까지 다양하게 분포하고 있으며, 폭이 좁고 장방형의 실을 잇대어 하나의 기다란 공동주거를 형성하는 형식을 말한다. '루마 빤자이', 즉 긴 집이라는 뜻에서 여러 집을 붙여 하나의 롱 하우스로 구성한 것에서 비롯되고 있다. 남아시아의 롱 하우스는 북미의 이러쿼이족(Iroquois, New York 주 중부에 살았던 아메리카 인디언의 5부족 연합)의 롱 하우스와 구조적인 차이를 보이나 긴 장방형의 공동의 주거공간을 취하며, 1개의 실들이 '一자'로 연결, 하나의 집단적 공동체 주거를 형성한다. 베트남의 에데(E de)족과 보루네오의 이반(Iban)족 등 비록 소수민족의 규모에 따라 양식적 차이가 나지만 남아시아의 롱 하우스는 여러 가족이나 친지들이 모여 살고, 부족에 따라서 마을 전체가 거주하는 공공주거로 다음과 같은 특징을 갖는다.

- 고상식 공동주거형태, 폭이 좁고 길이가 긴 공간구성(평면구성), 자연소재 사용, 공적공간은 개방된 곳을 향해 배치.

(6) 일본의 주거

1) 고대 일본의 주거

그림 2-84 | 대판시 동구 법원판유적(法圓坂遺跡, 5세기) 5세기 후반(古墳時代中期), 오사카

약 일만 년 전 일본의 원시시대 주거는 땅바닥을 약 50cm 정도 파고 원형의 주거공간을 만든 수혈식(竪穴式) 주거와 이에 영향을 받은 고상식(高床式) 주거형식이었다[17]. 수혈식 주거는 농가의 원형이었으며, 고상식 주거는 침전조(寢殿造) 등의 고급주택의 원형이었다고 전해지고 있다. 일본주거의 역사는 수혈식(竪穴式), 고상식(高床式), 침전조(寢殿造), 주전조(主殿造), 서원조(書院造), 민가(民家), 정가(町家), 현대주택(집합주택)으로 발달해왔다. 5C 후반에 거주했던 것으로 발견된 오사카 법원판유적

17) 宮元健次, '日本建築の みかた', p.168~171, 學藝出版社, 2001.

지(法圓坂遺跡地)의 거대한 고상식 주거군은 16동 창고로 1동당 90m^{2}로 당시 최대 규모였다. 거대한 지붕의 힘을 받게 하기 위해 건물 내에 기둥을 설치하고 정교한 수법으로 건축한 것은 한반도의 영향이었을 것이라고 추측하고 있다.

2) 근세 일본의 주거

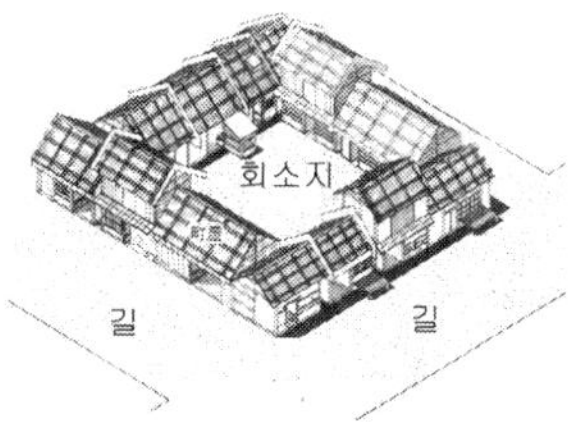

그림 2-85 | 근세 일본의 서민주거 전형적인 정옥(町屋)형태

일본의 민가는 15C~19C에 걸쳐 발달하게 되었는데 16C까지만 해도 침전조와 서원조는 공가(公家)와 무가(武家) 등 신분이 높은 자들의 주거 형식이었다. 그 후에 서민주택이 발달하여 일반 서민들의 주거는 평성경(平城京), 평안경(平安京), 대판성(大坂城) 및 강호성(江戶城) 내의 정(町)에서 가로 세로 격자모양의 도로를 따라 가로를 계획되었다. 이들을 마찌와리(町割)라 하며 보통 120m 사방의 구획을 일정(一町)이라 부르고, 그 가운데 서민주거인 정옥을 다수 배치하였기 때문에 저절로 개구부가 협소하고 안으로 길게 세장한 주택이 되었다. 하나의 구획에는 회소지(會所地)라 부르는 공지를 남겨두고 우물과 화장실과 같은 공공시설 및 가로등으로 이용하게 하였다[18].

3) 다실의 발생

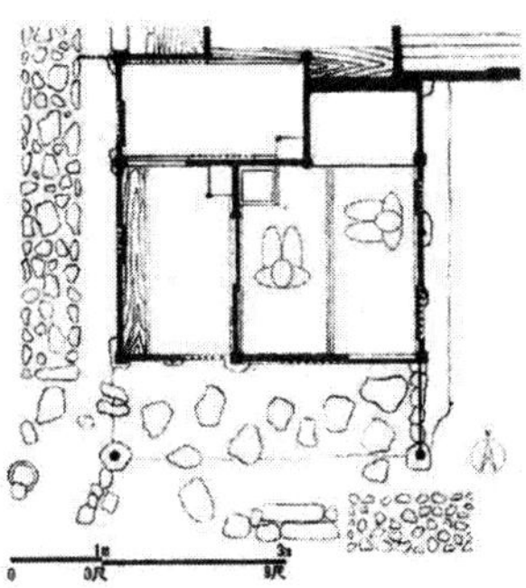
그림 2-86 | 일본 다실의 구조(센노리키유우가 만든 다실

차 문화가 하나의 생활로 정착하여 주거문화에까지 영향을 준 것은 근세 일본 주거의 특징 중의 하나이다. 차도의 발생은 나라(奈良)시대까지 거슬러 올라가나 본격적으로 차도가 문화화된 시기는 무로마치(室町)시대 후기에 형식화되었고, 무사에 의해 계승되었다가 현재까지 하나의 주거전통으로 남았는데 주택 내의 차실은 안채에서 별채로 노지(露地)를 두어 다실(茶室) 혹은 다정(茶亭)에 이르게 하였다. 차실의 구성은 보통 90cm×180cm 다다미 2장의 다다미방으로부터 8장까지 규모가 다양하며 좌식의 다다미방 한 구석에는 화덕(이로리)를 설치하였다.

---

18) 宮元健次, '日本建築の みかた', pp.200~201, 學藝出版社, 2001.

4) 근대 일본의 주거

17C~18C 중엽은 에도시대로 무사계급을 기반으로 수립된 부케정권(武家政權)기였다. 사농공상(士農工商) 중 인구 5~6%의 무사계급이 농민과 공상을 지배하였다. 병농분리(兵農分離)가 완성되고 다이묘(大名)에게 260~270 가옥에 이르는 영토가 주어지는 등 무사계급에도 주종관계가 형성되었다. 당시 주거건축은 서원과 사원건축과 함께 무가(武家)를 중심으로 발달하였다. 무가마을이 곳곳에 만들어졌으나 메이지유신 이후 붕괴되거나 소실되어 일부 남아 현재 일부가 '重要傳統的 建造物群保存地地區'로 선정, 전통가옥의 보존과 관광자원으로 활용되고 있다.

그림 2-87 | 근대 일본의 무사주거. 에이메 현에 있는 일본 무가의 복원주택이다. 정면 5칸×측면 4칸의 단순한 맞배지붕주택으로 토방과 다다미방, 부엌 및 수납공간이 정방형에 가까운 평면구성을 하고 있다.

일반적으로 일본식 정원과 다실을 설치하고 있는 벽에는 무사창으로 불리는 나가야몬(長屋門)을 두었다. 무가의 형태는 집단마을을 형성하였고, 민가형식으로부터 단순한 형태의 박공형까지 지역과 상황에 따라 다양한 형태로 건축되었다. 다다미가 방의 규모를 결정하는 것은 대표적인 일본 주거문화이며, 화로의 위치, 지붕의 형태와 재료 사용 등에 따라서 북해도, 관동지역, 관서지역, 오키나와지역 등 주거의 다양한 특징을 발견할 수 있다.

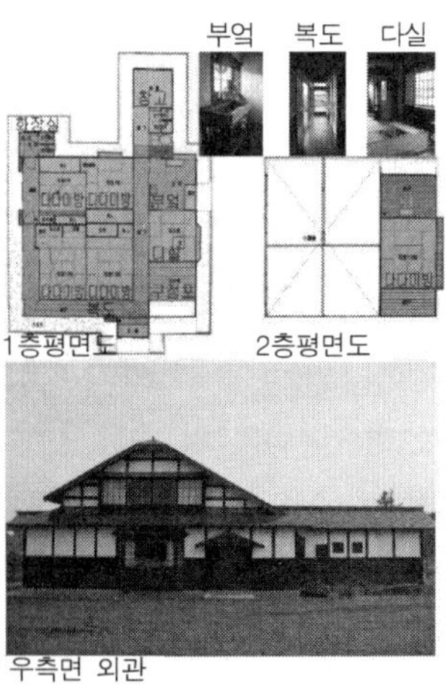

그림 2-88 | 가와하라(川原) 저택, 북해도 오비히로시

오키나와 지역의 민가형식은 대체적으로 남향배치를 하며 전정을 갖는다. 전통민가의 구성요소로서 붉은 기와지붕, 시사(獅子像), 석담, 화초정원, 빈분(繽粉)과 후꾸기(福木), 그리고 산호길 등은 마을의 전통적인 모습을 고스란히 담고 있다[19]. 안채의 평면구성과 완경사의 지붕입면형태를 취한 민가의 평면은 "다다미방(一番座, 二番座, 三番座)+도코노마(床の間)와 불단+후방(一番裏座, 三番裏座)+주부가사실+마루(緣側)+창고" 형식으로 요약할 수 있다.

한편, 북해도의 사례로 개척시대의 주거로 1933년에 건립된 오비히로시의 가와하라 주택의 구조는 소옥구조와 주량구조를 하고 있으며, 반 맞배지붕 아래 하옥이 걸쳐져 있는 형태이다. 주택의 토대는 콘크리트 연립기초로 하였고, 장식된 환기구를 설치하여 부패방지를 고려하였으며, 다다미방의 3면을 둘러싸 통로를 설치하여 사람들이 많이 모여 앉을 수 있

19) 다케토미 비지터센터(竹富島ゆがふ館)내 자료, 2006.

도록 개방적 공간을 창안한 점 등이 특징이다.

5) 현대 일본의 주거

1955년 이후 고도의 경제성장기를 갖게 되는데, 이때 보급된 공영주택은 1946년부터 시작하여[20] 1960년까지 공고(公庫) · 공단(公團)을 포함할 때 약 200만 호를 건립하므로 공공주택표준설계의 개발과 적용에 이은 주택난의 해소차원을 넘어 주생활 자체의 개선이기도 하였다. 1947년에는 철근콘크리트조의 집합주택을 처음으로 건립, 1951년에는 DK형의 공영주택을 보급하는 등 새로운 주거형태로 주택난에 대처하였다. 경제성장과 도시화로 도시주거의 밀도문제 및 도시주거환경의 문제를 해결하기 위해 간척사업과 신도시 개발을 시도하였다.

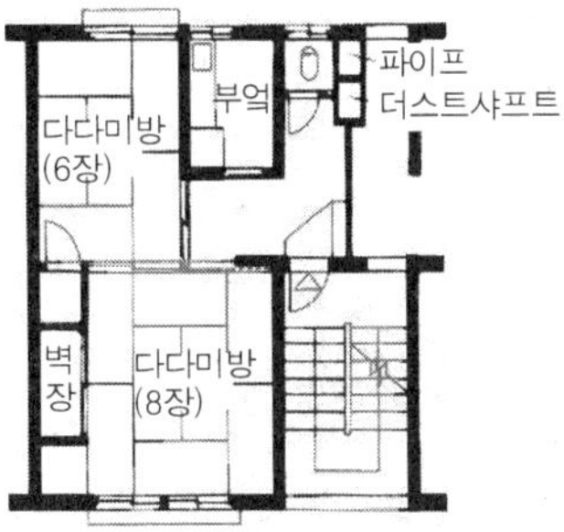

전후 최초 집합주택(43.8m^2)

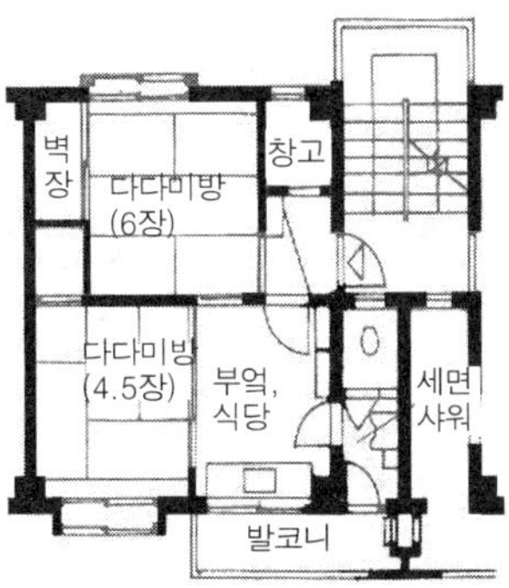

51C형-DK형(40.2m^2)

그림 2-89 | 전후 최초의 철근콘크리트조 집합, 공영주택[21]

현재, 일본의 도시 근교 농촌주거는 도시공공시설이 잠식하는 소위 러반(ruban)현상으로 아름다운 경관을 해치는 문제를 담고 있는 곳도 많지만 2008년 도야정상회담 이후 이산화탄소 배출량을 줄이기 위해 미래주택설계에 있어서도 지구온난화에 대처하기 위한 단위주거 및 지속가능한 주거단지 만들기 등의 실험을 진행하고 있다. CO_2를 저감하기 위한 에코하우스의 목표로 가전제품의 성능을 높임과 HEMS(Home Energy Management System)에 의해 집안 전체 에너지를 관리하며, 진공단열재를 건자재로 활용하는 방법을 고안하고 있는 것이다. 연료전지, 태양광발전, '風 · 水 · 光 · 熱' 등의 자연에서 얻을 수 있는 에너지를 활용하여 CO_2 배출량을 제로로 만들고자 계획하며, 양호한 경관을 담은 커뮤니티를 조성하는 일련의 노력들은 현대주거의 특징 중 하나이다.

20) 1949년 표준설계는 2실형으로 계단이 있는 3층 구조로 '49A(14.2평)', '49B(12.5평)', '49C(10.3평)' 등 각각의 유형은 2개의 실을 갖지만 별도의 식사실이 없었다. 그러나 1951년 표준설계는 식사장소와 취침실을 확보하는 등 개선되어져 갔다.

21) 鈴木成文, '住まいの 計劃 住まいの 文化', p.76, 彰國社, 1988.

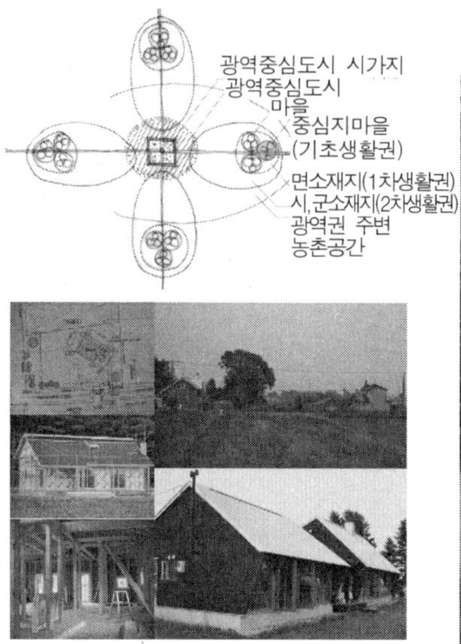

그림 2-90 | (상)생활권의 단계구성도. (하) 북해도 토우베츠 전원주택단지 신축주택 사례

그림 2-91 | 생태적 개념으로 설계된 구마모토의 시영아파트, 일본

생각해보기

1 문화를 구성하는 요소들을 찾아보고, 주거에 미치는 영향의 정도를 파악해보자.

2 한국주거의 원형적 모습을 통해 다양한 지역적 편차를 설명해보자.

3 전통주거와 현대주거를 비교하여 지속되고 있는 것과 새로 도입된 것이 무엇인지 생각해보자.

4 동서양 주거형태의 공간적 특징을 설명해 보자.

5 미국 콜로니얼 주거의 유형은 어떤지 설명해 보자.

6 남아시아 주거형태의 아이덴티티는 무엇인지 생각해보자.

7 일본 현대주거문화의 특징을 요약해보자.

참고문헌

1. 강영환, 새로쓴 한국 주거문화의 역사, 기문당, 2002.
2. 김동욱, 한국건축의 역사, 기문당, 2007.
3. 김성, '성서고고학 이야기', 동방미디어, 2002.
4. 전봉희 외1인, '베트남 목구조의 두 가지 전통', 대한건축학회논문집 계획계 제23권 제11호, 2007.
5. 전봉희 외1인, '원형적 공간요소로 본 한국주택 평면형식의 통시적 고찰', 대한건축학회 논문집 계획계 제24권 제7호, 2008.
6. 조성기, 한국의 민가, 한울, 2006.
7. 조홍국 역, '인도차이나; 베트남 · 캄보디아 · 라오스', 도서출판 주류성, 1997.
8. 주남철, 한국주택건축, 일지사, 2003.
9. 윤복자, '세계의 주거문화', 신광출판사, 2000.
10. 가바리노, 한경구 역, 문화인류학의 역사, 일조각, 2002.
11. 노버트 쉐나우어, 김연홍 역, 집 : 6,000년 인류주거의 역사, 다우 출판사, 2004.11.
12. 부썬투이 저, '베트남 베트남 사람들', 대원사. 2002.
13. 아모스 라프포트, 이규목 역, 주거형태와 문화, 열화당, 1997.
14. 폴 올리버, 이왕기 외 역, 세계의 민속주택, 세진사, 1996.
15. Bill Risebero 저, 오덕성 역, '서양건축사도해-The Story of Western Architecture', 기문당, 1990.
16. David Grant Noble, 'Ancient Ruins of The Southwest', NORTHLAND, 2000.7.
17. Indonesian Heritage, 'Architecture', Archipelago Press, 2001.
18. Jacques Dumarcay, 'The House in South-East Asia', 2004.
19. Rexford Newcomb & William A. Foster, 'Home Architecture', John Wiley & Sons, Inc, New York, 1932.
20. Roxsana Waterson, 'The Architecture of South-East Asia through Traveller's Eyes', OXFORD UNIVERSITY PRESS, 1998.2.
21. Sarah Kochav, 'ISRAEL-Splendour of the Holy Land', Steimatzky Ltd.
22. Toan Anh, "Phong tuc Viet Nam", Sai Gon, NXB. Khai Tri, 1966.
23. 宮元健次, '日本建築の みかた', 學藝出版社, 2001.
24. 山本直彦 等, "インドネシアマドゥラ島の 住居集落の 地域類型", 『日本建築

學會大會學術講演梗概集(北海島)』, 1995.
25. 타케토미 비지터센터(竹富島ゆがふ館)내 자료, 2006.
26. 鈴木成文, '住まいの 計劃 住まいの 文化', 彰國社, 1988.
27. http://www.archi.com

그림출처

그림 2-2 Charles Francis Hall, 'Arctic Researches and Life Among the Esquimaux', 1865.

그림 2-15 전봉희, 전남 보성 지역의 요자형 주거에 관한 연구, '대한건축학회 논문집' v.14 n.8, 1998. 08

그림 2-28 서울대 건축사연구실 도면

그림 2-32 전봉희 · 권용찬, 원형적 공간 요소로 본 한국주택 평면형식의 통시적 고찰, '대한건축학회 논문집' v.24 n.7, 2008. 07

그림 2-42 서울대 건축사연구실 도면

그림 2-43 송인호, '도시형한옥 유형연구', 서울대 박사논문, 1990

그림 2-45 '동아일보' 1930년 9월 27일자

그림 2-53 김성, '성서고고학 이야기'

그림 2-55 박학재, '서양건축사정론', 상조사, 1981

그림 2-67 Rexford Newcomb & William A. Foster, 'Home Architecture'

그림 2-82 인도네시아(Nederlandsch Indië Oud en Nieuw, Vol.14, p.9, 1929 · 30, 재인용

그림 2-86 Geoffrey P. Moussas, 緣側の 思想

3장 미래의 주거

미래를 예측하기는 쉽지 않다. 미래주거를 이야기한다는 건 더 어려울 것이다. 미래주거에 대한 상상은 현재에 가능하다고 상상할 수 있는 주거에 대한 생각이다. 따라서 미래주거에 대한 생각은 현재와 과거를 돌아보게 해주는 역할을 한다. 이 글에서는 그동안 전개되었던 미래주거에 대한 생각을 정리해보고, 현재에 가능하다고 생각되는 미래주거 유형을 제시해 보면서, 앞으로 미래주거가 나아갈 길을 모색해 본다.

3-1 미래주거의 개념

미래주거란 무엇일까? 흔히 미래주거라 하면 미래주택이라는 용어를 떠올릴 것이다. 주거라는 개념이 주택을 포괄하고 있다는 점을 생각한다면 미래주거는 미래의 주거생활과 그것을 무리 없이 수용할 수 있는 주택형식을 모두 포괄하는 것으로 정의내릴 수 있다.

그러나 미래라는 개념이 갖는 시간적 상대성을 고려한다면, 미래주거는 오늘날의 생각과 기술에 근거하여 상상 가능한 주거가 될 것이다. 즉, 지금 생각하는 미래주거라는 것은 미래에는 실현가능할 수 있다고 판단되는 '오늘날의 주거'이다.

이처럼 미래는 예상할 수 있는 것이지 볼 수 있는 것은 아니다. 그럼에도 본 장에서 굳이 미래주거에 대해서 논하고자 하는 이유는 미래에 대한 예상과 상상을 가능하게 하는 근거가 현재에 있기 때문이다. 미래를 예상하는 행위가 현재를 보다 더 관찰할 수 있게 해주고 아울러, 지난 세월 동안 미래주거에 대한 상상이 현재의 주거변화에 어떠한 영향을 미쳤는가를 알아보기 위함이다.

그림 3-1 | 푸리에, 팔랑스테르

그림 3-2 | 오웬, 뉴하모니

그림 3-3 | 가르니에, 공업도시의 공업지역

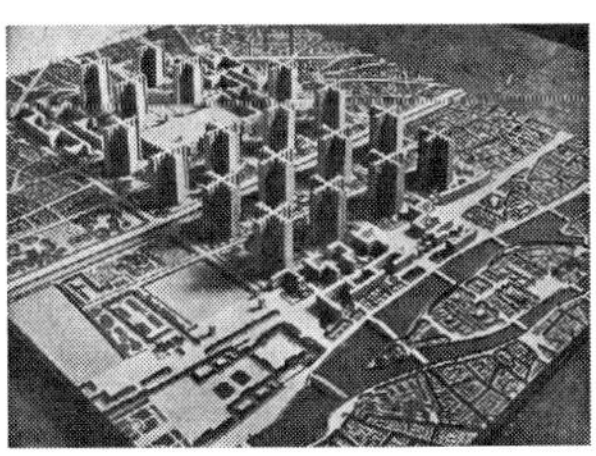

그림 3-4 | 코르뷔지에, 빛나는 도시

3-2 | 미래주거 개념의 논의

(1) 미래주거에 대한 논의의 기원

인간이 역사를 남긴 이래로 과거와 함께 미래에 대한 관심은 걱정과 대비, 기대 등의 양상으로 끊임없이 있어 왔다. 인간이 시간관념을 지니고 자연을 순환하는 것으로 받아들이며, 미래에 관심을 갖기 시작한 것은 농경문화와 그것을 바탕으로 한 정착생활로부터 시작되었을 것으로 생각된다. 인간이 미래에 끊임없이 관심을 갖고 있었다는 것의 반증은 인간의 과거에 대한 집착에서 찾아볼 수 있다. 과거를 연구함으로써 미래를 예측하고자 기록하고, 다음 세대를 교육하고, 잉여식량을 저장하는 등의 일련의 행위들은 모두 미래와 밀접히 관련이 있다.

미래주거에 대한 본격적인 제안은 산업혁명 이후에 많이 나타난다. 산업혁명은 그동안 인류가 사용했던 에너지원(energy源)을 근본적으로 바꾸어 놓았다. 동물과 자연력에 에너지를 의지했던 인류는 이동 가능한 화석연료에서 이전과는 비교할 수 없는 동력을 만들어냈다. 이러한 변화는 사람들에게 거대한 도시의 탄생과 보다 풍요로운 생활을 선사했지만, 동시에 극심한 빈부의 격차, 노동자 계급의 소외와 같은 사회문제도 나타났다. 이러한 상황에서 이 시기의 미래주거 구상은 당시의 사회적 모순을 해결하기 위한 여러 시도 중의 하나로 보인다. 대표적인 것이 19세기 초 공동생활을 강조한 이상향을 주장했던 로버트 오웬(Robert Owen)의 뉴하모니(New Harmony)[1], 샤를 푸리에(Charles Fourier)의 팔랑스테르(Phalanstere)[2], 토니 가르니에(Tony Garnier)의 공업도시(Industrial

1) 1825년 오웬은 미국 인디애나 주에 자유로운 교육, 협동, 합리적인 사고를 통한 새로운 사회를 이루고자 뉴하모니를 건설하였다.

City)[3] 등을 들 수 있다. 이 중에서 뉴 하모니는 실제로 만들어졌고 결국에는 실패로 끝났지만 이후 사회주의 사상가들에게 많은 영향을 주었다.

(2) 양차 세계대전 전후의 미래주거에 대한 논의

20세기 이전의 미래주거에 대한 주장이 다소 정치적이고 유토피아적이며 선언적인 양상을 보인다면, 그 이후인 양차 세계대전 전후에 존재했던 논의들은 보다 기술적인 양상을 띠고 있다. 왜냐하면 양차 세계대전 이후 인류는 상당한 기술적 진보와 전에 없던 경제호황을 누리게 되었기 때문이다. 특히, 자동차의 보급과 대량생산, TV 등의 개발과 그것을 가능하게 하는 기술에 대한 기대감과 사회진보에의 믿음 등이 충만했던 시기였기 때문이다. 이 시기 미래주거에 대한 논의는 네 가지로 유형화가 가능한데, ① 기술진보에 대한 믿음, ② 사회진보에 대한 믿음, ③ 생활양식의 변화에 대한 대응, ④ 성장하는 도시주거실험 등이다.

1) 기술진보에 대한 믿음

그림 3-5 | 벅민스터, 다이맥시온 하우스

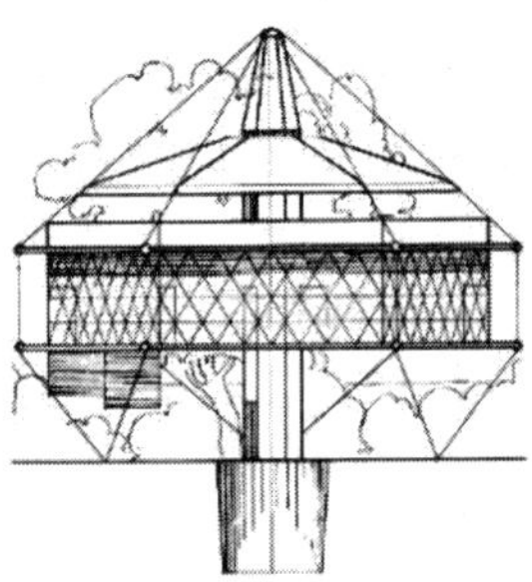

그림 3-6 | 다이맥시온 하우스

미래주거에 대한 구체적인 제안은 1927년에 벅민스터 풀러(R. Buckminster Fuller)가 대량생산을 전제로 한 다이맥시온 하우스(Dymaxion House)를 우선 들 수 있다. 이 주택은 두랄루민(duralumin)으로 된 마스트(mast)가 압축재로 한가운데 꽂혀 있고 투명한 유리가 집 전체를 감싸고 있다. 바닥은 고무로 된 바닥에 공기를 주입하고 이를 와이어(wire)로 붙잡아 맸다. 마스트는 주택의 하중을 지지할 뿐 아니라, 그 안에는 설비를 집중시키고 욕실 · 난방 · 배선 · 배관 등이 고려되어 있다. 그리고 자동세탁기 · 발전기 · 오수처리탱크 · 에어컴프레서(air compre- ssor) · 습도조절기 등을 집결시켜 가사노동에 편리하게 설계되

2) 그에 의하면 인간은 1,800여 명으로 이루어진 작은 공동체를 이루어 서로 협동하며 살아야 하는데 이것이 가족을 대체해야 하며, 이들이 사는 주택단지를 팔랑스테르라고 불렀다.

3) 가르니에는 공업도시를 위한 계획을 1898년에 시작했으며, 1904년에 전시를, 1917년에 출판했다. 이 도시는 동서로 좁고 길게 구획되어 건물 사이에 넓은 공간을 갖고, 보행자를 위한 전용도로 및 옥상정원을 갖춘 집들로 계획되었다.

어 있다. 또한 이 주택은 이동이 가능하며, 발전과 물은 재활용이 가능하기까지 하다.

이러한 맥락에서 제기된 또 하나의 미래주거로 영국의 건축가인 아더 쿠암비(Authur Quarmby)에 의해 제시된 집과 정원(Garden and House, 1964)이라는 구상을 들 수 있다. 또한 그는 텐션 구조물에도 관심이 많았는데, 이 구조를 이용해서 플라이돔 하우징(Plydom Housing, 1962)이라는 독특한 형태의 공동주택을 제안하기도 한다.

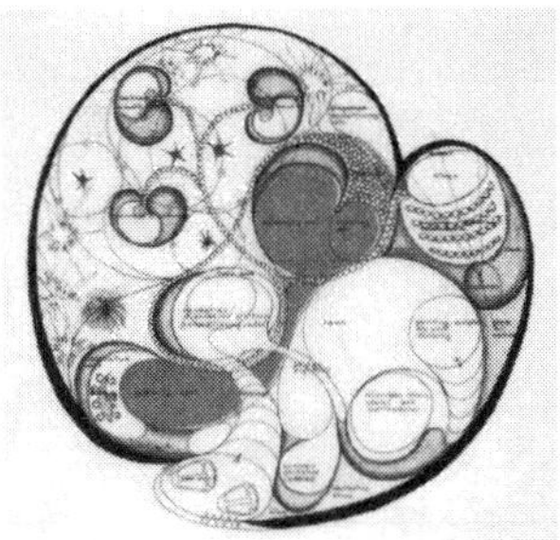

그림 3-7 | 아더 쿠암비의 집과 정원

2) 사회진보에 대한 믿음

벅민스터 풀러 이후의 중요한 제안은 르 코르뷔지에의 '유니떼 다비따시옹(Unite d'Habitation)'이다. 유니테 다비타시옹은 실제로 건설되었다는 점에서 미래주거와는 거리가 있는 것처럼 보인다. 하지만 대량생산 시스템에 적합한 표준화된 생산방식을 추구했다는 점, 다양한 형태의 거주자 생활패턴을 고려했다는 점, 하나의 마을을 수직으로 세운 것처럼 한 주동에 다양한 용도의 시설들의 집적을 시도했다는 점 등에서 당시로서는 매우 혁신적인 시도였다. 또한 이전에 코르뷔지에에 의해 제시된 빛나는 도시(Radiant City)[4] 등에서 보여진 공동주택의 구체적 실현물로 평가받고 있기도 하다.

그림 3-8 | 유니테 다비타시옹

3) 생활양식의 변화에 대한 대응

스미드슨 부부(Alison & Peter Smithsons)는 1956년에 미래주택(The House of the Future)을 발표했다. 이것은 '데일리 메일 이상 주택 전시회(Daily Mail Ideal Homes Exhibition)'에서 발표된 작품이다. 이 주택의 실내 벽은 축이나 공간적 위계, 혹은 비례적 조화 등과 같은 정형적 구성질서로부터 완전히 해방되어 자유롭게 구성되고 있다. 따라서 어떠한 선험적 계획도 거부된 채 경험과 우연만이 유일한 결정기준이 되는 임의적 구성을 이루고 있었다.

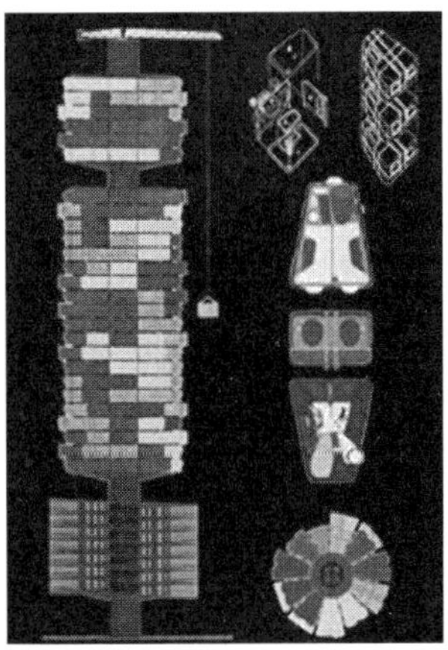

그림 3-9 | 아키그램의 캡슐

4) 코르뷔지에는 당시 파리가 갖고 있는 주거 · 도시상의 문제점을 해결하고자 필로티와 옥상정원을 갖춘 고층공동주택으로 구성된 도시를 제안했다.

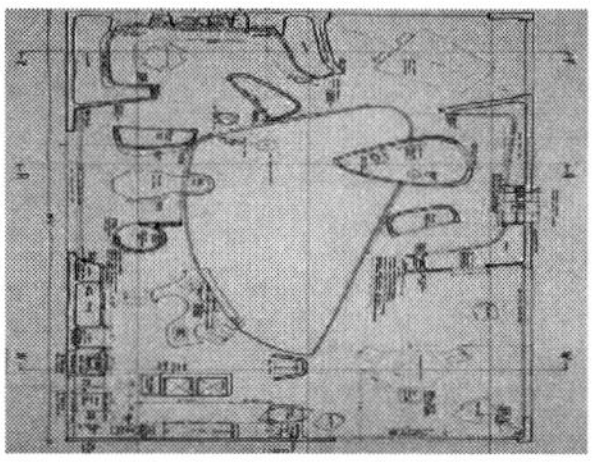

그림 3-10 | 스미드슨 부부의 미래주택의 도면

1969년 조 콜롬보(Joe Cesare Colombo)가 쾰른의 비전69 미래주택전(Visiona-Exhibition of 1969)에서 전시한 비전 미래의 주방(Vision-Livingroom of the future)은 기존 주택공간의 개념을 완전히 바꾼 것이었다. 이것은 100㎡의 끊임없이 변하는 연속공간으로 이루어져 있으며, 주방은 모든 것이 갖춰진 공간이었다. 14×8m의 공간 안에 삶의 모든 장치를 담은 것이다. 이처럼 미래의 생활양식의 변화에 대응하려는 주택들이 다수 나타났다.

4) 성장하는 도시주거실험

1967년에 전시된 아키그램의 '1990년의 주거'는 여러 가지 점에서 괄목할 만하다. 거주공간에서 벽과 천장과 바닥은 입주자가 자율적으로 조정할 수 있는 것이 되었다. 칸막이는 더 이상 고정이 아니고 바닥도 가변이다. 또, 아키그램의 캡슐(capsule)은 공동주택형 단독주택이다. 플러그인 가능한 하나하나의 쉘이 만드는 끊임없이 연속하는 주거공간군을 제안하고 있다. 이 외에도 스프레이 플라스틱 하우스(Spray Plastic House)에 이르기까지 아키그램은 다양하며, 혁신적인 아이디어로 새로운 주거공간에 대해 예측하며 실험했다.

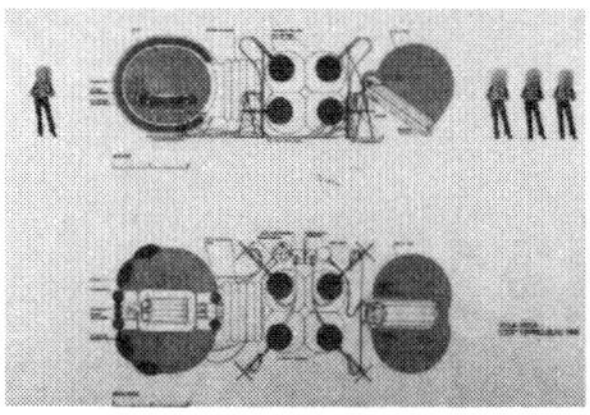

그림 3-11 | 쿠프 힘멜블라우의 빌라로사

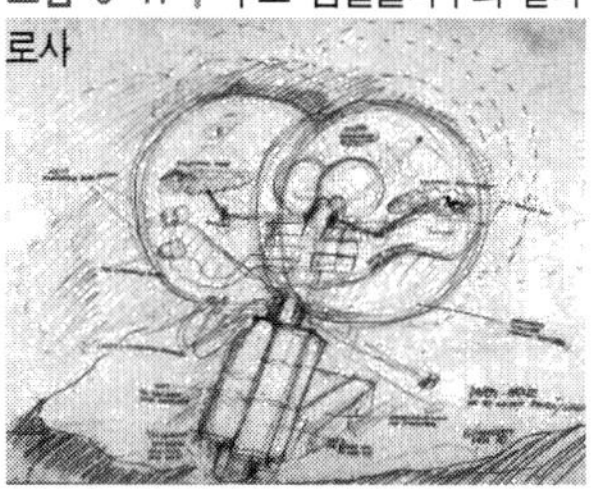

그림 3-12 | 쿠프 힘멜블라우의 클라우드 스케치

쿠프 힘멜블라우(Coop Himmelblau)가 1967, 1968년 발표한 빌라로사(Villa Rosa)는 일종의 막구조로 되어 있는 것으로 아키그램으로부터 영향을 받은 것으로 알려져 있다. 쿠프 힘멜블라우는 이어서 미래의 삶을 전제로 '카셀 도큐멘타 V(Kassel Documenta V)'의 프로토타입으로서 공기를 구조로 한 또 하나의 주거공간인 '클라우드(Cloud)'를 발표했다. 이러한 실험들은 성장하는 도시 속에서 성장하는 주거를 실현하고자 하는 시도였다.

3-3 미래주거의 방향

(1) 미래주택 변화의 동인

주거는 사회적 산물이라 할 수 있다. 사회적 제반 특성이 주거의 특성을 결정짓는 힘으로 작용한다는 말이다. 미래주거는 주로 과학기술의 발전에 힘입어 변화해 나아갈 것으로 예측하지만, 실질적으로 이전에도 그래왔던 것처럼 과학기술만이 인간의 미래를 변화시켜 나가는 힘으로 작용한다고 보기에는 어렵다.

미래 사회의 모습을 결정하는 힘은 결과적으로 미래주거의 모습을 결정하는 힘으로 작용할 것이며, 인구구조의 변화, 기후변화에 따른 환경가치의 중요성 대두, 에너지 및 건축소재 혁신 등 주거의 변화를 유발할 동인은 점점 더 풍부해지고 있다.

미래주거 변화에 기여하는 사회적 동인으로써 크게 소비자, 정책, 기술이 있다. 우선 소비자는 1인가구의 증가, 고령화와 같은 인구구조의 변화와 여성의 사회참여, 재택근무 증가 등의 라이프스타일의 변화에 대응하기 위한 주택관련 정책의 변화가 예상된다. 또한 IT, 소재기술, 신공법 등의 혁신으로 주택형태나 기능에 대한 다양한 요구를 실제 주택에서 구현하며, 이에 따른 주택관련 기업 간의 경쟁이 치열해질수록 주택의 변화 속도도 빨라질 것이다.[5]

이외에 미래학자들에 의한 미래의 주거유형 및 동인에 관한 주장을 살펴보면 다음과 같다. 먼저, 피터 드러커(Peter Ferdinand Drucker)[6]와 장 포라스티(Jean Fourastie)[7] 등은 여가시간 증가에 따른 여가생활 수용 주택을 제안하고 있다. 또한 존 네스빗(John Naisbitt)[8]과 앨빈 도플러(Alvin Toffler)[9] 등은 네트워킹을 통한 지구촌의 실시간 연결 및 재택근무, 재택교육, 텔레마케팅 등을 고려한 주거유형에 대해서 제안하고

표 3-1 • 상반된 미래상

미래상1	미래상2
* 가족	
주택공간에서 같이 생활하는 집단으로서의 가족은 해체됨.	공간을 공유함으로써 성립되는 가족관계는 계속됨.
* 주택의 소유/이용	
소유권과는 별도로 라이프스타일에 맞게 집합주택에 살게 됨.	정원이 있는 단독주택, 자가지향은 여전히 남게 되고 정주경향이 계속됨.
* 도시구조	
도심에 집중적으로 거주하여 행정서비스 도도심에 한정되며 직주근접의 고층주택이 주류를 이룸.	새로운 교외 거주 스타일이 확립되고 도시밀도는 저하되며 지역 커뮤니티 중심으로 생활
* 환경/에너지	
쾌적성과 효율성이 중시되어 고도의 기술을 이용한 에너지 자립형 주택이 보급됨.	지역 고유의 시스템이 중시되고 특성에 맞는 환경배려형 주택이 보급됨.
* 정보화	
실제 접촉은 감소하고 정보환경 속에서 장소에 구애받지 않고 일하고 거주하게 됨.	실제의 접촉이 중요시되어 직주근접으로 도심에 고밀도로 거주하게 됨.

일본도시주택학회, 2050년의 일본도시 거주의 전망방법, 2007.

5) 삼성경제연구소, 주택의 미래변화와 대응방안, 제726호, 2009
6) 1909~2005. 미국의 경영학자
7) 1907~1990. 프랑스의 경제학자이며 미래학자
8) 1929~ .미국의 미래학자
9) 1928~. 미국의 미래학자

있다.

(2) 예상되는 미래의 도시와 주거

그림 3-13 | 화상회의가 가능한 홈오피스

미래변화의 동인들이 매우 다양함과 마찬가지로 각 동인들이 가지고 올 수 있는 미래의 모습 역시 다양하다. 심지어 각 동인들이 서로 상반되는 미래의 모습[10)]을 가지고 올 수 있다는 점까지 고려한다면, 우리가 예상 가능한 미래의 모습이 얼마나 다양한지 알 수 있다. 이러한 다양하고 상반된 미래상을 간략하게 정리하면 표 3-1과 같다.

3-4 | 미래주거의 가능한 양식

(1) 주택의 4대변화 방향 : Smart, Zero Energy, Health & Safety, Diversity

1) 스마트 하우스(Smart House)

IT기술이 발전하면서 우리는 집에서 모든 것이 가능한 시대를 살고 있다. 앞으로 홈쇼핑, 홈뱅킹, 재택근무, 재택수업, 홈엔터테인먼트, 홈서비스 등이 더욱 발전함으로 인해 가정은 더 이상 소비주체에만 머무르지 않고 생산주체 그리고 연구와 레저까지 겸하는 중요한 곳으로 개념이 바뀔 것이다. 이러한 개념에 적합한 주택이 바로 스마트 하우스이다.

주택의 모든 기능들이 IT 통신기능과 결합됨으로써 주택 내외에서 유·무선으로 자유롭게 조절되고 각종 센서와 기기에 의해 정밀하게 제어 가능하게 됨으로써 거주자의 기호에 따른 다양한 지능형 애플리케이션이 도입될 것이다.

10) 앨빈 토플러에 따르면 2025년에는 정보기술을 통해서 도심에서 벗어난 교외주택에서 원거리 통신을 하며 살게 될지 모른다고 주장했다. 하지만 반대로 카스텔(Emanuel Castells)과 홀(Peter Hall)은 원거리 통신이 오히려 대면접촉을 증가시켰으며, 이 접촉은 도심부에서 주로 이루어짐에 따라 도심부로의 인구이동을 촉진시키고 있다고 주장하기도 했다. 피터 홀·울리히 파이퍼, 임창호 외 역, 미래의 도시, 한울, 2005. pp.32~33.

그림 3-14 | 스마트 랩

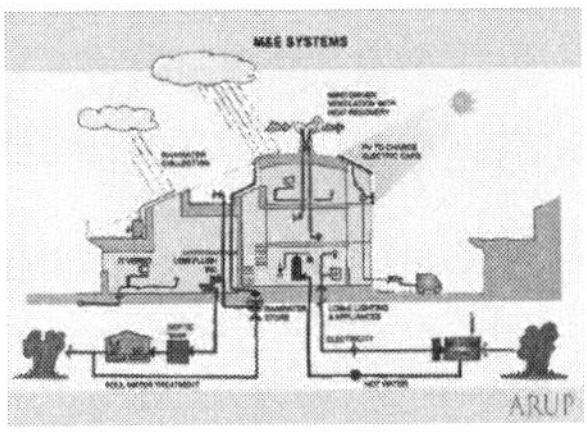

그림 3-15 | 베드제드단지 시스템

그림 3-16 | 베드제드단지 전경

특히, 기존에 고정되어 있었던 주택공간들이 IT 기술이 접목된 벽체, 가구 및 조명설비 등에 의해서 거주자의 신체적 특징이나 외부환경에 변화에 다양하게 대응 가능하게 될 것이며, 주거와 레저기능이 결합한 홈멀티미디어룸이나 화상회의시스템 등이 구비된 홈오피스 등 새로운 기능공간이 등장할 것으로 예상된다.

스마트 하우스 기술의 대표적인 예로 첨단소재의 전자벽인 스마트 랩(Smart Wrap)을 들 수 있다. 이는 5cm 두께의 초경량 전자벽으로 2015년 전후 실용화될 전망이며, 고강도 폴리에스테르 필름 사이에 첨단 단열재를 채워 40cm 두께의 콘크리트 벽과 맞먹는 단열성능을 구현하는 한편, 겉에는 박막 태양전지와 OLED를 입혀서 에너지를 생산하고 디스플레이 기능도 수행하게 된다.

2) 제로에너지 하우스(Zero Energy House)

우리나라에서는 전체 에너지 소비의 약 24%가량이 건축물의 냉·난방, 조명 등 건물의 운영과정에서 소비되고 있으며, 국제유가의 고공행진과 함께 기후변화에 대한 국제적 압박이 커져가고 있는 상황에서 정부 차원에서도 이산화탄소 배출 저감을 고심하고 있다.[11] 따라서 향후 수년 내에 냉 · 난방 에너지 소비량이 거의 없고 태양광발전시스템과 풍력발전시스템 등을 통해 에너지를 자체 생산함으로써 에너지 수지가 0인 제로에너지 하우스가 활발하게 보급될 것이다.

우선적으로 LED조명, 고효율 보일러, 절전형 가전, 에너지관리시스템 특히, 신(新) 단열소재 인 에어로젤[12] 등을 도입하여 주택의 에너지 효율을 개선하기 위한 움직임이 나타나고 있으며, 진정한 의미의 제로에너지 주택은 태양광, 연료전지 등 주택에 적용 가능한 신재생 에너지가 정보의 보조금이나 정책적 지원을 통해 제한적으로 생산됨에 따라 우선 시범단지 등을 중심으로 보급될 것으로 예상된다.

---

11) 대림산업, 대림산업 친환경 저에너지 비전, 2009.

12) 지구상에서 가장 가벼운 고체로써 섭씨 1,100도에서도 타지 않을 정도의 최고 단열성 및 500g으로 자동차 무게를 견딜 정도의 강도, 방음력, 투광성을 보유한 신소재이다.

영국의 경우 100여 가구를 대상으로 한 'BedZED' 프로젝트'에서 제로 에너지 주택의 가능성을 검증하는 한편, 양산 모델을 적극적으로 개발 중에 있다.

그림 3-17 | 에코 3리터하우스 개념도

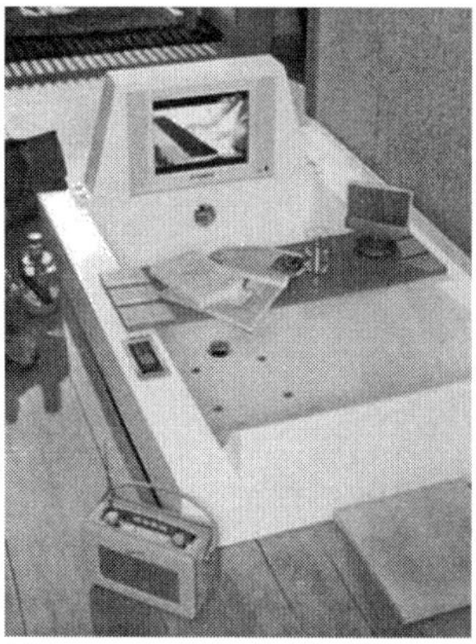

그림 3-18 | 유비쿼터스형 욕실

3) 헬스 하우스(Health & Safety House)

양적 공급 위주의 주택보급에서 점차적으로 주거자의 요구에 부합하기 위한 주거환경 질의 향상에 초점이 맞추어짐에 따라 건강과 안전기능이 강화된 주택이 늘어날 것이다.

무선화상통신기술과 센싱기술을 활용하여 가정에서 의료서비스를 제공받을 수 있는 홈헬스케어 기능이 도입될 것으로 전망된다. 특히 주거자의 건강과 긴밀한 관계를 가지는 주거공간인 침실의 경우 수면 및 기상시간을 고려해 조도를 조절하고 차음성을 높이는 등 실내환경의 최적화를 통해 수면의 질을 제고할 수 있도록 변화할 것이며, 욕실의 경우에도 첨단 욕조, 테라피기술 등이 적용되어 위생공간을 넘어선 휴식공간으로 변화할 것으로 보인다.

또한, 생체인식기술 등을 통해 주택 내 · 외부를 대상으로 실시간 경비서비스를 제공하고 긴급상황에서 안전을 지킬 수 있도록 IT기술을 접목한 외부침입방지, 비상연락시스템 등을 통해 무인경비화가 가능해질 것이다.

4) 주택의 종류 다양화 및 공간의 가변성의 강화

인구구조의 변화에 대응하여 다양한 주거유형이 등장할 것으로 예상된다. 우선 도심이나 역세권을 중심으로 독신가구 등 소형가구의 라이프스타일에 맞게 구조와 기능이 특화된 소형주택이 확산될 것이며, 고소득층을 중심으로 주말용 주택인 세컨드 하우스 및 거주자들만의 전용공간인 게이티드 커뮤니티가 더욱 확산될 것이다.

또한, 지속가능한 주거 개념에 부합함과 동시에 생애주기(life stage)의 변화 및 소비 니즈의 세분화 등에 효율적으로 대응할 수 있도록 주거공간의 유연성과 가변성이 증가할 것으로 예상된다. 여러 세대에 걸쳐 거주할 수 있도록 골격을 강화하는 대신 내부공간은 자유롭게 변경할 수 있도록 1세대 주택을 2세대 주택으로 분할하거나 수직 · 수평 공간을 입체적으로 재배채하는 것이 가능하도록 될 것으로 전망된다.

5) 기타 가능한 주거양식

그림 3-19 | 시게루 반의 종이로 만들어진 임시주거

그림 3-20 | 플로팅 하우스

위에서 언급한 미래의 가능한 주거 외에 바다나 강에 떠서 존재하는 플로팅 하우스(Floating House)나 일본의 건축가인 시게루 반(Shigeru Ban)에 의해 작업되는 것처럼 종이를 이용한 주거나 대량생산되는 폐품 박스를 활용해서 만들어지는 주거형식도 가능할 것으로 생각된다. 또한 이미 시도되는 것처럼 이동과 조립이 용이한 프리패브리캐이션 방식을 적극적으로 활용한 주거양식이 등장해서 주거에게 이동이라는 새로운 가능성을 열어줄 수 있을 것으로 기대되기도 한다.

프리츠 랑(Fritz Lang)의 메트로폴리스(Metropolis)[13], 조지 오웰(Eric Arthur Blair)의 1984년[14] 등의 영화와 소설은 흥미롭게, 다소 과장되게 미래를 그려내고 있다. 이러한 매체 속에 드러나는 미래는 실현되지 않았거나 틀린 부분을 담고 있는 것 역시 사실이다. 하지만 이것들이 담고 있는 미래에 대한 예상과 상상은 철저하게 당시의 현실의 문제와 상황에 근거하고 있다는 점을 간과해서는 안 될 것이다. 이렇듯 미래를 예상하는 것이 현재를 보다 잘 관찰하며 이해할 수 있도록 해주고 있다.

---

13) 1927년 발표된 무성영화로 미래의 도시와 주거에 대한 성찰을 보여주고 있다.
14) 1949년에 출간된 소설로 전체주의에 의해 통제되고 있는 미래를 그린, 디스토피아 소설의 전형을 보여주고 있다.

생각해보기

1 앞으로 10년, 20년, 50년 후에는 우리 생활이 어떻게 변할지를 생각해 보자. 아울러, 10년, 20년, 50년 전에는 지금의 생활과 무엇이 달랐는지도 비교해보자.

2 산업혁명 직후와 20세기 양차대전후에 제시되었던 미래주거 생각에 차이를 살펴보고, 왜 그러한 차이가 나타났는가를 토론해 보자.

3 지금 21세기에 제시되고 있는 미래주거가 인간의 삶의 질을 향상시킬 수 있는가에 대하여 토론해보자.

참고문헌

1. 김광현(1997), 주택의 미래 미래의 주택, 건축, 1997. 3.
2. 김난령 역, 페니 스파크, 디자인의 역사: 20세기의 디자인 선구자들, 예경, 2004.
3. 김세용(2009), 지속가능한 삶을 위한 저탄소 녹색도시, 고대 Today, 2009
4. 김세용(2010), 컴팩&스마트시티의 개념과 적용, 컴팩&스마트시티 심포지움, 2010
5. 대림산업, 대림산업 친환경 저에너지 비전, 2009.
6. 박광재(1997), 과거에 그린 미래주택의 모습들, 건축, 1997.3
7. 이안재 외 2인, 주택의 미래변화와 대응방안, CEO Information 726호, 삼성경제연구소, 2009.10
8. 임석재, 생산성과 시지각: 뉴 브루털리즘과 대중사회, 시공사, 2000.
9. 필리스 리처드슨, 윤길순 역, 작은집이 아름답다, 동녘, 2004.
10. Marie-Ange Brayer(2005), Archilab's Urban Experiments, Thames & Hudson, 2005.

그림출처

그림 3-1 http://expositions.bnf.fr/utopie
그림 3-2 http://www.absoluteastronomy.com
그림 3-3 http://utopies.skynetblogs.be
그림 3-4 http://therewasalwaysdoubt.blogspot.com/2009_05_01_archive.html
그림 3-5 http://www.wichitaphotos.org
그림 3-6 http://www.bfi.org
그림 3-7 Marie-Ange Brayer, 2005.
그림 3-8 http://www.uneassociationparjour.com
그림 3-9 http://www.archigram.net
그림 3-10 http://www.cca.qc.ca
그림 3-11 Marie-Ange Brayer, 2005.
그림 3-12 Marie-Ange Brayer, 2005.
그림 3-14 http://www.inhabitat.com/2005/06/26/
그림 3-15 http://www.sd-commission.org.uk
그림 3-16 http://www.sd-commission.org.uk

그림 3-17 대림산업, 2009.

그림 3-19 필리스 리처드슨, 윤길순 역, 작은집이 아름답다, 동녘, 2004.

그림 3-20 www.thedesignblog.org

2부 주거와 사회

제4장 주거와 사회환경

제5장 주거수준과 현황

제6장 주거지 재생

제7장 주거와 복지

제8장 정보사회와 주거

4장 주거와 사회환경

인간은 사회적 동물이며, 주거는 인간 스스로 주체가 되어 자신의 생활과 문화를 만들어가는 장소이다. 따라서 주거는 주변 사회적 환경과 상호 밀접한 영향을 주고받으면서 생성되는 문화적 산물이다. 이러한 주거의 속성을 이해하고 우리의 생활관습과 문화에 적합한 주거, 주거환경을 조성하기 위해서는 주거와 관련된 우리 사회환경 변화의 흐름을 파악하고 이를 토대로 미래의 사회환경 변화양상을 전망하는 것이 필요하다.

이에 본 장에서는 주거와 관련된 사회환경의 변화특성을 파악하고, 주거와 사회환경과의 관계적 의미를 이해하기 위해서 통계 및 각종 조사자료를 이용하여 주택공급량 변화 추이, 주거의식 변화, 주요 주택정책 및 제도의 변화를 고찰하고자 한다. 이를 통해서 사회적 측면에서의 주거의 의미, 사회보장으로서의 주거, 물리적인 환경의 공유와 주거의식 형성의 관점에서 주거지와 주거 관계에 대해서 다루고자 한다.

4-1 주거의 사회적 의미

주거는 물리적인 공간을 칭하는 주택과는 달리 주택에 거주하는 인간이 주체가 되어 주택이라는 물리적인 환경과의 관계 속에서 형성된 정서적, 심리적, 사회문화적인 측면을 포함하는 의미 있는 장소로 정의내릴 수 있다. 인간은 개인의 생활뿐만 아니라 같은 지역에 거주하는 이웃들과의 관계에서 비롯되는 근린생활, 지역생활 속에서 자신의 실존적 의미를 찾아갈 수 있다.

한 사회 내에서 주거는 거주자들을 위한 물리적인 측면에서의 쾌적한 생활환경의 제공이라는 기능뿐만 아니라, 사회 문화적인 측면에서 거주자들의 생활내용과 의식의 변화를 수용, 반영하는 역할을 하는 유기적인 매개체이기도 하다.

라포포트(Rapoport)는 주거문화의 특성을 분석하면서, 주거와 근린환경과 주거지가 서로 밀접한 관계를 맺고 있는 것으로 보고 있다. 즉, 주거는 건물 내에서 발생할 것으로 예상되는 행위체계를 고려한 환경들의 구성으로 이루어져 다양한 행위가 일어나는 근린환경에 의해 둘러싸여져 있으며, 근린환경은 주거지 속에 포함되어 있다.

이러한 측면에서 본다면, 주거와 근린환경과 주거지는 불가분의 관계이며 상호 직접적인 영향을 주고받는 관계를 맺고 있다. 따라서 주거는 근린환경과 주거지와의 관계체계 속에서 그 기능과 지향해야 할 방향을 명확히 설정할 수 있다.

인간은 사회적 동물이다. 인간의 생활이 이루어지는 주거는 한 사회의 문화적 산물이며, 그 사회의 문화, 역사적 토대 위에서 생성, 소멸되므로, 그 사회의 문화를 가늠하는 척도로서 충분하다. 주거와 사회와의 관계에 대한 통합적인 이해는 문화, 정책 및 제도, 경제, 복지적 측면에서 파악이 가능하다.

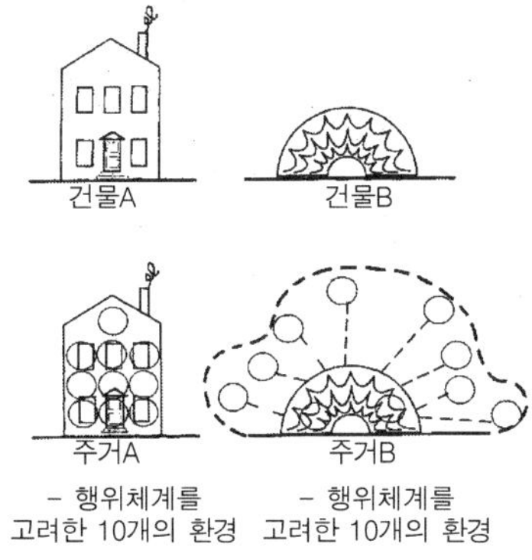

그림 4-1 ┃ 건물과 주거의 차이점

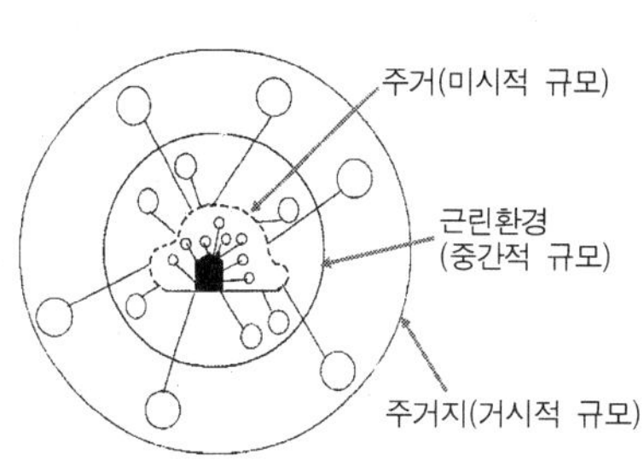

그림 4-2 ┃ 주거, 근린환경, 주거지의 관계

과거 양적인 측면에서의 주거공간 확보를 우선시하는 정책이나 계획들이 추진되었다면, 이제는 사회문화적 관점에서 과거 주거지가 담고 있었던 생활의 흔적을 보존하는 쾌적하고 지속가능한 주거환경을 조성하기 위해 주거의 질적인 측면을 개선하기 위한 다각적인 노력이 이루어지고 있다.

부족한 주택공급량 확보와 질적인 측면에서의 주거환경을 개선하기 위한 주거기준 및 시설의 개선, 시간의 경과에 따라 노후화되어 가는 도시기능의 회복을 위해서 기존 주거지의 공간적 구조와 전통을 보존하는 동시에 노후된 주거환경을 개선하기 위한 주거지 재생, 최근 고령화 및 1인가구 등의 증가 등 수요층의 다변화에 대응하는 복지정책과 제도의 도입 및 주택유형 개발들은 모두 주거문제 개선의 실마리를 사회와의 관계 속에서 총체적인 관점에서 모색하기 위한 노력들이다.

이에 주거와 사회와의 밀접한 관계에 대한 이해를 돕기 위해서 주거수준과 현황, 주거지 재생, 주거복지 측면에서 구체적인 우리나라 주거현황을 기술하고자 하며, 본 장에서는 이와 관련하여 우리나라 주거현황에 대한 개괄적인 특성 및 변화 추이를 기술하고자 한다.

한 사회의 구성원들을 위한 안정된 주거환경을 제공하기 위해서는 양적인 측면에서의 주거공간의 확보 문제가 정책적 측면에서 우선시되고 있다.

그동안 우리나라의 경우에도 부족한 주택문제 해결을 목적으로 주택공급을 촉진하기 위한 법규, 제도 등을 추진해온 결과 2002년 주택보급률 100%를 달성한 이후 2007년 기준 108%에 이르고 있다.

부족한 주택공급량을 해소하기 위해서 주택공급량이 증가하는 과정에서 나타난 시대별 공급현황 추이, 공급된 주택유형의 변화, 주거의식의 변화, 주거선호 변화 경향은 다음과 같다.

(1) 주택공급량 변화 추이

1) 연도별 주택공급현황 변화 추이

'90년 이후 지속적인 주택공급의 확대 및 주택공급 활성화 정책으로 인하여 주택 수는 꾸준히 늘어나 '00년 총주택 수 11,472천 호에서 '06년에는 13,534천 호로 증가하였다. 또한 가구 수도 '00년에는 11,928천 호에서 '06년에는 12,634천 호로 증가하였다.[1)]

우리나라 전국 주택보급률[2)]은 2002년 100.6%에 이른 이후, 지속적으로 증가하여 '07년도 주택보급률은 보통가구 기준으로 전국 108.1%로서 '00년의 96.2%에 비하여 12.0% 증가, 서울의 경우는 같은 기간 중 18.6%(77.4% →91.8%), 수도권은 12.5%p(86.1% →96.9%) 각각 증가하였으나, 2007년 기준, 주택수요가 많은 수도권 지역은 96.9%, 서울 91.9%로 전국 주택보급률보다 상대적으로 낮은 상태이다(표 4-1).

주택건설 확대에 힘입어 절대적인 주택부족 문제는 크게 완화되었으나, 주요 선진국의 주택보급률과 비교하여 일본 109.3%('03년), 미국 108.5%('03년), 프랑스 120.5%('99년), 독일 100.6%('02년)로, 선진국에 비해서는 아직 미흡한 수준이라고 할 수 있다(대한주택공사, 2005). 이에 정부에서는 장기 주택종합계획('03~'12년)에 따라 연평균 50만호 건설을 통해 2012년에는 주택보급률을 선진국 수준인 116.7% 수준으로 높일 계획이다.

1) 핵가족 및 가족분화 등의 사유로 인해 1인 가구의 증가율은 급속히 증가하여 보통가구의 증가율을 큰 폭으로 상회하고 있다.('00-'05년 증가율 : 4.7%(보통가구), 42.5%(1인 가구), '96~'00년 증가율 : 7.1%(보통가구), 35.4%(1인 가구))(통계청 자료 참조)

2) 주택보급률 : 주택수 · 보통가구수×100
주택수 : 인구주택총 조사결과를 기준으로 빈집을 포함한 주택수 산정
보통가 구수 : 일반가구수 - (비혈연 가구 + 1인 가구)
(출처 : 통계청, e-나라지표 참조)

표 4-1 ● 1995년 이후 주택공급량 변화 추이

		1995	2000	2001	2002	2003	2004	2005	2006	2007
전국계	보급률 (%)	86.0	96.2	98.3	100.6	101.2	102.2	105.9	107.1	108.1
	주택수 (천호)	9,570	11,472	11,892	12,358	12,669	12,988	13,223	13,534	13,793
	가구수 (천가구)	11,133	11,928	12,099	12,286	12,515	12,714	12,491	12,634	12,760
수도권	보급률 (%)	76.7	86.1	88.6	91.6	92.8	93.9	96.8	96.9	96.9
	주택수 (천호)	3,859	4,731	4,966	5,239	5,431	5,614	5,782	5,909	6,015
	가구수 (천 가구)	5,032	5,494	5,605	5,719	5,855	5,979	5,976	6,099	6,207
서울	보급률 (%)	68.0	77.4	79.7	82.4	86.3	89.2	89.7	91.3	91.8
	주택수 (천호)	1,728	1,973	2,032	2,103	2,203	2,278	2,322	2,370	2,391
	가구수 (천 가구)	2,541	2,548	2,550	2,551	2,553	2,554	2,588	2,597	2,605

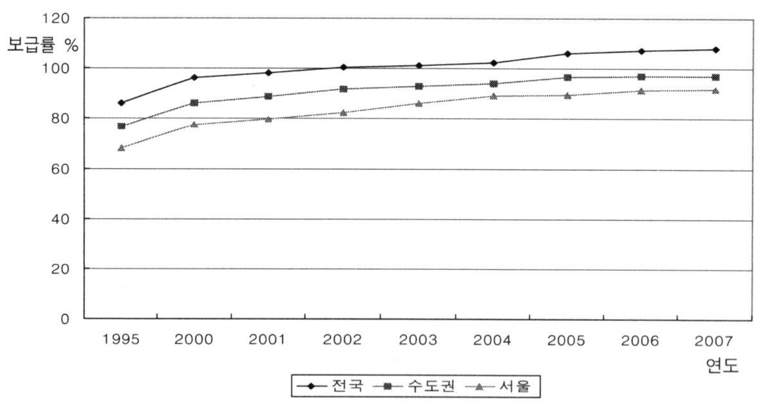

그림 4-3 | 연도별 주택보급률 추이

2) 주택유형별 공급변화 추이

우리나라의 주택유형별 공급변화 추이를 보면, 아파트 일변도의 주거공급이 이루어졌음을 알 수 있다. 1985년의 경우 아파트가 전체 주택 중 13%에 불과하였으나, 2005년 53%로 증가하면서 현재 우리나라의 대표적인 주택유형으로 자리 잡고 있는 실정이다. 1962년 마포아파트단지 이후 서구에서 도입된 주택유형인 아파트가 이와 같이 단기간 동안 우리나라의 대표적인 주택유형으로 자리 잡기까지는 사회문화적, 경제적 측면에서의 복합적인 영향요인들이 작용하였다고 할 수 있다. 주택공급 촉진을 위한 정부의 주택정책, 경제적 측면에서의 아파트의 환금성, 한국적 주거공간 사용의 관습을 수용해온 아파트 공간의 지속적인 진화, 한국의 도시 중산층과 아파트라는 주거형식과의 이미지 가치적 관계 등의 측면에서 우리나라의 아파트 단지 위주의 주거문화 형성이라는 현 상황에 대한 분석이 가능하다.

구체적으로 주택유형별 공급변화 추이를 보면 전국의 경우 '95년까지는 단독주택이 주된 주택이었으나, '00년에는 아파트가 47.7%로 가장 많고 단독주택 37.1% 등으로 나타났으며, '05년에는 아파트가 전체 주택의 53.0%로 가장 많고 단독주택, 다세대주택 순으로 나타났다. 한편, '90년부터는 소규모 공동주택으로 다세대 및 다가구 주택이 등장하기 시작하여 '05년에는 '00년에 비해 연립주택, 비거주용 건물내 주택, 단독주택 등이 감소한 반면 아파트와 다세대주택이 증가하였다.

또한 주택 이외의 거처로 오피스텔이 '90년부터 등장하여 1인 가구의 주택수요를 흡수, 최근에는 주거용과 상업용 건물의 혼합형태인 주상복합아파트의 공급률이 증가하고 있는 추세이다.

서울의 경우도 이와 유사한 경향을 보여, '05년 기준 아파트가 전체의 54.3%를 차지하는 가장 보편적인 주택유형이며, 단독주택 19.8%, 다세대주택 18.4%의 순으로 분포하고 있다. 따라서 이와 같은 주택유형별 공급변화량 추이를 감안할 때, 향후 아파트가 우리나라의 전체 주택재고에서 차지하는 비중은 점차 확대될 것으로 전망된다(표 4-2).

표 4-2 ● 주택유형별 공급변화량 추이

		1985		1990		1995		2000		2005	
		재고 주택수	%	재고 주택수	%	재고 주택수	%	재고 주택수	%	재고 주택수	%
전국	합계	6,104	100	7,160	100	9,205	100	10,959	100	12,495	100
	단독주택	4,719	77.3	4,727	66	4,337	47.1	4,069	37.1	3,985	31.9
	아파트	822	13.5	1,628	22.7	3,455	37.5	5,231	47.7	6,627	53
	연립주택	350	5.7	488	6.8	734	8	813	7.4	520	4.2
	다세대주택	–	–	115	1.6	336	3.7	453	4.1	1,164	9.3
	영업용 건물 내 주택	213	3.5	202	2.8	343	3.7	393	3.6	198	1.6
서울	합계	1,176	100	1,431	100	1,688	100	1,917	100	2,242	100
	단독주택	689	58.6	660	46.1	562	33.3	490	25.6	444	19.8
	아파트	306	26.0	503	35.2	716	42.4	975	50.9	1,217	54.3
	연립주택	137	11.6	181	12.6	218	12.9	215	11.2	140	6.2
	다세대주택	–	0	49	3.4	135	8.0	177	9.2	412	18.4
	영업용 건물 내 주택	44	3.7	39	2.7	57	3.4	59	3.1	29	1.3

자료 : 통계청「인구주택 총조사」, e-통계나라 지표 참조 작성

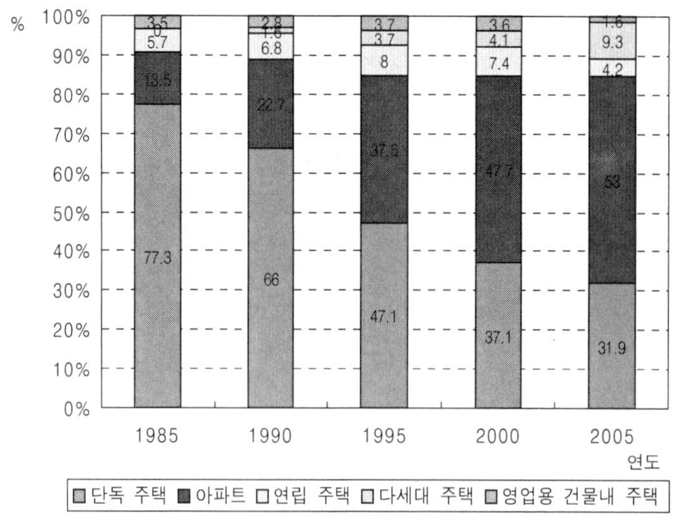

그림 4-4 | 전국 주택유형별 공급변화 추이

(2) 거주자 주거의식 변화 추이

1) 주거만족도 및 선택이유

주거에 대한 기대는 개인성향, 주변여건 등에 따라서 다양한 모습을 가진다. 기본적인 의, 식, 주를 해결하는 차원에서의 주거의 기능을 이해하는 경우와 주거를 통해 자아를 표현하고 주거를 통해 자신의 사회적 정체성을 확보하기를 기대하는 경우에는 주거를 선택하는 이유, 주거에 대한 만족 정도 등의 주거의식에 차이가 있을 것이다. 따라서 거주자들의 다양한 기대요구를 고려하는 주거계획이 필요하다. 오늘날 서울 인구의 약 1/3이 아파트라는 극도로 표준화된 주거양식에 거주하고 있는 현실을 감안할 때 향후 거주에 대한 거주자들의 의식변화의 파악은 반드시 필요하다.

2008년 통계청 자료에 따르면, 현재 거주자들의 현 주택에 대한 만족도는 2004년 기준 보통 33.2%, 약간 불만 28.3%, 약간 만족 20.2%, 매우 만족 10.1%의 순으로 나타나, 보통이상으로 만족하는 경우가 전체의 63.5% 정도이다(표 4-3).

표 4-3 ◦ 현 주택에 대한 만족도

구분	매우 만족	약간 만족	보통	약간 불만	매우 불만
2001	9.2	18.5	37.8	26.3	8.1
2004	10.1	20.2	33.2	28.3	8.3

자료 : 통계청. 2008. p.358

거주자들은 현 주거지 선택이유로는 경제적 사정(48.8%), 사업상 · 직장(16.6%), 옛날부터 살던 곳(14.8%)의 순으로 응답하여, 주거지 선택 시 자연환경, 생활의 편리성 등의 이유보다도 현실적으로는 경제적인 여건이 가장 강력한 요인으로 작용하고 있음을 알 수 있다(표 4-4).

표 4-4 ◉ 현 거주지 선택이유

구분	자녀교육 · 본인학업	자녀양육 · 육아	사업상 · 직장	교통 · 근린 시설편리	경제적 사정	양호한 자연환경	옛날부터 살던 곳	기타
2001	6.6	2.5	23.1	10.5	30.9	5.4	19.1	1.9
2004	4.6	1.7	16.6	6.4	48.8	4.5	14.8	2.7

자료 : 통계청. 2008. p.367

선택한 주거지역에 대해서 만족 정도는 보통 39.1%, 약간 만족 24.0%, 약간 불만 21.1%의 순으로 나타나, 보통 이상의 만족인 경우가 전체의 73.4%를 차지하고 있다(표 4-5).

표 4-5 ◉ 주거지역에 대한 만족도

구분	매우 만족	약간 만족	보통	약간 불만	매우 불만
2001	10.7	21.6	41.1	22.2	4.5
2004	10.3	24.0	39.1	21.1	5.6

자료 : 통계청. 2008. p.370

2) 최근 주거선호 변화경향

한 사회를 구성하고 있는 거주자들이 어떠한 주거를 선호하는가의 문제는 비단 개개인들의 주거에 대한 개인적인 성향의 문제로 한정지어지는 것이 아니라, 궁극적으로는 해당 사회의 주거문화를 구성하는 중요한 요인들과 연관성이 있다. 주거문화 형성에 중요한 영향을 미치는 요인들의 파악을 통해서 그 사회의 주거문화 형성의 원인 분석이 가능하며, 이를 토대로 미래의 주거문화를 진단하고 발전방향을 가늠할 수도 있을 것이다.

현재 우리나라의 경우 주거의 문제는 지극히 현실적인 요인들에 의해서 선택, 결정지어지는 경향을 보이고 있다. 통계청 조사결과에 따르면 2004년 거주자 주거선호 조사결과 향후 주택구입 시 고려요인으로 '주택지로서의 쾌적한 환경'이 63.8%로 가장 높았고, '자녀의 교육여건' 51.2%, '교통여건이나 직장과의 거리' 49.1%의 순으로 나타나, 앞서 조사결과와 비교할 때 현실적으로는 경제적 여건을 고려하여 현실적인 대안을 선택하고 있는 것과 달리 주거 선택 시 쾌적한 주거환경을 선호하고 있다(표 4-6). 원하는 주택유형은 2001년 조사결과에서는 단독주택 57.6%, 아파트 37.8%였으나, 2004년에는 단독주택 48.6%, 아파트 47.9%로 나타나, 아파트를 희망하는 비율이 지속적으로 증가하고 있어 주거선택 시 편리성, 쾌적성을 중요시하는 경향이 증가하고 있는 것으로 해석 가능하다(표 4-7).

표 4-6 ● 향후 주택구입 시 고려요인(1+2순위)(2004)

구분	주택지로서의 쾌적한 환경		자녀의 교육여건		교통여건 · 직장과의 거리		시장 · 할인점 · 금융기관 같은 생활편의 시설		부모 · 친척집과의 거리		기타	
가구수	가구수	%	가구수	%	가구수	%	가구수	%	가구수	%	가구수	%
1,195	762	63.8	612	51.2	587	49.1	300	25.1	72	6	30	2.5

자료 : 통계청, 2008, P.360

표 4-7 ● 원하는 주택형태

구분	단독주택	아파트	다가구주택	연립주택	다세대주택	오피스텔	기타
2001	57.6	37.8	1.3	1.3	0.5	1.2	0.3
2004	48.6	47.9	2.5			0.7	0.3

자료 : 통계청, 2008

4-2 사회보장으로서의 주거

(1) 관련정책 및 제도 변화

1) 삶의 질 향상

안정된 주거환경의 제공은 사회구성원들에게 가장 기본적인 삶의 토대를 마련해줌과 동시에 해당 사회의 구성원으로서의 소속감 및 유대감을 고양시켜 주는 역할을 한다. 이에 정부는 국가적 차원에서 국민을 위한 쾌적하고 안전한 주거환경을 제공하기 위해서 시대적, 경제적 상황을 고려한 다양한 주택공급정책을 제안, 운영하고 있다.

과거 양적인 측면에서의 주택부족 문제를 해결하기 위한 주택정책 기조에서 2002년 주택보급률이 100.6%에 이르면서 우리나라 주택정책 패러다임의 변화가 일어나, 이제는 삶의 질 향상을 주택정책의 궁극적인 목표로 설정하고 있다.

각 시기별 정책패러다임 특성을 보면, 1998~2002년 기간은 IMF 이후의 경기부양을 위한 규제완화를 전제로 경기부양에 따른 도시공간구조의 변화에 대응하기 위해 공공차원의 체계적인 관련법제의 정비가 이루어진 시기이다. 2003~2007년 기간은 주택시장 안정 및 삶의 질 향상을 위한 주거복지 개념이 적극적으로 도입되면서 전국의 균형발전을 위한 공공의 적극적 정책 개입이 이루어진 시기이다. 2008년 이후 경제 활성화를 위한 규제완화, 국민주거 안정을 위한 다양한 정책 도입, 저탄소 녹색성장 관련 정책들이 추진되고 있다(표 4-8).

표 4-8 • 우리나라 주택정책 목표 및 주요 관련 정책

기간	목표	주요 관련 정책
1998 ~2002	경기부양과 도시 공간구조 변화 대응을 위해 공공의 체계적 법제정비	• 주택법 제정 • 분양가 자율화, 양도세 · 전매제한 한시면제 • 개발제한구역 해제와 국민임대주택 건설 • 난개발에 대응한 국토의계획및이용에관한법률 제정 • 도심의 광역적 정비를 위한 도시및주거환경정비법 제정
2003 ~2007	주택시장 안정과 균형발전을 위한 공공의 적극적 정책 개입-균형개발, 주거복지	• 균형발전 정책(국가균형발전특별법 제정) • 주민참여에 의한 살고 싶은 도시만들기 • 첨단기술에 의한 유비쿼터스 도시 및 주택개발 • 광역적 도심재개발 촉진을 위한 특별법 제정 • 종부세, 개발부담금, 기반시설부담금, 재건축 초과이익 환수, 소형평형 · 임대주택비율 의무화, 양도세 · 보유세 강화, 수도권 투기과열지구지정, 전매제한
2008 ~	경제 활성화를 위한 규제완화와 민간부문 활성화	• 전매제한 · 재개발재건축 규제완화 • 국민주거 안정을 위한 도심공급 활성화 및 보금자리주택 건설방안 • 저탄소 녹색성장 정책

자료 : 주택도시연구원, 2008, p.67 참조 재작성

2) 미래의 인구사회구조 변화 대응

최근 저출산, 고령인구의 증가, 독신가구의 증가현상으로 인해 과거와는 다른 다양한 유형의 가족들이 등장하고 있으며, 이들은 다른 가구들과는 다른 주거수요 특성을 갖고 있어 이를 고려한 새로운 주거유형의 제안과 정책적인 지원이 필요하다. 이러한 인구사회구조 변화 흐름에 대응하기 위해서 2009.5월 정부에서는 서민과 1~2인 가구의 주거안정을 위해 관련법 개정을 통해 도시형 생활주택[3] 공급을 촉진할 예정이다.

또한 여성 거주자들의 생활편의성 및 안전을 고려한 주거환경을 제공하기 위해 서울시에서는 2011년 완공되는 송파구 문정지구를 여성, 장애인, 고령자 등 사회적 약자에게 '장애물 없는 생활환경'을 철저히 배려·보장하는 국내 최초의 '무장애 1등급 도시'로 조성하는 등 여성 친화적 뉴타운 건설을 추진하고 있다.

현재 가족형태별 분포자료를 보면, 과거에 비해서 2세대, 3세대 가구가 차지하는 비율은 점차 감소하고, 1세대 가구, 1인 가구의 비율이 지속적으로 증가하고 있다(표 4-9). 이러한 현상은 저출산 고령화 및 초혼연령의 증가에 따른 노인 1인 가구, 독신가구 노인부부가구 증가의 영향으로 해석할 수 있다.

여성가구주 가구수도 지속적으로 증가하여, 같은 기간 가구수 증가율보다 높은 폭으로 증가하여 2005년 3,485가구로 전체 가구의 21.9%가 여성가구주 가구이다. 이 중 여성가구주의 혼인상태는 사별인 경우가 44.4%로 가장 높았으나, 미혼과 이혼의 경우는 지속적으로 증가하여 2005년 기준 여성가구주의 혼인상태가 미혼인 경우가 23.2%, 이혼인 경우가 14.4%에 달하고 있다(표 4-10).

3) '09.2.3 '도시형 생활주택' 도입을 위한 주택법이 개정되었다. '도시형 생활주택'이란 「국토의 계획 및 이용에 관한 법률」상의 도시지역에 주택건설사업계획 승인을 받아 건설하는 20세대 이상 150세대 미만 공동주택으로, 단지형 다세대주택, 원룸형 주택, 기숙사형 주택이 해당되며, 기반시설의 부족으로 난개발이 우려되는 비도시지역에는 건설 불가하다. 도시형 생활주택은 「건축법」상 건축물의 용도로는 일반공동주택과 같이 공동주택에 해당되며, 쾌적성, 안전성이 보장되면서도 건설기준 완화 및 공급절차 단순화로 공급의 활성화 도모하고 있다.

표 4-9 ● 시대별 가구유형 변화 특성

연도별	일반가구 (가구)	1세대 가구		2세대 가구		3세대 가구		4세대 이상 가구		1인 가구		비혈연 가구	
		계	%	계	%	계	%	계	%	계	%	계	%
1970	5,576,277	376,468	6.8	3,905,660	70.0	1,230,232	22.1	63,917	1.1	–	–	–	–
1975	6,647,778	446,826	6.7	4,580,227	68.9	1,277,783	19.2	61,935	0.9	281,007	4.2	–	–
1980	7,969,201	658,416	8.3	5,457,340	68.5	1,311,755	16.5	41,990	0.5	382,743	4.8	116,957	1.5
1985	9,571,361	915,529	9.6	6,412,196	67.0	1,382,870	14.4	39,960	0.4	660,941	6.9	159,865	1.7
1990	11,354,540	1,219,667	10.7	7,529,077	66.3	1,382,749	12.2	35,342	0.3	1,021,481	9.0	166,224	1.5
1995	12,958,181	1,640,434	12.7	8,200,487	63.3	1,265,537	9.8	26,327	0.2	1,642,406	12.7	182,990	1.4
2000	14,311,807	2,033,763	14.2	8,696,082	60.8	1,176,337	8.2	21,961	0.2	2,224,433	15.5	159,231	1.1
2005	15,887,128	2,574,717	16.2	8,807,326	55.4	1,092,562	6.9	15,902	0.1	3,170,675	20.0	225,946	1.4

자료 : 통계청, 『인구주택 총조사 』1975~2005(매 5년)

표 4-10 ● 여성가구주 가구비율

구 분		1975	1980	1985	1990	1995	2000	2005
여성가구주 가구수		850	1,169	1,501	1,787	2,147	2,653	3,485
여성가구주의 혼인상태	유배우	24.5	22.3	22.7	17.7	15.7	16.6	17.9
	사별	59.4	58.2	52.3	56.3	56.1	50.5	44.4
	이혼	4.3	3.9	4.3	5.6	7.1	11.6	14.4
	미혼	11.8	15.5	20.6	20.4	21.0	21.4	23.2
여성가구주 가구비율		12.8	14.7	15.7	15.7	16.6	18.5	21.9

자료 : 통계청「인구주택 총조사」, e-통계나라 지표 참조 작성

4-3 주거지와 주거

쾌적한 주거환경 조성의 문제는 단순히 단위주거의 쾌적함을 확보하는 것만으로 충족되지 않는다. 주거환경 조성의 문제는 필연적으로 그 주거가 놓여진 전체 주거지와의 관계에 의해 결정된다.

바람직한 주거지 계획의 문제가 논의되기 시작한 것은 서양의 경우 유럽을 중심으로 산업혁명이 일어나고 이로 인한 도시지역 거주환경이 악화되기 시작하면서 비롯되었다. 당시 유럽은 상당히 열악한 주거지 문제

를 안고 있었고, 이를 해결하기 위해서 이상주의적인 사회운동가, 계몽가들에 의한 다양한 제안이나 실천을 추구하여 이러한 근대의 모순을 해결하고 쾌적한 주거환경을 실현하는 방법으로서 근대도시계획과 그 기초로서의 주거지계획이 탄생하였다. 따라서 근본적으로 근대적 주거지계획을 관통하는 공통의 관심사는 풍부한 햇빛과 신선한 공기 등 위생학적으로 건전한 주거지를 형성하는 방법들에 대한 논의들이 그 바탕을 이루고 있다. 그러나 20세기 들어 현대 도시사회에서 과거 전통적인 공동체 개념의 해체문제가 지적되기 시작하면서 과거와는 다른 산업화, 정보화를 특징으로 하는 현대사회에서의 개인과 가족의 생활내용과 행동특성을 지원하는 주거패러다임을 반영하여 주거공간을 조성하는 합리적인 주거지 계획이 필요하다.

여기서 주거지와의 관계는 물리적인 측면에서의 공간구조뿐만 아니라, 주거지 내에서 같이 생활하고 있는 이웃들과의 관계에서 형성되는 공동체 개념, 생활의 편의를 지원해주는 지역복지환경 등과의 관계를 통해서 총체적인 주거환경 조성이 이루어진다고 할 수 있다. 미래의 바람직한 주거생활의 이미지는 사회구성원의 생활편익 증진과 생활환경의 쾌적성 확보를 전제로, 선택적 공동체의 참여를 보장받는 것이라 할 수 있다.

과거에 비해 우리의 주거문제를 논의할 때 주거환경 자체 개선의 문제와 함께 주거복지, 지역공동체 등에 대해서 언급하는 경우가 빈번해지고 있다. 이는 주거환경 조성의 문제를 합리적으로 개선하기 위해서는 주거 자체뿐만 아니라, 주거와 관련된 물리적, 정서적 측면의 주거문제를 함께 고려하는 것이 필요하다는 인식이 자리 잡고 있기 때문이다. 주거지 차원에서 언급되는 지역복지, 지역공동체의 문제는 주거라는 유형, 무형의 사회복합체를 다루기 위한 주요한 요인이다.

특정 공간을 지속적 · 반복적으로 사용하는 과정에서 사용자는 그 공간과 관련된 개인적 경험을 축적하게 된다. 이는 공간 자체에 대한 경험일 수도 있으며 타인에 대한 기억일 수도 있다. 이러한 한 개인의 물리적 공간에 대한 정서적인 경험들이 축적되면서 특정 공간에 대한 정서적 의미를 부여하는 현상이 나타나게 된다. 이러한 현상은 특정 공간이 단순히 무의미한 물리적 공간으로 인식되는 것에서 벗어나 그 공간을 사용하는 개개인들에게 사회적인 장소로서 유효하게 인식되는 과정으로 이어진다. 이러한 현상들은 결국 특정 공간 사용자들로 하여금 유사한 행동패턴과 생활양식을 공유하게 하면서 정서적인 안정감을 유발하게 되어, 결과적으로 사용자들에게 지역적 소속감을 느끼게 해주고 애착심을 갖게 해주는 역할을 하게 된다. 따라서 거주자들이 사용하기 편리한 위치에 필요로 하는 공공시설들을 설치해주는 것은 주거지계획 시 물리적 환경을 매개로 하는 정서적 유대감, 공동체 의식 형성을 위해서 고려해야 할 기본사항이라고 할 수 있다(그림 4-5).

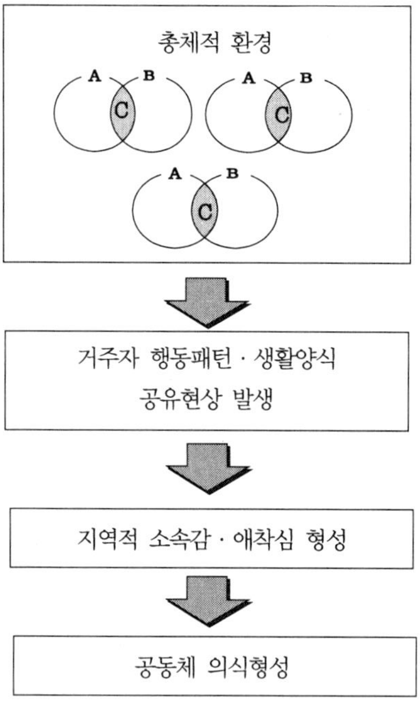

그림 4-5 | 물리적 환경의 공유와 의식의 형성관계

(A : 물리적 환경, B : 지속적인 거주자 사용, C : 유효한 사회적 장소 형성)

이러한 관점에서 거주자들이 자신들이 살고 있는 주거지에서 필요로 하는 공공시설의 유형을 보면(2007 통계청 조사결과), 향후 지역 내에서 필요하거나 늘려야 한다고 생각하는 공공시설은 전체적으로는 '보건의료시설' 39.7%, '사회복지시설' 36.2%, '공원 · 유원지' 33.1%, '공용주차시설' 28.5%의 순이었다. 지역별로는 도시지역이나 농촌지역 모두 '보건의료시설'이 가장 필요한 시설이라고 응답하였고, 연령별로는 10대는 '도서관', 20대, 30대는 '공원 · 유원지', 40대, 50대는 '보건의료시설', 60대 이상은 '사회복지시설'을 가장 필요한 시설이라고 응답하였다(표 4-11).

표 4-11 • 향후 늘려야 할 공공시설(복수응답)

단위 : %

구분		보육 시설	어린이 놀이터	공원, 유원지	보건 의료 시설	사회 복지 시설	공영 주차 시설	문화 회관	도서관	체육 시설 및 경기장	쓰레기 소각장 등	기타
연도	2005	22.3	9.6	34.5	46.2	54.8	35.1	21.1	21.6	20.1	15.4	0.4
	2007	25.0	9.4	33.1	39.7	36.2	28.5	15.9	19.4	18.1	9.2	0.6
지역 (2007)	도시(동부)	26.1	9.4	34.2	38.9	35.6	30.6	15.9	20.9	18.5	8.5	0.4
	농어촌 (읍면부)	19.8	9.3	27.8	43.7	39.1	19.0	15.9	12.4	16.4	12.2	1.4
성별 (2007)	남자	23.1	8.6	31.9	38.4	35.0	33.4	14.2	18.3	23.6	9.9	0.5
	여자	26.8	10.1	34.2	41.0	37.4	23.9	17.5	20.4	12.9	8.5	0.7
연령대 (2007)	15~19세	14.0	7.6	44.1	23.4	26.2	13.8	27.2	48.9	31.8	5.8	0.4
	20~29세	30.1	8.7	41.7	31.4	25.5	32.6	21.5	25.8	23.9	6.2	0.2
	30~39세	36.4	17.1	38.8	35.6	25.7	31.0	17.3	24.1	19.2	5.9	0.2
	40~49세	20.0	7.5	29.9	42.0	39.7	34.9	15.6	19.2	19.0	11.0	0.4
	50~59세	22.8	6.5	26.2	46.6	45.0	33.8	10.8	7.9	13.9	14.6	0.5
	60세 이상	19.1	6.3	22.2	52.0	52.7	15.8	8.0	3.4	7.3	10.9	1.7

자료 : 통계청, 2008.

또한 향후 필요하거나 늘려야 한다고 생각하는 복지서비스는 '노인돌봄서비스'가 66.4%로 가장 많고, '맞벌이 및 한부모가구 자녀 양육서비스' 48.2%, '저소득층 아동자립자금 지원서비스' 40.0%, '장애인돌봄서비스' 24.9% 순으로 나타났다. 지역별로 희망하는 복지서비스가 차이가 있어, 도시지역에서 사는 사람들은 농촌지역에 비해 '노인돌봄서비스'를 제외한 모든 복지서비스 분야에서 늘려야 한다고 보고 있다. 또한 연령별로도 희망하는 복지서비스 종류가 달라서, 연령대별로는 20대, 30대는 '맞벌이 및 한부모가구 자녀양육서비스', '노인돌봄서비스'순이며, 40대 이상은 '노인돌봄서비스', '맞벌이 및 한부모가구 자녀양육서비스'를 희망하고 있다(표 4-12).

표 4-12 • 향후 늘려야 할 복지서비스

구분	2007								
	계	도시 (동부)	농어촌 (읍면부)	15~19세	20~29세	30~39세	40~49세	50~59세	60세 이상
노인돌봄서비스	66.4	66.1	68.0	66.1	66.7	53.8	54.8	59.8	70.4
산모 신생아돌봄서비스	15.1	15.6	13.0	14.4	15.8	13.9	24.5	19.3	9.8
장애인돌봄서비스	24.9	25.2	23.6	25.6	24.2	28.2	24.7	22.8	25.7
맞벌이 및 한부모가구 자녀양육서비스	48.2	50.0	40.2	47.6	48.9	42.4	60.1	63.7	45.5
비만아동관리서비스	6.7	6.9	5.8	6.5	6.9	16.3	6.3	6.9	8.4
저소득층 아동자립자금 지원서비스	40.0	40.9	35.5	41.7	38.3	43.5	44.8	44.4	43.1
장애인재활지원서비스	18.6	19.1	16.1	19.7	17.5	20.1	17.9	17.9	21.8
장애아교육서비스	8.2	8.4	7.2	7.8	8.5	13.8	8.9	9.4	8.5
기타	0.5	0.4	1.0	0.4	0.5	0.4	0.2	0.4	0.3

자료 : 통계청, 2007

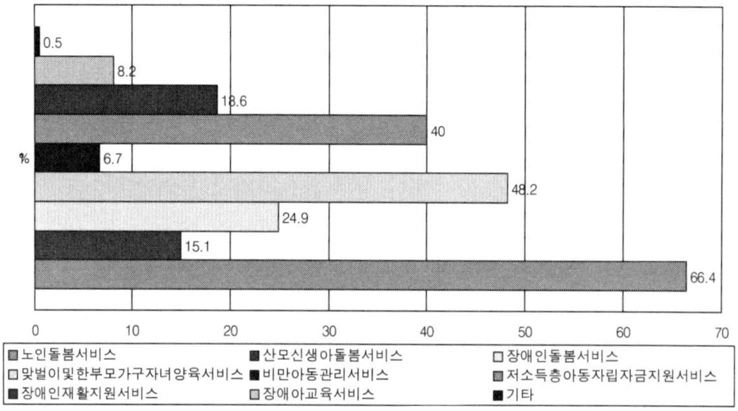

그림 4-6 | 향후 늘려야 할 복지서비스

생각해보기

1 주거의 사회적 의미에 대해서 근린지역, 주거지와의 관계 측면에서 생각해보자.

2 아파트단지 계획 시 주민들의 공동체의식을 함양하기 위해서는 어떠한 점을 고려하여야 하는지 생각해보자.

3 사회문화적 측면에서 우리나라의 주거문화는 어떠한지 외국의 경우와 비교하여 생각해보자.

참고문헌

1. 대한주택공사 주택도시연구원, 아파트 공동체 실현을 위한 방안 연구, 2000.
2. 대한주택공사, 2005 주택도시통계편람, 2005.
3. 대한주택공사 주택도시연구원, 인구사회구조변화를 고려한 주택유형·단지개발 예비연구, 2008.
4. 통계청, 인구주택총조사 : e-통계나라 지표
5. 통계청, 2007년 사회통계조사, 2007.
6. 통계청, 2008년 한국의 사회지표, 2008.
7. Amos Rapoport, Theory, Culture and Housing, Taylor & Francis, 2001.

그림출처

그림 4-1, 2 Theory, Culture and Housing, Rapoport. 2001.

그림 4-5 주택도시연구원, 아파트 공동체 실현을 위한 방안 연구, 2000.

5장 주거수준과 현황

한 사회의 주거수준과 현황을 파악하는 데는 양적인 지표나 질적인 지표를 중심으로, 질적 지표는 다시 건축 경과연수, 주거시설 등 시설의 절대적인 질적 수준과 거주자의 주관적인 주거만족도 등과 같은 인지적 주거 수준 등으로 파악이 가능하다. 또한 주거의 상대적인 질적 수준을 파악하기 위해 한 사회 내에 존재하는 주거규범과 비교하여 그 차이를 나타내는 주거결함을 이용하여 주거수준을 측정할 수도 있다. 이와 같이 주거수준을 파악하는 방법 및 기준은 다양하여 바라보고자 하는 관점에 따라 기준을 달리 선택할 수 있다.

일반적으로 주택의 양적 수준이 어느 정도 충족되면 삶의 질을 향상시키고자 하는 욕구가 높아져 주택의 질적인 개선을 추구하도록 하는 경향이 있다(윤주현 편, 2002). 주택보급률 100%를 상회하는 2002년을 기점으로 주택의 절대적인 부족이 상당히 완화되면서 주택재고의 확대에 치중하던 정책은 주택재고 확대와 함께 주택의 질적 수준 향상에 대한 관심을 급속도로 높이기 시작하였다. 실제 2003년 최저주거기준을 법제화하고 2003년부터 2012년까지의 주택종합계획에 관한 내용에서도 주택보급률을 2012년에는 116.7%를 목표로 하고 있으며, 최저주거수준 미달가구의 비율은 2003년 23.4%에서 2012년 6.0%까지 줄이는 것을 목표로 주택종합계획을 수립하는 등 주택의 질적 수준 향상을 강조하고 있다.

본 장에서는 현 사회의 주거문제를 살펴보고 주거기준 설정과 주거수준의 변화 및 현황을 파악하고자 한다.

5-1 주거문제

주거문제는 사회의 경제수준, 정치제도 및 사회문화적 특성에 따라 다른 양상으로 표출되지만 일반적으로 대부분의 나라에서는 주택수의 절대적 부족, 불평등 배분, 지가를 포함한 주택가격의 상승 및 주거경년의 증가로 인한 노후주택의 증가 등이 주거문제로 대두되고 있다.

(1) 주택수의 부족

주거문제는 도시화로 인한 도시로의 인구 집중현상과 자연 인구 증가 등 한 사회 혹은 한 지역의 가구변화로 인한 절대적인 주택수의 부족에서부터 출발한다고 할 수 있다. 즉, 한 사회의 인구증가와 가구수의 증가는 절대적인 주택수의 공급을 필요로 한다. 2005년에 비해 2015년의 총 인구증가율은 2.4% 증가를 예측하고 있으나 가구수는 같은 기간 동안 14% 증가할 것으로 통계청은 추계치를 제시하고 있다. 가족구성의 형태도 확대가족에서 핵가족으로 변모하고 있으며(표 5-1) 가구 내 구성원수도 4인 이상 다인가구수는 점차 감소되는 반면 3인 이하 가구가 증가할 것으로 예측되고 있다(표 5-2).

표 5-1 ● 주택당 가구수 분포(전국)

연도	1가구	2가구	3가구	4가구 이상	계(%)
1975	75.6	15.1	5.5	3.8	100.0
1980	71.8	16.9	6.5	4.8	100.0
1985	69.7	16.8	7.5	6.0	100.0
1990	72.2	13.7	6.9	7.3	100.0
1995	81.7	8.4	4.4	5.4	100.0
2000	87.1	5.8	3.0	4.1	100.0
2005	90.2	4.3	2.3	3.3	100.0

자료 : 통계청 인구주택 총조사 각 연도 자료

특히, 전체 가구수의 증가가 2000년 14,507,010가구에서 2030년 19,871,144가구로 2000년에 비해 37%로 증가할 것으로 예측하고 있는데 반해 1인가구는 2000년 2,261,550가구에서 2030년 4,713,083가구로 2000년 대비 108%의 증가를 예측하고 있다. 이와 같이 인구의 도시 집중현상과 가구원수의 축소로 인한 가구수의 급격한 증가는 주택수요 증가와 결부되어 주택부족으로 인한 주택문제를 유발시키게 된다.

표 5-2 ● 가구원수별 추계가구

	1인	2인	3인	4인	5인	6인 이상	계
2000년	2,261,550	2,765,441	3,027,257	4,507,591	1,460,918	484,253	14,507,010
2005년	3,187,151	3,536,232	3,344,044	4,314,495	1,228,251	360,837	15,971,010
2010년	3,473,415	3,957,526	3,595,201	4,564,481	1,241,105	320,549	17,152,277
2015년	3,773,408	4,380,250	3,784,945	4,733,212	1,236,470	283,378	18,191,663
2020년	4,109,276	4,844,469	3,866,466	4,745,714	1,196,322	249,568	19,011,815
2025년	4,421,560	5,284,978	3,864,126	4,662,256	1,142,052	218,795	19,593,767
2030년	4,713,083	5,582,531	3,796,791	4,518,920	1,075,478	184,341	19,871,144

자료 : 국가통계포탈 http://www.kosis.kr ·

(2) 주택의 불평등 배분

표 5-3 ● PIR과 RIR의 개념

PIR(연소득 대비 주택가격 비율)	주택가격에 대한 가구의 지불능력을 측정
	PIR=(주택가격 · 연소득)×100
RIR(월소득대비 임대료비율)	임차가구의 지불능력을 파악
	RIR=(임대료 · 월소득)×100

적정주거를 보장하기 위해서는 주택시장이 안정되어야 하며, 이를 위해 시장경제체제하에서는 투명한 주택거래 보장과 정보가 편중되지 않아야 한다(하성규, 1997). 그러나 우리나라 주택시장의 불안정은 지역간 계층간 주거불평등을 심화시키고 있다. 2004년 제4차 국토종합계획 수정계획('05~'20) 보고서에 의하면 소득 1~2분위 계층의 주거면적은 전체평균의 70%에 불과하며, 평균 건축연수가 13~16년으로 노후화된 주택에 거주하는 것으로 나타났다. 또한 소득 1분위[1])에 속하는 저소득층의 PIR

1) 정부에서는 매해 소득을 10분위로 구분하여 가구당 월평균 가계소득을 산출하고 주거정책대상 선정에 기준으로 삼고 있다. 소득구분은 저소득층(1분위~3분위), 중간소득층(4분위~7분위), 고소득층(8분위~10분위)으로 나누고 있는데, 2008년 4 · 4분기 기준으로 우리나라 가구당 월평균 가계소득이 3,349,220원이었던 것에 비해 1분위는 월평균 가계소득이 552,589원에 그치고 있다.

(연소득에 대한 주택가격)은 6.7로 전체 평균 PIR보다 2배나 높고, 주거비 부담을 나타내는 지표인 RIR(월소득에 대한 임대료 비율)은 19.2에 달하고 있다. 또한 1인당 주거면적 지니계수[2]는 1993년 0.350에서 2002년 0.235로 개선되었으나, 주택자산 지니계수는 0.489에서 0.510으로 소득계층간 주거수준 및 주택관련 자산의 격차가 확대되고 있다.

(3) 주거 안정성의 미확보

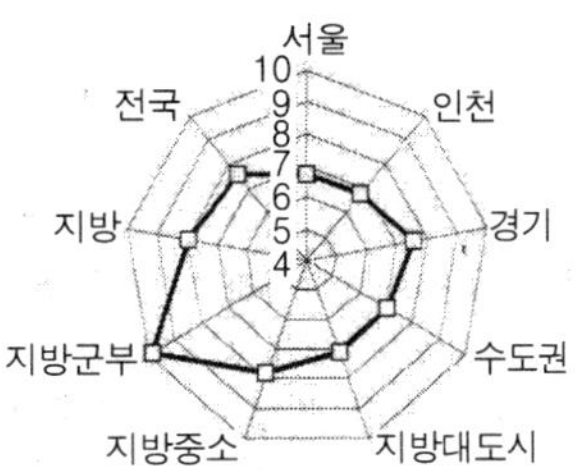

그림 5-1 | 지역별 평균 거주기간의 비교

주거 안정성이 인간의 삶의 질 향상에 있어 가장 중요한 문제이며 국민의 주거안정은 국가의 생산성 확대와 국민의 정체성 및 사회적 화합을 이루는 데 큰 역할을 한다(하성규, 1997). 주거 안정성 지표로 거론되고 있는 평균거주기간을 보면 2005년 기준 전국단위로는 8.1년인데, 서울시는 5.4년, 경기도 6.0년이며 지방의 대도시는 평균 7.4년, 중소도시는 9.7년으로 도시지역의 평균 거주기간이 짧은 것으로 나타났다. 이는 가구원수 및 소득의 변동에 따라 주거이동이 빈번한데서 그 이유를 찾을 수 있다(윤주현, 2006).

세계적으로 이사를 자주 다니는 것으로 알려진 우리나라의 경우, 이사하는 이유가 "주거부담이 비싸서" "임대기간이 만료되어 집주인이 나가라고 해서"인 가구의 비율을 의미하는 강제이동 비율은 전국평균 10.3%로 미국(6.1%)과 영국(5.5%)에 비해 1.7~1.9배 가량 높게 나타나며 특히, 서울의 경우 12.2%로 주거안정성 측면에서의 심각함을 잘 드러내고 있다.

(4) 재고주택의 노후화

재고주택의 노후도는 일반적으로 건축연도를 기준으로 판단하며(진정수, 정종택, 1998) 건축연도가 20년 이상 경과된 주택비율로 주택의 물리적 노후상태를 간접적으로 파악할 수 있다. 표 5-4에서 보는 바와 같이 아파트 등의 공동주택은 대부분 70년대 이후에 건축되기 시작하여 공

2) 지니계수는 임금소득뿐만 아니라 부동산 금융자산 등의 불평등 정도를 알아볼 때 많이 사용되는 계수로, 0과 1 사이의 값을 가지며 그 값이 클수록 더 불평등한 분배상태를 뜻한다. 보통 0.4를 넘으면 '불평등한' 사회, 0.6을 넘으면 '매우 불평등한' 사회를 나타낸다.

동주택은 전체의 19.1%가, 단독주택은 59.3% 이상이 건축연도가 20년 이상 경과한 물리적 노후상태를 보이고 있다.

표 5-4 • 건축연도별 주택종류별 주택수(전국)

건축연도 \ 주택	주택의 종류					합계
	단독주택	아파트	연립주택	다세대 주택	기타	
2005년	44,951	175,646	2,826	9,317	2,835	235,575
2004년	62,772	334,655	6,897	34,772	5,692	444,788
2003년	72,281	326,983	15,657	98,765	7,117	520,803
2002년	84,082	327,810	18,165	174,569	7,135	611,261
2001년	68,583	292,816	11,847	90,030	5,202	468,478
2000년	103,351	312,188	10,833	41,683	7,074	475,129
1995~1999년	566,270	1,964,721	88,485	217,170	36,500	2,873,146
1990~1994년	620,810	1,722,421	114,735	335,928	41,993	2,835,887
1985~1989년	514,512	689,890	103,305	124,840	30,046	1,462,593
1980~1984년	476,218	370,034	110,343	32,067	23,809	982,471
1970~1979년	674,120	135,132	36,416	4,755	21,138	871,561
1960~1969년	290,477	5,144	696	280	5,766	302,363
1959년 이전	406,527	17	107	75	4,046	410,772
계	3,984,954	6,626,957	520,312	1,164,251	198,353	12,494,827

자료 : 국가통계포탈 http://www.kosis.kr

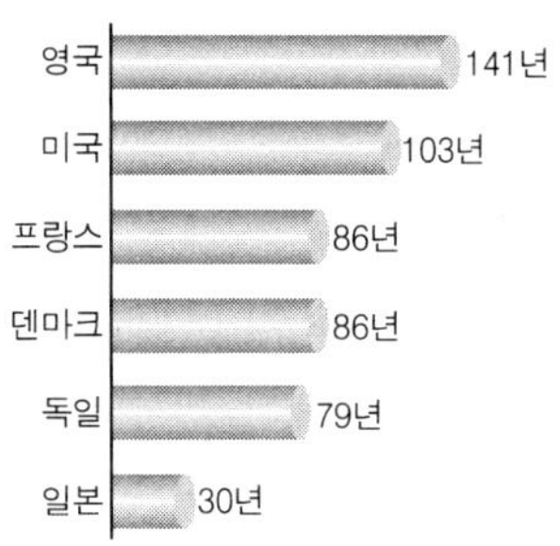

그림 5-2 | 국가별 공동주택 평균수명

신축주택의 지속적인 공급에도 불구하고 주택의 평균수명이 짧아 재고 주택의 노후화로 인한 주택문제가 야기되고 있다. 우리나라의 경우 공동주택의 평균수명이 17년으로(이창석, 2008) 영국 141년, 미국 103년, 일본 30년에 비해 아주 낮은 수준을 보이고 있어 효율적인 관리와 리모델링을 통해 주택의 물리적, 사회적 가치를 상승시킬 수 있는 방법을 강구하여 재고주택의 노후화 완화 및 주택 재고량의 보존작업이 요구된다.

5-2 주거기준

국토해양부는 주택의 양적 공급과 함께 주거의 질적 향상을 최우선 과제로 추진하고 있다. 주거의 질적 수준 향상을 위해서는 기본적인 주거의 질적 기준을 정하는 것이 무엇보다 중요하다. 국가나 지방정부의 주택정책 수단으로서 주거기준은 복지적 주택정책의 목표설정 및 집행수단으로서 의의를 가지는 동시에 주택재고의 질적 수준에 대한 관리 및 관련 정책 조종 수단으로서의 의의를 지닌다(장영희, 1997). 이를 위해 주거기준이 갖추어야 할 요건은 첫째, 국가나 지역의 주택사정을 고려하여 설정하여야 하며, 둘째, 미달 · 적합 여부를 명확히 판단할 수 있는 형태로 설정되어야 한다. 셋째, 주거기준은 최저기준뿐 아니라 그보다 상위의 수준에 대한 고려도 동시에 포함하여야 한다.

(1) 주거기준의 개념

국제인권규약(1966년)에서는 의 · 식 · 주를 내용으로 하는 상당한 생활수준에 관해 모든 사람의 권리를 인정받아야 한다고 하였으며 우리나라 헌법 제35조에서도 모든 국민은 '건강하고 쾌적한 환경에서 생활할 권리'를 갖는다고 하였다. 양호한 환경 아래 적합한 주거에 주거하는 것은 모든 인간의 기본인권이므로 국가나 지방정부는 일반적으로 국민 모두가 일정수준 이상의 주거상태를 향유하도록 주택정책의 목표를 정한다.

주거기준은 법적으로 정의된 개념은 아니며 외국도 주거기준(housing standard) 혹은 주택기준(housing code) 등의 용어를 사용한다. 주거기준의 내용 역시 나라마다 차이를 보인다. 예를 들어 캐나다의 경우 주거기준 요소로 주거시설기준(dwelling unit adequacy), 침실사용기준(suitability), 지불능력(affordability)을 포함하며, 이는 주택상황이나 사회적 가치변화에 대응하여 변화한다. 주거시설기준은 냉온수, 실내화장실 및 욕실 등의 기초적인 배관설비의 부족에서부터 난방, 환기, 전기 등을 종합적으로 포괄한다. 침실사용기준은 방당 가구원수, 가구규모 및 가구구성 등을 포함한다.[3] 지불능력은 소득 대비 주거비 지출의 최대비율로 추정한다. 주거기준의 개념은 주택점유기준, 시설사용기준, 주택의 관리상태 등을 포괄하며 한 사회의 문화적, 기술적, 경제적 배경을 가지고 일정 시점과 장소에서 통용될 수 있는 주거생활의 수준을 의미하는 상대적 개념의 특성을 갖는다.

(2) 최저주거기준

최저주거기준은 개인과 사회의 건강, 안전, 복리의 유지를 위해 그리고 인간이 쾌적하고 살기 좋은 생활을 영위하기 위해 모든 가구가 확보해야 할 최소한의 주거수준을 의미한다. 최저주거기준은 새로운 정책지표 개발을 위해 2000년에 처음 기준을 마련하였고 2003년 11월 개정된 주택법에 따라 2004년 6월 15일 기준으로 법제된 내용을 공고하였다.

최저주거기준의 내용은 표 5-5와 같이 시설기준과 침실기준, 면적기준 및 구조, 성능 환경기준을 포함한다. 시설기준은 전용 입식부엌, 전용 수세식화장실 및 목욕시설 기준이 포함되며 침실기준에는 방수 및 침실 분리기준 내용이 포함되어 있다. 면적기준으로 가구구성별 최소주거면적과 용도별 방의 개수에 관한 기준이 제시되어 있으며 구조, 성능, 환경관련 기준에는 자연재해로부터의 안정성은 물론 내화, 방열, 방습과 빛, 소리, 공기 및 열환경에 관한 설비 구비조건과 기준을 제시하고 있다. 이는 가구특성이나 주거지역에 관계없이 일괄 적용되는 기준이다. 그러나 2007 미래주거환경 포럼에서는 최저주거기준이 일괄 적용하기보다는 가구수, 가구특성 및 주거지역 등에 따라 차등 적용해야 하는 최저주거기준의 개선의 필요성을 제안하였다.

---

3) 침실사용기준에 의하면 방당 2인을 초과하여 거주할 수 없고, 부부는 자녀와 별도의 방을 사용해야 하며 5세 이상의 이성의 자녀는 같은 방을 사용할 수 없고 18세 이상의 미혼자녀는 별도의 방을 사용해야 함(윤주현 외, 1999, p.134)

표 5-5 ● 최저주거기준의 내용

<table>
<tr><th>구분</th><th>내 용</th></tr>
<tr><td>시설기준</td><td>• 전용 입식부엌, 전용 수세식화장실, 목욕시설</td></tr>
<tr><td>침실기준</td><td>• 가구원수를 고려한 방수
• 침실분리 기준 : 부부침실 확보,
만 6세 이상 자녀는 부모와 침실분리
만 8세 이상 이성 자녀는 상호 분리
노부모는 별도 침실 사용</td></tr>
<tr><td>면적기준</td><td>• 가구구성별 최소주거면적 및 용도별 방의 개수
– 가수원수 및 가구구성별(부부, 자녀성별, 나이 등)로 필요한 침실면적과 부엌, 화장실 등 기타 면적을 합산하여 산정
<table>
<tr><th>가구원수(인)</th><th>표준 가구구성</th><th>실(방)구성</th><th>총주거면적(m^2)</th></tr>
<tr><td>1</td><td>1인 가구</td><td>1K</td><td>12(3.6평)</td></tr>
<tr><td>2</td><td>부부</td><td>1DK</td><td>20(6.1평)</td></tr>
<tr><td>3</td><td>부부+자녀1</td><td>2DK</td><td>29(8.8평)</td></tr>
<tr><td>4</td><td>부부+자녀2</td><td>3DK</td><td>37(11.2평)</td></tr>
<tr><td>5</td><td>부부+자녀3</td><td>3DK</td><td>41(12.4평)</td></tr>
<tr><td>6</td><td>노부모+부부+자녀2</td><td>4DK</td><td>49(14.8평)</td></tr>
</table>
※ K : 부엌, DK : 식사실 겸 부엌, 숫자는 침실 또는 침실로 활용이 가능한 방의 수</td></tr>
<tr><td>구조,
성능
환경기준</td><td>• 영구건물로서 내열, 내화, 방열, 방습에 양호한 재질
• 적절한 방음, 환기, 채광, 난방설비 구비
• 소음, 진동, 악취, 대기오염 등 환경요소가 법적 기준에 적합
• 홍수, 산사태, 해일 등 자연재해의 위협이 현저하지 않은 지역에 위치</td></tr>
</table>

(3) 유도주거기준

2007 미래주거 환경 포럼에서는 최저주거기준이 최저의 질 기준으로 적용되는 폐해를 막고 전체 국민의 주거수준을 점차적으로 일정수준으로 높여갈 수 있도록 하는 정책목표 기준으로 활용할 수 있는 유도주거기준의 도입의 필요성을 제시하고 있다. 또한 한국미래발전연구원 제4차 정례 세미나에서도 우리 주택정책의 미래상을 수립하기 위해 주택정책 기조를 양에서 질로 전환하며, 이 과정에서 최저주거기준 이외에 유도주거기준 개념 도입을 강조하고 있다. 일본의 경우 1976년 독일 퀼른의 주거기준(International Federation for Housing and Planning)을 모체로

가구별 주거기준을 마련하고 최저주거기준 및 유도주거기준을 운영하고 있다(표 5-6). 일본의 유도주거기준은 도시형과 일반형으로 구분하여 제시하고 있으며 이는 세대인원을 기준으로 실구성 및 전용면적 기준을 제시하고 있다.

기초 기준 (21개)	단차(턱) 제거, 보조발판, 미끄럼방지시설, 비상연락장치, 화재경보기, 목욕용 의자, 욕조 및 세면대 주변 안전손잡이 설치 등
유도 기준 (17개)	문 잠금장치, 문손잡이, 인터폰, 침대, 입식용 소파, 양변기 설치, 샤워기 걸이, 세면대 설치, 욕실문 확장 등

참고 1. 노인가구 주택개조기준 : 고령자의 주거안전 확보 및 삶의 질 제고를 위하여 노인 개개인의 신체적·사회경제적 특성에 따라 주택을 개조하여 사용할 수 있도록 개발 보급된 '노인가구 주택개조 매뉴얼'에서는 노인주거생활의 안정성을 고려한 기초기준(21개)과 자립성을 고려한 유도기준(17개) 등 총 38개 항목을 제시하고 있다.

표 5-6 ● 일본의 주거기준 (단위 : m^2)

세대인원	최저기준		유도기준(도시형)		유도기준(일반형)	
	실구성	전용면적	실구성	전용면적	실구성	전용면적
1인	1K	15.0	1DK	37	1DKS	50
1인(중고령 단신)	1DK	22.0	1DK	43	1DKS	55
2인	1DK	25.0	1LDK	55	1LDKS	72
3인	2DK	35.0	2LDK	75	2LDKS	98
4인	3DK	44.0	3LDK	91	3LDKS	123
5인	3DK	50.0	4LDK	104	4LDKS	141
5인(고령 단신 포함)	-	-	4LLDK	122	4LLDKS	158
6인	4DK	58.5	4LDK	112	4LDKS	147
6인(고령 부부 포함)	-	-	4LLDK	129	4LLDKS	164

자료 : 장영희, 1997, p.10

쾌적하고 안락한 주거생활을 위한 바람직한 수준을 의미하는 유도주거기준은 서울시 주택조례 중 주거기준 관련 조항에 명시되었을 뿐 아직 법제화된 내용은 없으나, 장영희(1997)의 '서울시 최저주거기준 설정 및 저소득층 주택정책 방향' 연구에서 제시하고 있는 유도주기기준은 4인 표준가구의 기준면적이 국민주택규모로 통용되고 있는 전용면적 85m^2 정도가 되는 것을 목표로 하여 유도기준을 산정한 것이며 그 내용은 표 5-7과 같다.

표 5-7 ● 서울시에서 제시한 유도주거기준

<table>
<tr><th colspan="4">구분</th><th>제1 유도기준</th><th>제2 유도기준</th></tr>
<tr><td rowspan="6">거주실 사용 기준</td><td rowspan="4">침실</td><td colspan="2">부부침실</td><td>• 부부침실 확보</td><td>• 부부침실 확보</td></tr>
<tr><td colspan="2">부부와 자녀의 침실분리</td><td>• 만3세 이하 자녀 1인까지 동실 사용</td><td>• 만3세 이하 자녀 1인까지 동실 사용</td></tr>
<tr><td colspan="2">이성형제의 침실분리</td><td>• 1실 2인까지 공용
• 만10세 이상 분리</td><td>• 1실 2인까지 공용
• 만10세 이상 분리</td></tr>
<tr><td colspan="2">동성형제의 침실분리</td><td>• 1실 2인까지 공용
• 만15세 이상 개실 확보</td><td>• 1실 2인까지 공용
• 만15세 이상 개실 확보</td></tr>
<tr><td colspan="3">식사실 및 부엌</td><td>• 식사실 및 부엌 확보</td><td>• 식사실 및 부엌 확보</td></tr>
<tr><td colspan="3">거실</td><td>• 2인 이상 가구 거실 확보</td><td>• 2인 이상 가구 거실 확보</td></tr>
<tr><td rowspan="14">단위거주실 면적기준(m^2)</td><td rowspan="3">침실</td><td colspan="2">부부침실</td><td>12.96(3.6×3.6)</td><td>17.55(3.9×4.5)</td></tr>
<tr><td colspan="2">1인용 침실</td><td>7.20(2.4×3.0)</td><td>9.00(3.0×3.0)</td></tr>
<tr><td colspan="2">2인용 침실</td><td>10.80(3.0×3.6)</td><td>12.96(3.6×3.6)</td></tr>
<tr><td rowspan="8">식사실 및 부엌</td><td rowspan="2">1인 가구</td><td>부엌</td><td>-</td><td>-</td></tr>
<tr><td>식사실+부엌</td><td>4.86(1.8×2.7)</td><td>8.64(2.4×3.6)</td></tr>
<tr><td rowspan="2">2인 가구</td><td>부엌</td><td>-</td><td>-</td></tr>
<tr><td>식사실+부엌</td><td>5.40(1.8×3.0)</td><td>10.80(3.0×3.6)</td></tr>
<tr><td rowspan="2">3인 가구</td><td>부엌</td><td></td><td></td></tr>
<tr><td>식사실+부엌</td><td>6.30(2.1×3.0)</td><td>11.88(3.3×3.6)</td></tr>
<tr><td rowspan="2">4인 가구</td><td>부엌</td><td></td><td></td></tr>
<tr><td>식사실+부엌</td><td>7.20(2.4×3.0)</td><td>13.86(3.3×4.2)</td></tr>
<tr><td rowspan="3">거실</td><td colspan="2">2인 가구</td><td>8.91(2.7×3.3)</td><td>12.96(3.6×3.6)</td></tr>
<tr><td colspan="2">3인 가구</td><td>10.80(3.0×3.6)</td><td>15.21(3.9×3.9)</td></tr>
<tr><td colspan="2">4인 가구</td><td>11.88(3.3×3.6)</td><td>17.55(3.9×4.5)</td></tr>
</table>

자료 : 윤주현 외, 1999, p.137

5-3 주거수준

주거수준의 현황은 양적지표 및 질적 지표에 의한 주거수준 현황과 최저주거수준 미달 가구현황을 중심으로 기술한다.

(1) 양적 지표에 의한 주거수준

1) 주택보급률

주택보급률4)은 소요개념에 기초한 것으로 주택의 양적 상태를 나타내며 총주택수를 보통가구수로 나눈 값을 의미한다. 이때 주택수는 한 가구가 살 수 있도록 지어진 집으로서 ① 영구건물, ② 한 개 이상의 방과 부엌, ③ 독립된 출입구, ④ 관습상 소유 또는 매매의 한 단위 등 4가지 요건을 갖춘 것을 의미하며, 보통가구수는 일반가구수에서 1인 가구와 5인 이하 비혈연 가구를 제외한 가구수를 의미한다. 주택보급률은 전국기준 1980년 71.2%에서 2000년에는 96.2%로 상승하고 2002년 100%를 상회하여 2005년 현재 105.9%의 주택보급률을 보이고 있다. 다른 나라와 비교해 보면 일본 114.3%(2003년), 미국 108.9%(1995년)에 못 미치는 수준이다. 또한 지역별로 보면 수도권은 96.8%, 서울의 경우 89.7%로 아직 100%에 못 미치고 있다.

표 5-8 • 주택보급률

구분	1980년	1990년	1995년	2000년	2005년
주택보급률(%)	71.2	72.4	86.0	96.2	105.9

---

4) 현행의 주택보급률은(가구수/주택수×100)의 단순계산으로 추정하고 있으나 국토해양부에서는 주택수에 구분거처수를 반영하고 1인 가구수를 포함한 일반가구로 대체하여 새로운 주택보급률을 계산한 결과, 2005년 98.5%의 주택보급률을 보이는 것으로 나타남(국토해양부 2008년 12월 보도자료 : 새로운 주택보급률 산정방안 마련)

구 분	현 행	새로운 산정방식
주택수	소유권 단위를 기준으로 호수계산 (⇒ 다가구주택은 1호)	현행 주택수+다가구주택의 구분 거처호수
가구수	보통가구 (=일반가구－1인가구－5인이하 비혈연가구)	일반가구

2) 점유형태

주택의 점유형태는 자가와 임차(월세, 전세)로 구분된다. 주거점유형태 중 자기집을 소유하는 경우 주택에 대한 만족도에 영향을 주는 요인으로, 이는 더 나아가 주관적인 삶의 질을 높여주는 역할을 한다(이명신, 이훈구, 1997). 특히 내집이 있어야 안정된 주거생활을 한다는 의식이 높은 사회에서는 점유형태가 주거환경 수준을 판단하는 매우 중요한 기준이 된다. 우리나라의 자가비율을 전국기준으로 볼 때, 1990년 49.9%에서 2005년 현재 55.6%로 증가하고 있다 주택보급률 100%를 상회하는 일본, 미국 등의 선진국의 경우 자가점유율이 60% 수준으로 우리나라보다 약간 높은 수준이다.

표 5-9 ● 연도별 점유형태의 변화(전국) (단위 : %)

연도	자가	전세	월세	기타	계
1980	58.6	23.9	15.5	2.0	100.0
1985	53.6	23.0	19.8	3.7	100.0
1990	49.9	27.8	19.1	3.1	100.0
1995	53.3	29.7	14.5	2.5	100.0
2000	54.2	28.2	14.8	2.8	100.0
2005	55.6	22.4	19.0	3.0	100.0

자료 : 한국의 사회지표, 통계청, 2008

표 5-10 ● 자가비율의 국제 비교 (단위 : %)

	한국(2005)	일본(1998)	미국(1995)	영국(1996)	서독(1993)	프랑스(1996)
주택보급률	105.9	113.3	108.9	105.6	100.2	121.2
자가비율	55.6	60.3	65.0	67.9	38.8	54.3

자료 : 삼성경제연구소, 2000, p.4
국가통계포탈 http://www.kosis.kr

(2) 질적 지표에 의한 주거수준

1) 주거밀도

주거밀도는 주거공간을 얼마나 여유롭게 주거생활에 이용할 수 있느냐 하는 척도로, 가구당 주거면적과 1인당 주거면적 등의 면적기준의 지표와 주택당 방수 및 가구당 방수, 그리고 방당 사람수 등 방수 기준으로 하는 지표를 이용할 수 있다.

주택당 주거면적은 총주거면적을 총주택수로 나눈 것으로, 주택 1호당 평균 차지하는 주거면적을 의미한다. 가구당 주거면적은 총주거면적을 총가구수로 나눈 값으로 한 가구당 차지하는 평균 주거면적을 의미한다. 1인당 주거면적은 주거면적을 총인구수로 나눈 값이다. 주택당 주거면적과 가구당 주거면적 및 1인당 주거면적 모두 점차 증가하는 추세를 보이고 있다. 주택당 주거면적은 2005년 기준 83.7m^{2}이며 가구당 주거면적은 66.0m^2, 1인당 주거면적은 22.9m^{2}이다. 이러한 수치는 1980년에 비해 주택당 주거면적은 22.3%, 가구당 주거면적은 44.1%, 1인당 주거면적은 126.7% 증가율을 나타내는 것으로, 면적기준에 의한 주거밀도는 상당히 개선된 것을 알 수 있다. 또한 정부에서는 2012년에 1인당 주거면적을 27.3m^{2}로 상향시키고자 목표로 삼고 있다. 그러나 이는 일본의 평균주택면적 92.4m^2(1998년 기준), 영국의 평균주택면적 85.5m^2(1996년 기준) 및 1인당 주거면적 44m^2(2001년 기준)에 비해 낮은 수준을 나타낸다.

그림 5-3 | '12년도 주거의 질적지표 달성목표('03~'12 주택종합계획)

표 5-11 ● 연도별 가구당 · 1인당 주거면적(전국) (단위 : m^2)

연도별	주택당	가구당	1인당
1980	68.4	45.8	10.1
1985	72.6	46.4	11.3
1990	80.8	51.0	13.8
1995	80.7	58.6	17.2
2000	81.7	63.1	20.2
2005	83.7	66.0	22.9

자료 : 한국의 사회지표. 통계청. 2008

주택당 가구수를 보면 1주택에 1가구가 거주하는 비율이 2005년 90.2%를 차지하며(표 5-1 참조) 2005년 기준으로 주택당 방수는 4.8개, 가구당 방수는 3.6개였으며, 방당 0.8인이 사용하는 것으로 나타났다. 이는 점차 주거밀도가 낮아지는 것을 의미한다.

표 5-12 ◈ 연도별 가구당 방수 · 방당 사람 수(전국) (단위 : 개/명)

연도별	주택당	가구당	방당 인원
1980	3.3	2.2	2.1
1985	3.5	2.2	1.9
1990	4.0	2.5	1.5
1995	4.6	3.1	1.1
2000	4.8	3.4	0.9
2005	4.8	3.6	0.8

자료 : 한국의 사회지표, 통계청, 2008

2) 주거시설

주거시설은 효율적이고 편리하며 쾌적한 주거생활을 하기 위해 지원함으로써 주거생활의 질적 수준을 향상시키는 기능을 한다. 주거생활에 필수적인 주거시설로는 부엌의 입식화, 수세식화장실 및 온수 목욕시설, 그리고 난방설비 등이 포함된다.

입식부엌이 있는 주택의 비율은 1980년 18.2%에서 2005년에는 97.9%로 비약적인 부엌의 입식화 경향을 보이고 있으며, 수세식화장실의 보급도 1980년 전국적으로 18.4%에서 2005년에는 94.0%로 급속한 증가 추세를 보이고 있다.

온수가 나오는 목욕시설의 비율은 1980년 수세식화장실의 보급비율보다 낮은 10.0%에 불과했으나 2005년에는 95.8%로 온수시설을 갖춘 목욕시설의 보급률은 급성장하였다. 이는 경제 발전과 함께 80년대 전체 주택의 4.9%에 불과했던 아파트의 비율이 2005년 현재 42.3%로 급상승함으로써 주택의 질적 수준 제고에 기여한 것으로 해석된다.

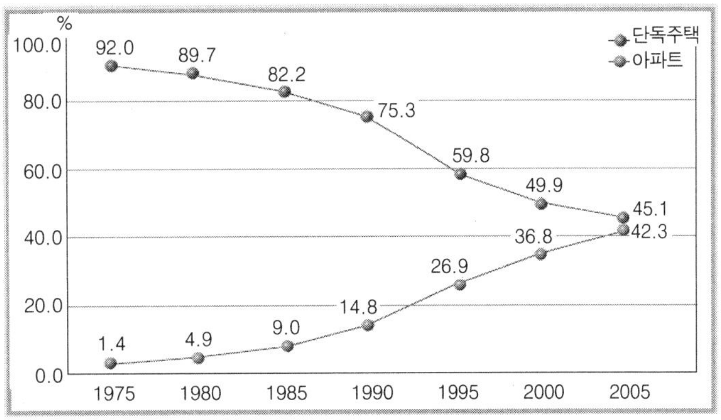

그림 5-4 | 주택유형별 가구분포

표 5-13 ● 입식부엌 · 수세식화장실 · 온수 목욕시설의 비율(전국)

	1980년	1985년	1990년	1995년	2000년	2005년
입식부엌시설	18.2	34.6	52.4	84.1	94.3	97.9
수세식화장실	18.4	33.1	51.3	75.1	87.0	94.0
온수 목욕시설	10.0	20.0	34.1	74.8	87.4	95.8

자료 : 한국의 사회지표. 통계청. 2008

난방방식은 표 5-14에서 보는 바와 같이 중앙난방에서 재래식 아궁이까지 매우 다양한 방법이 있다. 난방에 사용되는 에너지로는 1990년대에는 주로 연탄을 사용했으나 점차 도시가스를 이용하는 비율이 점차 증가하고 있다. 2000년에는 기름이 가장 많이 사용되는 난방에너지원이었으나 2005년에는 도시가스에 자리를 내주고 있다. 중앙난방방식은 1990년 5.9%에서 2000년 8.3%, 2005년 5.9%의 변화를 보이며 지역난방은 2000년 6.4%에서 2005년 8.7%로 약간 증가하였다. 난방방식은 지역에 따라 2005년 기름보일러가 읍면부에서는 57.3%로 여전히 대세를 이루고 있으나 시군부에서는 17.9%로 사용빈도가 축소되고 있다. 도시가스를 이용한 난방방식은 도시가스시설이 되어 있는 시군부를 중심으로 많이 보급된 것으로 나타났다.

표 5-14 • 난방방식

구분		중앙 난방	지역 난방	도시 가스 보일러	기름 보일러	프로판 가스 보일러	전기 보일러	연탄 보일러	연탄 아궁이	재래식 아궁이	기타
1990	전국	5.9	–	5.2	20.0	–	–	48.6	13.7	5.8	0.8
	시군부	7.8	–	6.8	22.4	–	–	46.9	14.1	1.2	0.8
	읍면부	0.3	–	0.6	13.0	–	–	53.6	12.8	19.2	0.6
2000	전국	8.3	6.4	37.0	40.3	3.4	1.6	1.5	0.3	0.8	0.4
	시군부	10.2	7.9	45.2	31.7	2.4	0.9	1.0	0.2	0.1	0.3
	읍면부	1.5	0.9	7.3	71.5	6.9	3.9	3.5	0.7	3.2	0.6
2005	전국	5.9	8.7	50.6	25.7	3.6	3.3	1.1	0.2	0.4	0.5
	시군부	7.1	10.4	59.4	17.9	2.4	1.8	0.5	0.1	0.0	0.3
	읍면부	1.1	1.5	15.0	57.3	8.5	9.3	3.6	0.6	1.9	1.3

자료 : 한국의 사회지표. 통계청. 2008

3) 인지적 주거수준

인지적 주거수준은 거주자의 태도, 의견, 만족도, 지각 등 주관적인 반응을 평가하는 방법으로 측정가능하며 주관적인 주거만족도는 주거의 질적 수준을 추정해볼 수 있는 대표적 평가방법이다(진정수 외, 1998). 주택에 대한 전반적인 만족도를 보면 만족하는 비율이 2001년에 비해 2004년 약간 상승하였으나 불만족하는 비율 역시 약간 상승하는 것으로 나타났다. 주거지역에 대한 만족도는 만족하는 수준이 약간 증가하였다.

표 5-15 • 주택 · 지역환경에 대한 만족도 (단위 : %)

만족도		매우 만족	약간 만족	보통	약간 불만	매우 불만	계
주택	2001년	9.2	18.5	37.8	26.3	8.1	100.0
	2004년	10.1	20.2	33.2	28.3	8.3	100.0
거주지역	2001년	10.7	21.6	41.1	22.2	4.5	100.0
	2004년	10.3	24.0	39.1	21.1	5.6	100.0

자료 : 통계청, 2007 한국의 사회지표

주택에 대해 불만인 경우 그 이유는 '주택이 낡아서'와 '주택규모가 작아서'가 주된 이유였으며, 이와 같은 이유는 점차 증가하는 것으로 나타나 주거의 질적 수준과 시설수준이 인지적 수준과 연관성이 있음을 보여준다. 주거환경에 대한 불만요소는 주로 교통사정 및 주차시설의 부족이 많이 제기되는 것으로 나타나고 있어 지역의 도로관련 공공시설의 확충 및 개선이 주거기준을 향상시키는 요인으로 중요하게 작용할 수 있음을 시사한다.

표 5-16 ● 주택 · 주거지역에 대한 불만이유(전국)

구분		일조 통풍이 안되서	주택이 낡아서	주택 규모가 작아서	화장실 불편	난방 시설 미흡	상하 수도 시설 미흡	비싼 임대료	경제적 가치가 없음	기타	계
주택	2001	7.9	30.1	29.4	7.8	8.3	3.7	3.2	6.9	2.6	100.0
	2004	12.7	34.1	37.2	–	–	–	4.2	8.3	3.6	100.0
구분		교육 여건이 안좋음	교통 사정이 안좋음	주변 환경이 안좋음	공해 때문	편익 시설이 멀다	범죄 발생	주차 시설 부족	물가가 비싸서	기타	계
거주지역	2001	6.7	22.6	13.5	16.1	16.7	1.8	17.4	2.7	2.5	100.0
	2004	6.6	23.6	13.5	13.3	14.9	1.4	18.5	2.9	5.4	100.0

자료 : 통계청, 2007 한국의 사회지표

주거환경 수준을 안정성, 보건성, 편리성, 쾌적성 측면에서 인지적 평가를 한 결과를 보면, 서울시의 경우, 전체 주거환경에 대한 만족도는 56.8점(100점이 매우 만족, 0점 매우 불만족)으로 인지적 만족도는 높지 않은 상태이다. 안정성 60.4점, 보건성 60.2점, 편리성 56.9점, 쾌적성 49.7점으로 쾌적성에 대한 인지적 주거수준은 낮게 인식되고 있으며, 특히 쾌적성 부분에서는 공원녹지에 대한 만족도가 38.1점, 체육시설에 대한 만족도가 33.2점으로 매우 열악한 수준으로 인지되고 있어 이에 대한 개선의 필요성이 높음을 나타낸다.

표 5-17 • 주거환경수준 비교평가 요소

	단위주택	주택단지	근린생활권
안전성	피난통로 도난경험 우려 화재발생 정도 승강기 고장 주택노후도 방수상태	위험물 접근성 보차도분리 야간조명상태 홍수 및 침수 차량접근성 안전사고 위험성 폭력 및 범죄 우려	가로등 교통사고 위험성 파출소 접근성 소방서 접근성 자전거전용도로
보건 · 위생	냉 · 난방상태 파리, 모기 등 화장실 이용상태 목욕시설 들쥐 출현	쓰레기처리상태 배수상태 주변지역 청결도	병원 접근성 의약품 구입 오염물질 배출
편리성	가구설비 거실공간상태 TV수신상태 전기가스 상하수도	주차장 확보 자동차도로 접근성 우편물집배시스템 안내표시 일용품 구입	대중교통수단 동사무소 접근 중학교 은행, 우체국 시장, 백화점 접근성 도서관 접근성 문화시설
쾌적성	거주밀도 채광, 통풍 소음, 방음상태 냄새, 먼지 건물미관	녹지공간 인동간 거리 건물높이 휴식공간(벤치) 어린이놀이터 단지미관상태	주변경관상태 보행로 쾌적성 공원접근성 운동시설 산책로

자료 : 진정수, 박종택, 1998, p.55

표 5-18 • 주거환경의 쾌적성에 대한 만족도(서울시)

주거밀도 (면적 · 방수)	공원녹지	환경오염	건축밀도 (일조)	체육시설	전체 (쾌적성)
60.2	38.1	56.1	60.7	33.2	49.7

자료 : 진정수, 박종택, 1998, p.92

3) 최저주거기준 미달 가구

최저주거기준에 미달되는 가구수는 1995년 4,458,000가구로 전체가구의 34.4%, 2000년 3,344,000가구로 전체 가구의 23.4%를 차지하였으나 2005년도에는 2,062,000호로 전체 가구의 13.0%로 1995년에 비해 2005년에는 약 21%가량 최저주거수준 미달 가구비율이 감소하였다. 정부의 주택종합계획에 의하면 2012년 최저주거기준 미달 가구의 비율을 6%로 낮추는 것을 목표로 하고 있다.

그림 5-5 | 최저주거기준 미달 가구의 모습

2005년 기준으로 최저주거기준 내용을 보면 시설기준 미달이 65.9%, 면적기준 미달 가구비율이 40.2%, 시설기준과 면적기준이 동시에 미달된 가구비율은 8.6%였으며 시설기준과 침실기준 및 면적기준 모두에 미달되는 가구는 전체 가구의 1.2%를 차지하고 있어 최저주거수준 미달 가구의 수준을 높이기 위한 정책적 대안이 필요하다.

표 5-19 ◦ 최저주거수준 미달 가구수 및 미달 가구비율 (단위 : 만 가구)

미달요건 구성요소	1995년 인구주택 총조사 (10% 표본)	2000년 인구주택 총조사 (전수자료)	2005년 인구주택 총조사 (전수자료)
시설기준	382.0 (85.7)	248.5 (74.3)	136.0 (65.9)
침실기준	74.9 (16.8)	49.5 (14.8)	16.7 (8.1)
면적기준	148.9 (33.4)	130.8 (39.1)	82.8 (40.2)
시설 & 침실기준	51.3 (11.5)	26.1 (7.8)	3.1 (1.5)
시설 & 면적기준	97.6 (21.9)	46.8 (14.0)	17.8 (8.6)
침실 & 면적기준	48.6 (10.9)	39.1 (11.7)	10.8 (5.2)
시설 & 침실 & 면적기준	37.0 (8.3)	17.7 (5.3)	2.49 (1.2)
최저주거기준 미달가구 계	445.8 (34.4)*	333.4 (23.4)*	206.2 (13.0)*
일반가구수	1,295.8	1,431.2	1,588.7

주. ( )기준연도 총 최저주거기준 미달 가구수에 대한 미달요건별 미달 가구수의 비율

* 기준연도 총일반가구수에 대한 최저주거기준 미달 가구수의 비율

자료 : 김혜승, 2007, p.31

최저가구 미달 가구의 주거특성을 보면 평균 거주면적은 38.0m^2이며 1인당 주거면적은 20.1m^2였다. 평균 사용하는 방수는 2.9개이며 방당 거주인수는 1명이었다. 전용 입식부엌을 갖춘 비율은 82.6%였으나 전용 수세식화장실은 44.1%, 전용 온수 목욕시설이 갖춰진 경우가 65.8%로 시설기준 미달이 심각한 상태이다. 점유형태를 보면 42.4% 자가 점유율을 보이며 건축연도 20년 이상 된 주택의 비율이 92.0%로 주택의 노후화가 심한 상태이다.

표 5-20 ● 최저미달가구의 주거특성(전국) (단위 : %, m^2)

주거면적	29.7m^2 미만	29.7m^2~62.7m^2 미만	62.7m^2~95.7m^2 미만	95.7m^2~126.7m^2 미만	126.7m^2 이상	평균 거주 면적	1인당 주거 면적
	41.4	43.7	12.3	2.0	0.6	38.0	20.1

건축연도	2005년	2000~2004년	1995~1999년	1990~1994년	1985~1989년	1980~1984년	1970~1979년	1960~1969년	1959년 이전
	0.6	7.4	9.5	15.7	13.5	11.3	17.8	9.6	14.5

점유형태	자기집	전세	보증부 월세	월세	사글세	무상
	42.4	17.4	22.5	7.5	5.3	5.0

주거시설	전용 입식부엌	전용 수세식화장실	전용 온수 목욕시설
	82.6	44.1	65.8

자료 : 통계청, 2005년 인구주택 총조사
김혜승, 2007, p.31~54

생각해보기

1 내가 살고 있는 주택과 주거지역에 대한 인지적 주거수준 평가해 보자.

2 주거수준 향상을 위한 정부 및 지자체의 역할에 대해 생각해 보자.

3 최저주거수준 미달 가구의 사례를 분석해 보고 최저주거기준 내용 중 가장 우선적으로 해결해야 할 요소에 대해 생각해 보자.

참고문헌

1. 국토계획연구단, 『제4차 국토종합계획의 수정계획』 수립을 위한 지침(안) 제4차 국토종합계획 수정계획 수립 연구단 합동워크숍 자료, 2004.
2. 권주안·이유진·최혜경, 1인가구 주택수요 전망 및 공급 활성화 방안, 주택산업연구, 2007.
3. 김혜승, 최저주거기준을 활용한 2006년 주거복지 소요추정 연구, 국토연구, 2007.
4. 대한건축학회편, 주거론, 기문당, 2003.
5. 봉인식, 주거복지수준평가, 제2회 주거복지사 자격 연수 자료집, 한국주거학회, 2008.
6. 윤주현, 한국의 주거서비스 수준과 정책적 시사점, 제1회 주거복지사 자격 연수 자료집, 한국주거학회, 2006.
7. 윤주현 편, 한국의 주택, 통계청, 2002.
8. 윤주현·김혜승·조판기·김윤중·지소림·이근자, 서민주거안정을 위한 주거기준 활용방안, 건설교통부, 대한주택공사, 1999.
9. 이명신·이훈구, 주거형태와 주관적인 삶의 질, 한국심리학회지 : 사회문제, 3(1), 1997.
10. 이재훈, 미래주거환경 비전 및 전략, 2007 미래주거환경포럼, 한국주거학회, 2007.
11. 이창석, 주거복지의 이해, 형설출판사, 2008.
12. 장영희, 서울시 최저주거기준 설정 및 저소득층 주택정책 방향, 복지주거기준 설정 및 정책구현을 위한 시민 공청회 자료집, 서울특별시, 서울 시정개발연구원, 1997.
13. 진정수·박종택, 주거환경의 질적 향상을 위한 정책방안, 국토개발연구원, 1998.
14. 하성규, 유엔주거회의(Habitat II)와 서민주거 안정 : GPA분석을 중심으로, 사회행정논총 제9집. 174-196, 1997.
15. 한국주거학회, 주거복지론, 교문사, 2007.
16. 한국의 사회지표. 통계청. 2008
17. http://www.kosis.kr

그림출처

그림 5-1 윤주현, 한국의 주거서비스 수준과 정책적 시사점, 제1회 주거복지사 자격연수자료집, 한국주거학회, 2006.

그림 5-2 이창석, 주거복지의 이해, 형설출판사, 2008.

그림 5-4 한국의 사회지표, 통계청, 2008.

6장

주거지 재생

그림 6-1 | 쇠퇴주거지 모습(대전 천동)

주거지 재생은 과거에는 재건, 재활성화, 재개발, 재정비 등 여러 용어 및 개념으로 접근되어 왔지만 물리적 환경 위주로만 진행됨으로써 재슬럼화의 악순환을 초래하였다는 비판이 있어 왔다. 이러한 비판 위에서 1990년대 이후 물리적 환경, 문화, 경제, 사회적 측면을 포괄하는 도시재생 개념이 대두되었다. 이 장에서는 다차원적인 접근을 전제하는 도시재생의 특성과 진행과정, 중심개념에 대하여 살펴본다.

6-1 | 주거지 재생의 필요성과 의미

(1) 재생의 개념

도시공간은 시간이 지나면서 어느 한 부분 또는 전반의 활력이 저하되거나 물리적인 노화현상으로 도시기능이 쇠퇴할 수 있다. 이때 그 지역을 대상으로 다시금 활력을 얻어 적절한 기능을 회복하도록 계획적 조치를 취하게 되는데 이러한 활동을 재개발, 재건축, 재정비, 재구축 등 다양한 용어로 불러 왔다. 이들은 단순히 용어가 혼용되어 온 것이라기보다는 기존 도시공간을 다루는 데 있어 전제로 하는 정책, 계획의 태도, 입장의 차이를 포함한다.

우리나라보다 도시화의 경험이 빠른 서구 여러 나라에서는 도시공간의 쇠퇴에 따라 1950년대에는 도시재건(urban reconstruction), 1960년대에는 도시재활성화(urban revitalization), 1970~80년대에는 도시재개발(urban renewal, urban redevelopment)을 통해서 기존 도시의 물리적 환경개선을 중심으로 하는 정비사업을 진행해 나갔다(이삼수, 2007, 김혜천, 2003). 그러나 이들 사업을 통해서 물리적 환경의 정비만으로는 지역의 침체된 경기를 활성화시키고 황폐화된 구시가지를 회복시키는 데에 한계가 있으며, 재슬럼화하는 현상을 겪게 된다는 것을 알게 되었다. 이러한 문제에 대응하기 위한 정책 대안으로 제안된 것이 도시재생(urban regeneration) 개념이다. 통상 도시재생은 '산업구조의 변화 및 신도시 · 신시가지 위주의 도시 확장으로 상대적으로 쇠퇴되고 있는 기존 도시에 새로운 기능을 도입 · 창출함으로써 경제적 · 사회적 · 물리적으로 부흥시키는 것'(한국건설교통기술평가원, 2006)으로 정의한다. 즉, 과거의 방식과 달리 물리적 환경개선뿐 아니라 지역경제와 환경, 사회복지(주택 · 교육 · 보건) 향상 등 종합적인 도시부흥을 실천적인 범위로 잡고 있다(김혜천, 2003)는 특징을 갖고 있다. 따라서 재생개념에 기반한 기존 도시공간의 활성화 계획은 물리적, 비물리적 요소의 통합적 계획을 강하게 전제한다.

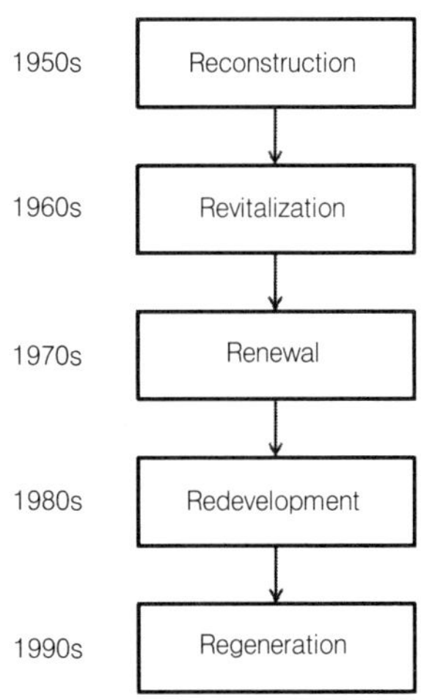

그림 6-2 | 도시재생 개념의 변화

'도시재생', '도심재생', '주거지재생' 등의 용어는 혼용되기도 한다. 그러나 도시재생은 공간적 범위에 있어서 도시 자체를 지칭한다는 점에서 가장 광역적인 대상을 전제한다. 이때의 도시재생이란 행정구역상의 도시 전체를 의미하기보다는 도시의 기능을 적절한 수준으로 회복하고 활성화시키기 위하여 진행하는 전략적 계획 전반을 의미한다고 보는 것이 타당하다. 이에 반해 도심재생은 글자 그대로 도심부의 쇠퇴를 극복하기 위하여 실행하는 재생계획을 의미하는데, 도심의 쇠퇴현상은 대부분의 경우 도시의 외연적 확산으로 인한 기존 도심의 공동화 현상으로 생기는 것이다. 우리나라 지방 도시들이 일반적으로 겪고 있는 쇠퇴의 문제는 대부분이 경우에 해당한다. 이에 반해 주거지 재생은 상업적 기능의 저하에 중심을 두고 있는 도심재생과 달리 노후 주거지의 열악한 주거환경, 기반시설의 부족 등에 대응하여 주거환경의 질적 수준 제고를 위한 재생계획을 의미한다. 그러나 도시재생은 상당수의 경우 도심부의 재생을 포함하는 계획이 일반적이고, 도심재생이라고 해도 노후 주거지의 재생계획을 포함하는 경우가 많기 때문에 통상 복합적으로 다루어진다.

표 6-1 • 도시재생 개념 및 정책의 변천과정

구 분	1950s Reconstruction	1960s Revitalization	1970s Renewal	1980s Redevelopment	1990s Regeneration
주요전략과 방향	도시노후지역의 재건축과 확장, 종종 마스터플랜을 수립하여 시행 ; 교외지역의 성장	1950년대 경향유지, 교외 및 외곽부 성장, rehabilitation의 초기적 시도	renewal과 근린단위 구성에 관심 ; 주변부 개발 지속	많은 주요 개발, 재개발 계획 ; 기념비적 프로젝트 ; 타운 계획에서 벗어남	보다 종합적인 형태의 정책 및 집행방식으로 이전 ; 통합적 처방에 대한 강조
행위주체와 이해관계	중앙과 지방정부 ; 민간개발업자와 도급업자	공공과 민간부문간의 균형과 조화강화 추진	민간부문 역할 증대, 지방정부의 탈중앙화	민간부문과 특별공공기관이 중심 ; 파트너십의 성장	파트너십 중심의 접근전략
활동의 공간적 차원	지방 및 해당부지 차원의 강조	지역차원의 활동 등장	초기에는 지역 및 지방차원, 이후 지방차원이 강조됨.	80년대 초 해당부지 강조, 후에 지방차원을 강조	전략적 관심의 재도입, 지역차원의 활동 성장
경제적 측면	민간투자를 일부 포함하는 공공부문투자	1950년대 경향 지속하지만 민간투자의 영향력 증대	공공부문의 재정압박과 민간투자의 성장	선별적 공공기금을 포함하는 민간부문의 주도	공공과 민간, 자발적(voluntary) 기금간의 균형강화
사회적 측면	주택 및 생활수준의 향상	사회복지 증진	커뮤니티 기반의 정책활동과 보다 많은 권한 부여	매우 제한적인 국가지원을 포함하는 커뮤니티 자활(self-help)	커뮤니티 역할의 강조
물리적 측면	내부지역(inner area)의 복원(replacement)과 주변지역의 개발	기존 지역의 재건과 병행하여 1950년대의 시책 유지	노후 도시지역의 재개발 확대	주요 복원 및 신개발 계획, '선도적 계획안' 작성	1980년대보다 신중한 개발계획, 문화유산과 자원유지 보전
환경적 접근	경관조성 및 일부 녹화사업	부분적인 개선	일부 혁신적인 사업을 통한 환경개선	보다 넓은 관점의 환경적 접근에 대한 관심증대	환경적 지속성이라는 보다 넓은 개념 도입

Roberts, P. and Sykes, S. (eds), Urban Regeneration : A Handbook, SAGE Publication, 2000, p.14

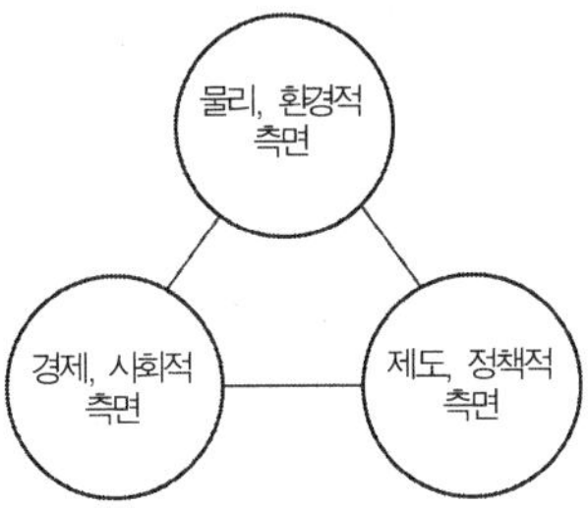

그림 6-3 | 재생계획의 통합성

표 6-2 ◉ 도심재생의 개념

구분	목표 및 성격	전략 및 주요내용
물리 · 환경적 측면	• 지속가능한 도시공간구조 및 도시형태 추구 • 도시토지의 입체적, 복합적 고도이용방안 모색 • 자연과 인간이 공존하는 도심부 공간 조성 • 용도지역제의 유연적 활용 등 제도적 기법 모색	물리적 환경의 질 개선, 환경자원의 적극적인 활용, 디자인 기법의 도입, 도심환경의 개선, 주거환경 개선, 에너지의 효율적 이용, 오픈 스페이스 확보, 대중교통 확대
경제 · 사회적 측면	• 도심부의 정체성 회복 및 지역사회 복원 • 균등한 기회제공 등 사회적 형평성의 추구 • 기반시설 수용능력과 개발의 동시성 확보 • 소매업 활성화를 통한 인구 및 산업의 도심회귀	지역경제 연계 프로그램 개발, 생산성 향상 및 부가가치 창출, 입주기업 및 사업체수 확대, 지원시설 입지계획, 경제기반 향상, 투자 다양성 확보, 빈곤 및 실업문제 대처, 사회적 형평성 추구, 안정적 주거공급, 교육 및 훈련기회 제공, 주민참여 활성화, 보건위생 개선, 삶의 질 향상
제도 · 정책적 측면	• 도심기능 재생을 통한 인구, 산업 도심회귀 촉진 • 지속 가능한 도시개발의 이념 추구 • 도심부 부흥(urban renaissance)의 추구 • 정부간 역할 분담 및 주민참여 기회의 확대	점진적인 균형개발, 자족적 경제기반의 구축, 주변지역 또는 경쟁도시전략 벤치마킹, 현행 전략의 지속적인 보완, 주민의 만족도 향상, 주민 참여도 강화 및 제도화 정착

자료 : 황지욱 외, 도심주거 재생을 위한 저층고밀 단독주거지 유형 분석과 적정규모 산정, 대한건축학회 논문집(계획계) 24권5호(통권235호)2008.5, p.250

(2) 재생계획의 필요성

재생계획은 앞에서 논의한 바와 같이 물리적 정비뿐 아니라 지역경제와 환경, 사회복지(주택·교육·보건) 향상 등 종합적인 지역의 부흥을 전제하고 있기 때문에 다양한 참여주체의 다원적인 접근이 필요하다. 특히 어느 한 지역이 활력을 얻고 이것이 지속 가능한 상태를 유지하기 위해서는 물리적 계획뿐 아니라 경제적 활성화, 지역주민의 자발적 참여와 노력, 공동체 의식의 고양 등 여러 요소들의 상보적 작용을 필요로 한다. 그러나 쇠퇴한 지역이 도시기능을 회복하고 활력을 되찾기 위해서 요구되는 여러 가지 요소들이 어느 한 지역을 대상으로 자발적이고 자연적인 과정을 통해 작동할 것을 기대하는 것은 매우 어려운 것이 사실이다. 다른 말로 한다면 어느 한 지역의 재생이란 근본적으로 '전략적 계획'을 통해서 진행되어야 한다는 것을 의미한다. 그러한 의미에서 재생계획은 이들의 통합적인 조정과 연계를 위한 코디네이팅 프로그램과 전략을 수립하는 일이라 할 수 있다.

특히 재생계획을 통하여 어느 한 지역이 기능적으로 지속가능한 상태를 유지하기 위해서는 장기적인 비전과 이를 위한 전략의 수립과 체계적인 실행과정 및 수단의 확보 등 면밀한 계획의 수립과 실행을 필연적으로 요구한다. 즉, 어느 한 지역의 재생은 자연발생적으로 이루어지기보다는 의도적인 '계획'을 통해서 이루어진다.

(3) 주거지 재생의 의의

기존 주거지 재정비사업에서 가장 흔하게 지적되는 문제는 경제성 위주의 개발사업으로 접근하였다는 점이다. 이로 인하여 주민 재정착률이 낮고, 결과적으로 기존 주민의 공동체가 파괴되고 정주의식을 상실하게 하는 부정적 효과들이 지적되어 왔다. 이에 반해 주거지 재생은 쇠퇴한 주거지역을 대상으로 단순히 물리적 환경을 개선하는 것뿐 아니라 기존 주민의 커뮤니티 조직을 유지하거나 정주의식을 증진하는 등 사회적 관계를 활성화시키고, 이를 기반으로 적절한 수준의 주거환경 확보를 추구한다. 따라서 다원적 접근을 전제하는 주거지 재생은 기존의 재정비사업과는 다른 차원의 접근과 성과를 기대한다는 점에서 노후 주거지의 관리, 조정에 매우 유용한 개념이다.

6-2 주거지 재생계획의 접근방법

(1) 주거지 재생계획의 과정

주거지 재생계획은 앞에서 서술한 바와 같이 물리적 정비계획만으로 이루어지는 것이 아니므로 다양한 측면의 복합계획이 이루어진다. 주거지 재생은 계획의 대상을 주거지로 한다는 점 외에는 도시재생계획의 일반적 과정과 다르지 않다.

그림 6-4에서 투입에 해당하는 내용들은 재생계획의 수립을 위한 기본검토, 현황 및 실태의 분석과정이다. 이는 적절한 계획의 수립을 위한 검토, 분석과정으로서 본격적인 재생계획의 수립단계는 아니다. 본격적인 재생계획은 그림에서 결과(output)에 연결되어 있는 항목들이다. 이들이 재생계획으로 수립되고 실행되어 상호 복합적인 연계를 갖게 되면 통합적 성격을 갖는 주거지 재생계획이 실행된다.

주거지 재생계획의 중심적인 항목들로 구성되어 있는 5가지 항목 각각에 대하여 실제 주거지 재생계획의 사례를 대상으로 각 항목에서 어떤 계획이 수립되고 실행되는지를 살펴보자. 사례지구는 최근 새로운 주거지 재생계획 수법으로 시범사업이 진행되고 있는 ○○지구 거점확산형 주거

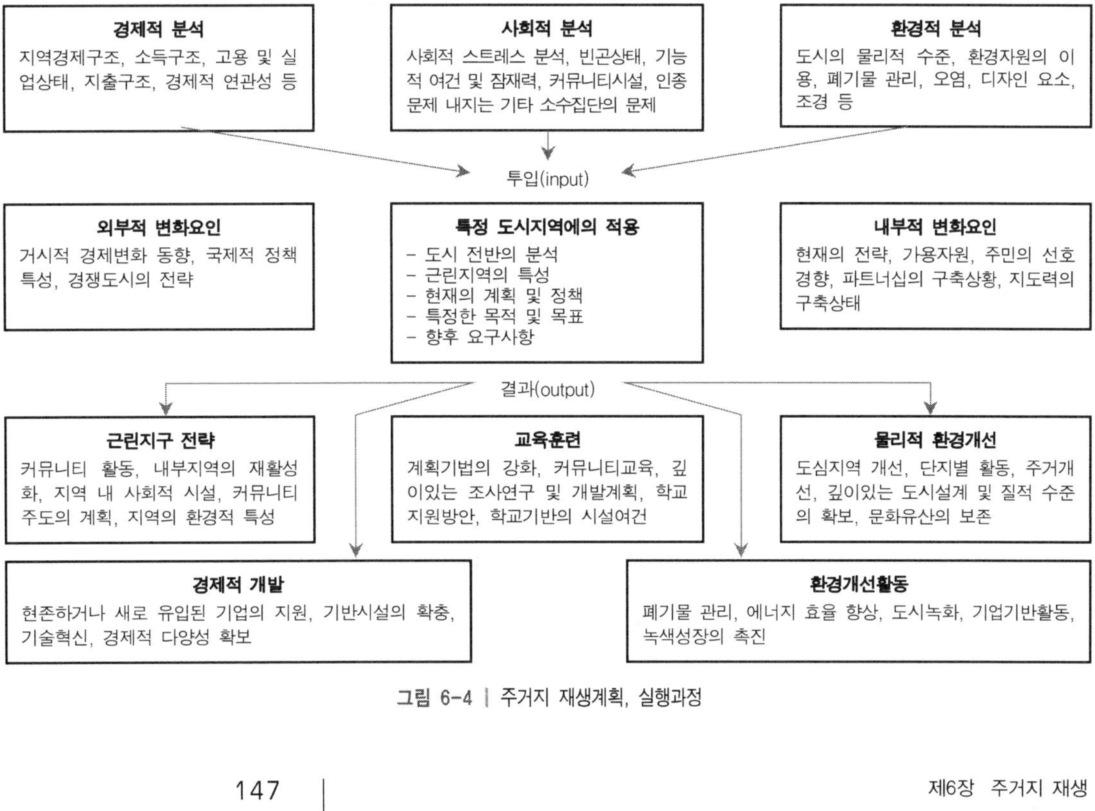

그림 6-4 | 주거지 재생계획, 실행과정

환경개선사업이다. 결과부분의 각 재생계획은 투입부분, 즉 계획의 조건 분석에 해당하는 항목들에 대하여 이미 각종 실태자료를 이용하여 분석한 상태에서 수립된다. 분석에 해당하는 항목들은 건축물 상태, 구조 및 경과연수(건축물 관리대장), 지형조건, 건축물 배치상태(수치지형도), 과소필지 분포, 지적권리상태, 국공유지 분포 특성(지적원부), 가구수, 인구수, 연령분포(주민등록), 생활보호대상자 분포(행정자료), 소득수준, 희망 주거유형, 주택개량 의향, 거주기간, 정주의식 등(설문조사) 등 여러 가지 항목들이 사전 분석되었다.

그림 6-5 | 주거지재생을 위한 다원적 접근 사례

위의 5가지 영역에서의 재생계획은 서로 분리되어 있는 것이 아니며 물리적 계획과 비물리적 계획이 긴밀하게 연동되어 진행되고 추진된다. 이 과정에서 동일 지역에서 다양한 활동이 진행되므로 여러 직능을 갖는 계획팀이 구성되고, 이를 총괄계획가(MP)가 전체를 통합하고 총괄하여 계획의 종합적 완성도를 유지해 나간다.

(2) 주거지 재생계획 수립과 각 영역의 통합

주거지 재생계획은 앞에서 보는 바와 같이 매우 복합적이고, 체계적인 접근방식을 필요로 하지만 다른 한편으로 장기적인 전망을 유지하는 전략적 접근(strategic approach)이 필요하다. 재생계획에서 다루는 매우 다양한 영역의 각 재생계획은 그것이 통합되어 하나의 완결적인 재생계획을 구성하게 되지만 수립과 실행과정에서 이들이 상호 긴밀한 연관관계를 갖지 못하면 각 전문영역별 계획들이 산포하여 적절한 재생계획이 실행되지 못할 위험을 안고 있다.

재생계획에 관여하는 전문직능은 상당히 다양하게 분포한다. 전통적으로는 건축가, 계획가(교통계획을 포함), 도로공학자, 조경설계자, 자연보호담당 공무원 등은 물론이고, 투자기관 담당자, 자치단체 의원, 공공주택기관 담당자, 각종 기간시설 운영자, 도시재생 파트너십 담당자 등과 같은 다양한 주체들이 참여한다(Urban Task Force, 1999). 이때 이들의 매개적 역할을 담당할 적절한 영역은 소위 도시설계(urban design) 영역이라 할 수 있는데, 도시설계 영역은 건축과 계획, 조경계획 등을 연계하는 기능을 가지고 있다는 점에서 통합적 접근, 즉 도시와 건축, 조경의 통합, 물리적 계획과 비물리적 계획의 통합 등을 진행하는 중심적 영역으로 작동할 수 있다. 그러나 현실적으로는 이 영역의 기능을 충분히 활용하고 있지 못하다는 지적이 있고, 통합이 잘 이루어지지 않는 이유는 각각의 세부화된 영역들이 직능별로 분할되어 있다는 점에 기인한다. 각 세부 영역들은 별도의 발주가 이루어지기도 하고, 전혀 다른 독립적인 조직들에 의해 개별적으로 진행되기도 한다. 따라서 이들 각각의 세부 영역 주체들이 대등한 관계를 유지하면서 자발적으로 통합적인 체계를 구축한

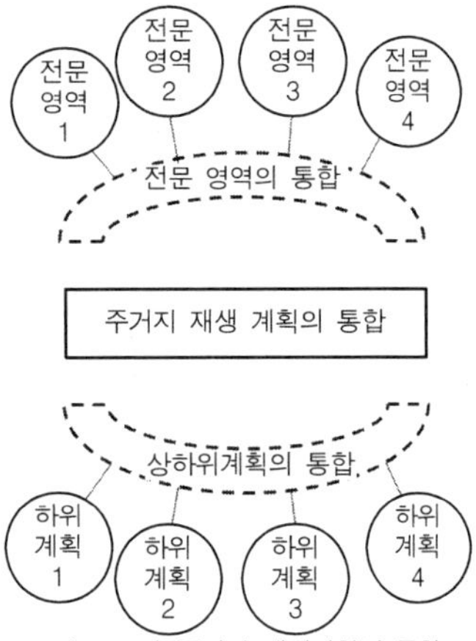

그림 6-6 | 주거지 재생계획의 통합

다는 것은 기대하기 어려운 것이 현실이다. 각 영역의 통합과 조정이 이루어지기 위해서는 이들 각각의 영역들을 총괄하고 조정하는 과정이 필요하다. 통상 통합적인 계획을 위해서 계획수립지침 등을 이용하지만 지침만으로는 전체를 조정하고 통합하는 기능을 기대하기 어렵다는 것이 일반적인 평가이다. 각각의 세부 영역을 통합하여 하나의 계획으로 종합하는 작업은 이를 총괄하는 역할을 하는 총괄조정자라는 새로운 형태의 직능이 필요한데, 현재 우리나라에서 운영하는 MA(총괄건축가), MP(총괄계획가)가 이에 해당한다고 할 수 있다. 총괄계획가는 두 가지 차원의 총괄조정 역할을 담당해야 한다. 하나는 재생계획에 참여하는 전문영역에서 수립되는 각각의 계획들을 하나로 통합하여 종합적인 계획으로 만들어 내는 일이다. 다른 하나는 계획대상 구역 내의 하위 사업단위들이 거시적인 차원에서 상위계획에 부합하도록 하고, 구역 상호간의 조화를 유지하기 위한 조정작업을 하는 일이다. 재생계획에서는 각 영역을 통합 조정하는 총괄계획가의 역할과 능력은 계획의 결과에 중요한 역할을 하게 되므로 새로운 전문직능으로서 역량 있는 총괄계획가의 육성이 필요하다.

6-3 주거지 재생과 관련 제도

(1) 주거지 재생계획 관련법

국내 주거지 재생에 관련한 법과 제도는 아직 충분히 마련되어 있지 못한 상태에 있다. 주거지 재생과 관련한 법률은 크게 보면 '도시 및 주거환경정비법'과 '도시재정비촉진특별법'으로 대별된다. 도시 및 주거환경정비법은 이에 근거하여 '주택재개발 사업', '주택재건축 사업', '주거환경정비사업', '도시환경정비사업'의 4가지 재정비 사업이 이루어지도록 되어 있다. 반면 도시재정비촉진특별법에 근거해서는 도시재정비촉진사업이 가능한데, 이들은 성격과 목적의 차이를 가지면서 차별적으로 운용되고 있다.

이들 각 법령에는 '재생'이라는 용어가 들어있지는 않으며 '정비' 내지는 '재정비' 라는 용어가 사용되고 있다는 것을 알 수 있다. 그러나 최근의 움직임을 고려한다면 재생과 관련한 입법이 이루어질 것을 충분히 예상할 수 있고, 실제로 구체적인 움직임이 전개되고 있다.

표 6-4 ● 주거지 재생과 관련한 현행 법령 체계

근거법 및 사업유형	내 용
	도시 및 주거환경정비법
• 주택재개발사업	정비기반시설이 열악하고 노후 · 불량건축물이 밀집한 지역에서 주거환경을 개선하기 위하여 시행하는 사업
– 공동주택방식	노후 · 불량주택을 철거하고 공동주택을 건설하는 방식
– 환지방식	환지계획을 수립하여 감보를 적용하고 환지하는 방식
• 주택재건축사업	정비기반시설은 양호하나 노후 · 불량건축물이 밀집한 지역에서 주거환경을 개선하기 위하여 시행하는 사업
• 주거환경정비사업	도시 저소득주민이 집단으로 거주하는 지역으로서 정비기반시설이 극히 열악하고 노후 · 불량건축물이 과도하게 밀집한 지역에서 주거환경을 개선하기 위하여 시행하는 사업
– 공동주택방식	노후 · 불량주거지를 전면철거하고 공동주택을 건립하는 방식
– 현지개량방식	기반시설을 공공에서 정비하고 각자 자신의 주택을 개량하는 방식
– 환지방식	환지계획을 수립하여 감보를 적용하고 환지하는 방식
– 거점확산방식	사업구역 일부는 공동주택방식으로, 잔여지는 현지개량방식 혼합
• 도시환경정비사업	상업지역 · 공업지역 등으로서 토지의 효율적 이용과 도심 또는 부도심 등 도시기능의 회복이나 상권활성화 등이 필요한 지역에서 도시환경을 개선하기 위하여 시행하는 사업
	도시재정비촉진특별법
• 도시 재정비 촉진 사업	재정비촉진지구 안에서 시행되는 다음 각 사업을 말한다. 가. 「도시 및 주거환경정비법」에 의한 주거환경개선사업 · 주택재개발사업 · 주택재건축사업 · 도시환경정비사업 나. 「도시개발법」에 의한 도시개발사업 다. 「재래시장 육성을 위한 특별법」에 의한 시장정비사업 라. 「국토의 계획 및 이용에 관한 법률」에 의한 도시계획시설사업
– 주거지형	노후 · 불량주택과 건축물이 밀집한 지역으로서 주로 주거환경의 개선과 기반시설의 정비가 필요한 지구
– 중심지형	상업지역 · 공업지역 또는 역세권 · 지하철역 · 간선도로의 교차지 등으로서 토지의 효율적 이용과 도심 또는 부도심 등의 도시기능의 회복이 필요한 지구

그림 6-7 | 주거지재생 관련법

원론적 차원에서 주거지 재생 개념이 가장 근접할 가능성이 높은 사업방식은 '거점확산형 주거환경개선사업'방식이다. 이 사업방식은 구역 중 일부를 철거한 후 공동주택방식으로 진행하고 나머지 존치구역은 현지개량방식을 준용하여 기반시설을 확충하고 주민 스스로 자력으로 주택을 개량하는 방식을 사용한다. 이 과정에서 주민들의 공동체 형성을 위한 각종 지원방안, 총괄계획가의 관리하에서 세부 영역의 계획수립과 통합 조정이 진행되어 나간다. 이 방식은 거점부분이 일종의 촉매 프로젝트의 역할을 할 것을 기대하고 있기 때문에 현지 개량이 이루어지는 부분과 너무 이질적이 되지 않도록 하기 위하여 중저층 공동주택을 중심으로 계획이 이루어진다.

이들 법령 중 도시 및 주거환경정비법에 의한 도시환경정비사업과 도시재정비촉진특별법에 의한 중심지형의 경우는 상업 및 공업기능을 중심으로 하는 사업이므로 주거지 재생과 간접적인 관계를 가지고 있는 사업유형이라 할 수 있다. 그러나 이들 사업에서도 통상적으로 주거지역이 포함되어 있는 경우가 많고, 상업지역이라 해도 주거기능을 계획하는 경우가 많아서 주거기능과 연관을 갖고 있다.

(2) 관련 제도의 문제점 및 개선책

국내 주거지 재생과 관련한 법령은 아직 재생개념을 충분히 수용하고 있지 못하는 상태에 있고, 과거의 물리적 계획을 중심으로 진행되어 온 재정비, 재개발 개념이 강하게 남아 있어서 종합적인 재생계획을 수립하는데 한계를 가지고 있다. 특히 이들 재정비계획 중 주거환경개선사업을 제외하면 모두 민간 주도의 사업으로 진행하도록 규정되어 있어서 개발에 따르는 경제적 이득을 전제하지 않으면 사업실행이 되지 않고, 이는 곧 주거지 재생이 경제적 이해 동기에 의해 강하게 지배받게 된다는 것을 의미한다.

주거지 재생을 더 넓은 차원의 도시재생의 관점에서 이해하는 경우 경제적 활력 저하, 도시 쇠퇴에 대응하기 위한 전략으로 실행되는 것이 일반적이므로 경제적 이해 동기가 기반이 되는 것은 한편으로는 당연한 것

롯폰기 힐즈

미드타운

시나가와인터 시티

그림 6-8 | 도시재생 사례(일본, 동경)

이기도 하다. 따라서 주거지 재생계획을 수립하면서 새로운 경제적 활력을 증진하는 프로그램을 유입하고 새로운 기능을 부여하여 해당 지역이 경제적으로 활력을 재충전하는 계획을 상정하는 것은 적절한 접근방식이라 할 수 있다. 도시재생의 성공적인 사례로 거론하는 예들은 대부분 경제적 활력을 획기적으로 증진시킨 경우들이다(그림 6-8). 그러나 경제적 활력을 도모한다는 것이 해당 사업단위의 개발이익만으로 이해되고, 주변의 환경적 부담을 가중하거나 주민의 공동체 조직을 분산하고, 저소득 계층이 유출되는 방식으로 진행된다면 총체적으로 적절한 재생계획이라 할 수 없다. 그간 우리나라의 재정비사업은 경제적 이해만을 중시하면서 지나친 고밀개발, 획일적인 경관, 지역주민의 공동체 해체와 재정착 실패 등 사회적, 환경적 문제들을 경험해 왔다.

따라서 주거지 재생계획에서는 일정한 수준에서 공공의 기반시설 투자 내지는 공공적 지원을 통한 균형 있는 주거지 환경을 유지할 수 있도록 정책의 기조를 조정하는 일이 매우 중요하다. 즉, 경제적 활력을 증진시키는 노력이 다른 측면에서 지나친 사회적, 환경적 부담을 증가시키는 방식으로는 진행되지 않아야 한다는 것이다. 혼동하지 말아야 할 것은 일반적으로 성공한 재생 프로젝트들이 비록 민간자본 주도로 이루어진 경우가 많다고 하더라도 순수한 주거지 재생 프로젝트는 흔하지 않고, 도심의 개발 잠재력이 있는 상업지역을 중심으로 하는 대규모 프로젝트들이 주종을 이룬다는 점이다. 이에 반해 주거지의 재생계획은 공공적 접근을 보다 강하게 전제하는 것이 필요하다.

6-4 | 주거지 재생계획의 요점

주거지 재생은 물리적 계획의 한 영역으로 공간과 시설을 재배치하는 일이 아니라 물리적, 비물리적 관련 요인들과 주체들의 통합, 참여로 이루어져야 한다는 점을 강조하였다.

따라서 주거지 재생계획은 과거의 일방향적 계획방식과는 매우 다른 성격을 갖고 있으며, 이에 따라 접근방식도 달라져야 한다(Ian Colquhoun, 1995).

(1) 3차원 계획 - 도시설계적 접근

주거지 재생계획은 다원적인 접근을 필요로 하지만 궁극적으로 구체적 실행은 공간의 변화를 수반하는 물리적 계획으로 이루어진다. 도시재생계획이 효율적으로 진행되기 위하여 전문가 집단이 재생계획의 궁극적 비전과 장래의 공간적 모습에 대한 명확한 인식을 하는 것이 필요하다. 건축가와 계획가가 이러한 비전을 명확하게 인식하는 가장 중요한 일은 3차원적인 도시설계 능력을 증진하는 것이고, 광역적 차원에서 공간적 이슈들을 정리해 내는 능력이다.

그림 6-9 | 3차원 재생계획

이때 도시설계적 접근이 필요하다는 것은 도시공간의 골격을 구성하면서 동시에 건물계획을 3차원적으로 진행하여 도시공간-건축물의 통합적 계획을 진행해 나간다는 것을 의미한다.[1] 통상 과거의 재정비계획에서는 구체적인 건축물 계획보다는 2차원적인 토지이용계획을 수립하고 계획지표를 설정하는 것으로 물리적 계획의 범위를 한정하는 경우가 많고, 이는 실천적 재생계획을 수립하는데 매우 부정적인 영향을 미치게 된다.

(2) 비물리적 계획의 통합

주거지 재생계획에 포함되는 비물리적 요소들, 즉 경제적 측면, 근린단위의 결속 전략, 주민들의 커뮤니티 활동, 주민에 의한 환경개선활동 등 다양한 지역 내 비물리적 요소들은 결과적으로 재생계획의 중심적 추진동력을 얻는데 활용되도록 통합될 필요가 있다(그림 6-3, 6-4, 6-5 참조).

(3) 파트너십의 구축

주거지 재생에는 다양한 과업과 계획이 실행되므로 이들은 모두 하나의 주체가 포괄하여 전체를 이끌어 가는 것이 적절하지 않을 수 있다. 세

1) 도시설계는 건축과 계획의 두 전문영역 사이의 갭을 메워 가기 위한 별도의 직능으로 1970년대 영국에서 나타나기 시작했다.(Philppe Panerai et al., 2004)

부적인 전문영역이나 과업이 특성별로 분할되고 분담될 수 있다면 각각의 전문기관과 조직들이 이들을 전문적으로 다루도록 분담하고, 이들이 통합적인 시스템을 구축하는 일종의 파트너십을 구축하는 일이 필요하다. 이 과정을 통하여 공공과 민간이 협력하는 것도 가능하고, 각종 전문기관이 협력해 나가는 모델이 원활하게 작동하기 위하여 자치단체, 개발자, 계획주체 등과의 연계를 보장하는 적절한 제도적, 재정적 장치가 구축되어야 한다.

(4) 촉매 프로젝트의 확보 및 실행

재생계획의 실행에서는 '근린지역 효과'[2]가 나타날 수 있다. 이는 투자에 대한 효과를 확신하지 못하는 경우 나타나는 현상이므로 공공적 성격을 갖는 기구에서 선도적 역할을 하면서 촉매 프로젝트를 실행하는 방법을 적극 고려할 필요가 있다. 촉매 프로젝트[3]는 특히 기존시가지의 재생계획에서 선도적 역할을 함으로써 개발을 유도하는 것뿐 아니라 지역의 맥락적 환경을 고려하여 적절한 공공적 기능을 확보하고 담당하게 할 수 있다는 점에서 유용한 수단으로 활용할 수 있다.

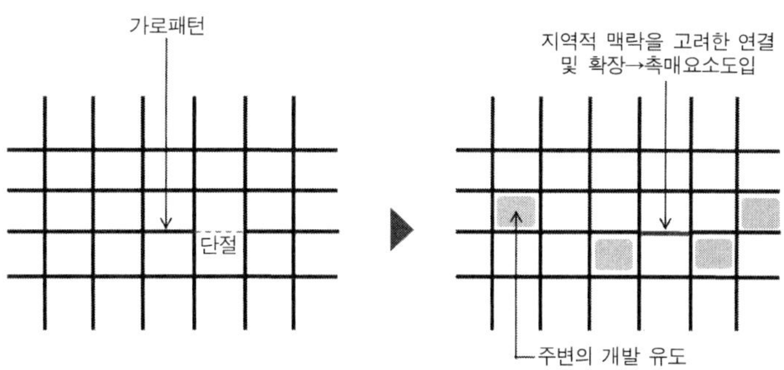

그림 6-10 | 촉매요소를 통한 개발 유도

---

2) 이웃에서 하지 않는다면 주택을 개선할 가치가 없다고 생각하고 행동하는 경향을 말한다.(국회사무처입법조사국, 1987, p.99)

3) 도시촉매이론은 1970년대 교외화 현상에 따라 쇠퇴한 도심부를 재활성화하기 위해 미국에서 발생한 여러 이론 중의 하나로서, 복합적이고 다양하게 변화하는 도시공간에 대해 하나의 촉매적 요소를 통해 도시의 구조를 단계적이고 지속적으로 재활성화시키는 것을 말한다.(이정형, 2009.1, p. 234)

(5) 장기적 비전과 방향성 · 구체적이고 분명한 전략

일반적으로 재생계획에서는 그것이 지향하는 바가 무엇이고 그것을 달성하기 위하여 어떤 주요 전략 – 2, 3개로 압축된 핵심적인 –이 무엇인지가 분명하게 제시되어야 한다. 재생을 위한 각종 참여주체들은 투자를 전제하는 경우가 많고, 이들이 투자를 실행하기 위해서는 재생계획의 비전과 구체적인 방향, 실현을 위한 현실적이고 실행력 있는 전략이 분명해야 투자를 유도하고 재생계획이 실행될 수 있기 때문이다.

(6) 시간과 노력에 대한 판단

해당지역에 대한 정치적, 정책적 측면을 포함하는 넓은 시각에서의 판단을 통하여 재생계획이 실행되는데 필요한 시간과 노력의 정도를 판단하는 일이 중요하다. 통상 재생사업은 신규개발과는 달리 장기적이고 점진적인 실행과정을 거치는 것이 일반적이지만 과거의 철거재개발과 같이 사업의 실행과 종료를 단기간에 처리하는 방식으로는 적절한 재생계획의 성과를 얻기 어렵다.

(7) 지역 커뮤니티의 참여

주거지 재생계획의 수립과 실행에 있어서 가장 중요한 요소는 지역 커뮤니티의 참여이다. 이는 두 가지 차원에서 핵심적 가치를 갖고 있다. 하나는 주거지 재생의 궁극적 대상은 주민이고, 이들의 생활수준을 향상시키고 환경적, 경제적 증진을 도모하는 것이 중심적 가치이기 때문이다. 다른 한편으로 주거지 재생은 주민의 적극적 참여를 전제하는 지역기반의 계획이 되지 않으면 실행되기 어렵기 때문에 이들이 계획 실행의 주체로 역할을 해야 하기 때문이다. 이는 계획 수립과 실행과정에서 지역주민들의 적극적인 참여와 협력이 필수적이라는 것을 의미한다. 주거지 재생은 필연적으로 주민들이 주체가 되는 상향식 계획(bottom–up)이어야 하며, 일방적으로 계획을 수립하고 기관을 통해 실행하는 하향식 계획(top–down)으로는 계획이 실행될 수 없다는 점을 염두에 두어야 한다.

그림 6-11 | 주민공동체에 의한 도서관 건립(부산 반송지구)

그림 6-12 | 주민참여 조직 구성

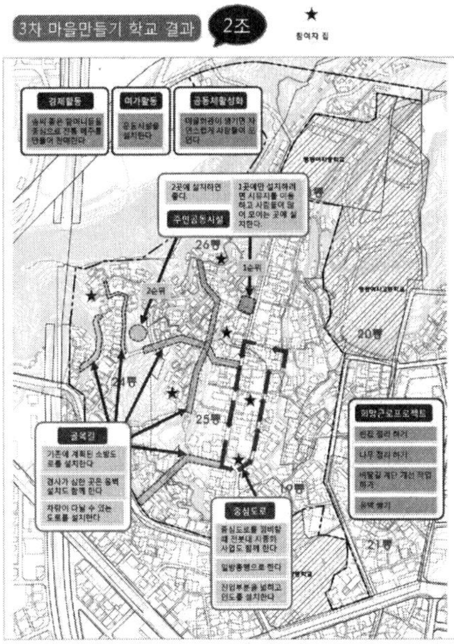

그림 6-13 | 주민참여와 요구지도

생각해보기

1 주거지 재생과정에서 나타나는 현상으로 젠트리피케이션(gentrification)에 대하여 알아보고, 이 현상이 실질적인 거주자의 거주성 증진에 어떤 기여 또는 역기능을 가져올 수 있는지 생각해 보자.

2 주거지 재생은 물리적 환경의 수준을 높이는 것뿐 아니라 문화적, 사회적, 경제적 측면의 활력 증진과 통합이 중요하다. 그렇다면 이와 같은 다양한 영역의 통합적 재생계획을 수립하기 위해서 계획수립 주체는 어떤 조직체계를 가져야 하는지 생각해 보자.

3 신규주거지 계획과 기존시가지의 재생계획은 어떤 측면에서 차이를 가지고 있는지 생각해보고, 재생계획의 의의를 어디에서 찾을 수 있는지 논의해보자.

참고문헌

1. 국회사무처입법조사국, OECD 제국의 도시재생정책, 입법참고자료 제249호, 1987.
2. 김혜천, 도심공동화 문제의 이해와 도심재생의 접근방법, 도시행정학보 16집2호, 한국도시행정학회, 2003.8.
3. 이정형, 송준환, 기성시가지 도시재생에 있어 도시촉매수법(Urban Catalyst)에 관한 연구, 대한건축학회 논문집, 계획계 25권 1호, 2009.1.
4. 이삼수, 한국의 도시재생사업추진현황 및 과제, 제25회 한일도시개발협력회의, 2007.
5. 한국건설교통기술평가원, 도시재생사업단 사전기획연구, 2006.11.
6. 황지욱 외, 도심 주거재생을 위한 저층 고밀 단독주거지 유형 분석과 적정규모 산정, 대한건축학회 논문집(계획계) 24권5호(통권235호) 2008.5.
7. 都市構造改革委員會, 都市再生と新たな街づくり, エクスナレジ, 2003.
8. Ian Colquhoun, Urban Regeneration, B. T. Batsford Ltd, London, 1995.
9. Peter Roberts & Hugh Sykes(ed), Urban Regeneration-A Handbook, SAGE Publications, London, 2000.
10. Urban Task Force, Towards an Urban Renaissance, the Department of Environment, Transport and the Regions, 1999.

그림출처

그림 6-4 Peter Roberts & Hugh Sykes(ed), Urban Regeneration-A Handbook, SAGE Publications, London, 2000.

그림 6-10 이정형, 송준환, 기성시가지 도시재생에 있어 도시촉매수법(Urban Catalyst)에 관한 연구, 대한건축학회 논문집, 계획계 25권 1호, 2009.1.

7장 주거와 복지

우리 사회에서 국민의 삶의 질에 대한 관심이 커지면서 주택정책이나 제도의 목표도 주택의 개발·공급보다는 국민의 복지증진이라는 측면으로 그 무게중심이 옮겨가고 있다. 다양한 신체적, 경제적, 사회적 조건 속에서 살아가고 있는 국민 모두에게 주거를 통해 건강하고 안정되고 풍요로운 환경을 제공하여 행복을 누릴 수 있도록 하는 것은 국가적 차원의 노력이 필요하다.

본 장에서는 주거를 복지적 관점에서 접근하여 주거복지의 개념을 이해하고 스스로의 능력으로 적절한 주거를 확보하지 못하는 계층들의 주거실태를 살펴본 후 이들을 위해 국가가 개입하게 되는 주택정책, 제도, 서비스 등에 대해 점검해보고 이를 통해 진정한 주거복지의 의미와 실천 방향에 대해 생각해보고자 한다.

7-1 주거복지의 개념

주거복지라는 용어가 우리나라에서 사용되기 시작한 것은 비교적 최근의 일이다. 이전에는 주거안정, 주거권 등의 용어가 유사한 개념으로 주로 사용되었고 1990년대에 들어서서 주거운동과 관련된 연구를 수행하던 「한국도시연구소」에서 1995년에 발간한 한 보고서를 통해 처음으로 '주거복지'라는 용어가 사용되면서 최저주거기준과 공공임대주택을 주요 주거복지정책으로 언급하였다(김영태, 2008). 이후 2001년에 「주거복지연대」라는 이름을 가진 시민단체가 등장하기도 하였고 점차 주거복지라는 용어가 서민의 주거안정에 핵심 개념으로 강조되기 시작하였다.

(1) 주거복지의 선행 개념들

복지(welfare)의 의미는 만족할 만한 생활환경, 좋은 건강, 윤택한 생활, 안락한 환경들이 이루어져 행복을 누릴 수 있는 상태로 물리적 조건(번영, 풍요), 신체적 조건(건강), 정신적 조건(안정, 편안함)이 모두 다 갖추어진 상태를 뜻한다(주거학연구회, 2005).

사회복지(social welfare)란 국민의 생활안정과 복리향상을 추구하는 광범위한 사회적 시책의 총체라 할 수 있다. 사회복지는 인간 스스로가 욕구를 충족할 수 없을 때 사회에서 제도적으로 욕구충족을 도와주는 것을 의미하며, 사회복지라는 용어를 사용할 때 그것을 협의적 또는 광의적으로 해석하느냐에 따라 서비스 공급의 대상과 주체, 내용이 달라질 수 있다.

복지국가(welfare state)란 개인의 능력과 재산이 시장에서 가지는 가치와는 무관하게 모든 개인과 가족에게 최소한의 수입을 보장하고 개인과 가족에게 위기를 초래하는 제반 사회적 위험(질병, 노령, 실업 등)에 대응할 수 있도록 보호를 제공하여 삶의 불안전을 감소시키고 지위나 계급의 차이에 관계없이 모든 국민들에게 일정 범위의 사회적 서비스를 가능한 한 최고의 수준으로 제공하는 국가를 의미한다(이태진, 2008). 국가경제가 발전함에 따라 주택문제의 중요성은 점차 더 커지게 되는데, 경제발전의 초기단계에는 다른 산업부분에 비해 주택산업의 비중이 낮다가 산업화와 도시화가 진전되면 도시를 중심으로 주택난이 심각해지면서 정부가 적극적으로 주택정책을 도입하게 된다. 더 나아가 국가의 경제발전이 성숙기에 들어서면 복지증진의 수단으로서 주택에 대한 관심이 한층 더 높아지게 되어 주택정책은 국민의 주거복지를 책임지는 방향으로 점점 더 발전하게 된다.

(2) 주거복지의 개념

주거복지(housing welfare)는 최근 들어 사회복지학, 정책학, 경제학,

주거학 등의 분야에서 활발하게 논의되고 있다. 주거복지란 주거가 복지의 기초가 된다는 관점에서 시작되나 주택이라는 재화의 특성으로 인해 다른 복지의 특성과는 차별화가 된다. 주거복지는 개인이나 가족의 신체적, 경제적, 사회적 여건 등에 상관없이 지역사회 내에서 적절한 주거(decent housing)의 확보를 통한 정주 불안을 해소하여 인간답게 살 수 있는 주거환경을 보장하는 것이다. 여기서 '적절한 주거'란 사생활 보호, 공간의 적절성, 물리적 접근성, 점유 안전성, 구조적 안정성, 조명 · 난방 · 환기 · 물 공급 · 쓰레기처리 등 바람직한 환경의 질과 건강에 관련된 적절한 기반시설의 확보, 일자리와 기본적인 편의시설에서 멀지않은 입지 등을 포함한다. 그리고 이 모든 조건을 자신의 경제적 능력에서 적절한 지출을 통해 확보할 수 있어야 함을 의미한다(홍인옥, 2008).

주거복지는 광의적 관점에서 보면 사회구성원 전체의 주거수준 향상으로 사회적 안정을 도모하고 복지를 증진하는 것이 목표이다. 그러나 현재 우리나라의 주거복지정책은 국민 전체의 주거복지 실현보다는 저소득층 등 취약계층의 주거복지에 더 초점을 맞추고 있다. 즉, 우리나라의 주요 주거복지정책은 협의적인 개념의 접근으로 자력으로 주거안정을 이룰 수 없는 국민을 대상으로 정부의 적극적인 개입을 통해 사회의 주거불평등을 해소하고 주거 빈곤에서 벗어나도록 주거 불안전 요소를 제거하고 최저주거기준을 충족시키는 주거수준을 유지하도록 하여 주거안정을 도모하는 것을 목표로 하고 있다. 주거복지는 복지국가에서 사회복지의 일환으로 사회질서 유지와 사회 안정을 도모하는 수단이다. 주거복지는 주택의 공급과 배분의 과정에서 실현되며 주거의 관리과정에서는 사회복지적 차원에서 접근하여 주거복지와 사회복지의 유기적인 연계가 이루어져야 한다(주거학연구회, 2005).

7-2 주거복지의 대상

주거복지의 수혜자는 모든 국민이다. 그러나 현실적으로는 기존 주거복지정책의 우선대상은 경제적, 신체적, 주거 환경적 측면에서 약자에 해당하는 취약계층, 예를 들어, 저소득층, 노인, 장애인, 최저주거기준 미달 주택 거주가구 등에 초점이 맞추어져 있다.

이러한 계층은 가용자원이 부족하여 적절한 주거를 획득하기 힘들기 때문에 채광이나 통풍이 되지 않거나, 습기로 벽에 곰팡이가 있거나, 집이 비좁아 형제자매가 칸막이로 방을 나누어 쓰거나, 단독화장실이 없어 옥외화장실을 이용해야만 하거나, 문턱이 높아 장애인이나 노인의 통행에 지장을 주거나, 주택이 낡아서 안전에 위협을 받는 등의 열악한 주거조건에 처하기 쉽다. 또한 이러한 열악한 주거수준은 주거뿐만 아니라 고용·건강·교육 등의 문제와 연결되어 사회적 배제를 창출하는 원인이 될 수도 있으며 역으로 가구원의 소득상실, 신용불량, 주거지의 재개발, 가정폭력 등의 사회적 배제가 주거 빈곤을 더 심화시킬 수도 있기 때문에 이들을 위한 주거복지 서비스는 그 누구보다도 우선적으로 필요하다(국가인권위원회, 2004).

우리나라의 주택정책은 얼마 전까지만 해도 주택보급에만 치중되어 열악한 주거조건에 처해있는 국민에 대한 주거안정 실현과는 거리가 멀었다. 그러나 주택의 양적 부족 문제가 어느 정도 해소되면서 주택문제의 해결을 위해서는 주택의 질적 문제에 대한 고려가 필요하다는 인식이 증가되었고 2003년 7월에는 주택정책의 주무부서인 건설교통부(현 국토해양부)에 「주거복지과」가 신설되면서 주택공급이라는 하드웨어적인 측면과 함께 입주자의 복지서비스 제공이라는 소프트웨어적인 측면을 연계시키고자 하는 노력이 시작되어 가시적인 성과를 내고 있다. 그러나 여전히 「주거복지과」를 통해 실행되는 주거복지정책의 수혜대상은 주로 소득을 기준으로 최저소득층인 소득 1분위[1)]에 해당하는 계층이다. 앞으로는 주거복지정책의 대상이 모든 사회구성원으로 점차 확대되어야 한다. 즉, 사

1) 정부에서는 매해 소득을 10분위로 구분하여 가구당 월평균 가계소득을 산출하고 주거정책 대상 선정에 기준으로 삼고 있다. 소득구분은 저소득층(1분위~3분위), 중간소득층(4분위~7분위), 고소득층(8분위~10분위)으로 나누고 있는데, 2008년 4·4분기 기준으로 우리나라 가구당 월평균 가계소득이 3,349,220원이었던 것에 비해 1분위는 월평균 가계소득이 552,589원에 그치고 있다.

회적 취약계층뿐만 아니라 중상층까지도 수혜대상이 될 수 있는 넓은 시각으로 접근하여 우리 모두를 위한 주거복지가 실현되어야 한다.

7-3 취약계층의 주거복지 실태

(1) 노인 가구

주거는 인간의 생활을 유지하는데 가장 기본적인 요소이며 인간이 누려야 할 기본권이다. 주거는 인간의 전 생애를 거쳐 어느 시기에서나 중요한 필수요소이나 노년기에 들어서면 더 큰 의미와 중요성을 가지게 된다. 노인들의 대다수는 나이가 들면서 사회활동의 감소와 노화 등의 이유로 행동반경이 축소되어 자신의 주택과 근린환경에서 대부분의 시간을 보내게 된다. 따라서 주택이 노후생활의 안전성과 자립성을 지원하지 못한다면 많은 시간을 주택 내에서 보내는 노인들에게는 주생활의 질을 저하시키는 결정적인 요인이 될 수 있다. 그러나 노년기에는 수입원이 줄어 경제적 능력이 저하되어 안전하고 쾌적한 주거를 보장받지 못하는 경우가 증가하고 있다. 실제로 우리나라의 저소득층(기초생활보장수급자) 중에서 65세 이상 노인이 차지하는 비율은 26.4%(통계청, 2007)로 저소득층 중 노인이 차지하는 비중이 높다.

현재 우리 사회의 대표적 노인인구의 인구학적 특성은 노인인구, 특히 초고령 노인인구, 노인단독가구, 농촌노인, 여성노인, 치매노인의 증가를

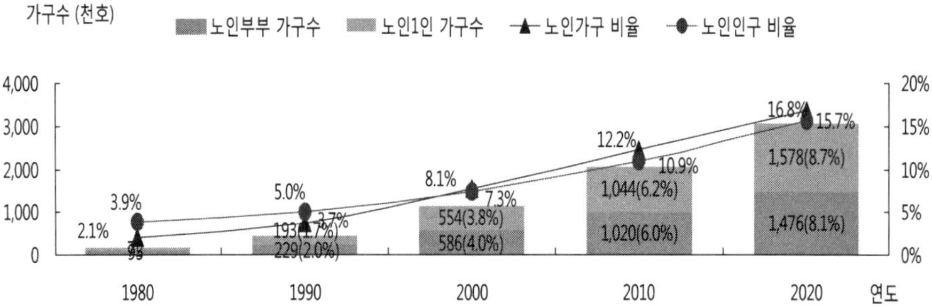

그림 7-1 | 노인단독가구 비율

꼽을 수 있겠다.

평균수명의 증가현상 중에서 특히, 신체적, 경제적 부양부담이 큰 초고령 노인인구의 비중이 큰 폭으로 증가하여 노인인구 중 75세 이상 노인인구의 비율이 2007년에는 34%에서 2050년에는 59%로 증가할 전망이다(통계청, 2007). 노인 혼자 또는 노인부부만 거주하는 노인단독가구의 증가율은 노인인구의 증가율보다 훨씬 높게 나타나고 있다.

노인단독가구 비율은 1980년부터 2000년 사이에 2.1%에서 8.1%로 4배 급증한 반면에 동 기간 중 노인 인구비율은 3.9%에서 7.2%로 2배 정도가 증가하였다(건설교통부, 2006). 농촌노인인구의 변화추이를 보면, 2000년에는 농촌(읍면부)에 거주하는 노인인구의 비율이 65세 이상 노인인구의 14.7%이었으나 2005년에는 18.6%로 증가하였다(통계청, 2000, 2005). 또한 2007년도 노인주거실태조사 자료에 따르면 2007년 말 현재 노인가구의 32.7%가 농촌에 거주하고 있다. 전국의 243개 시군구 중에서 이미 초고령사회로 접어든 지자체가 63개나 되고 거의 모두 농촌지역에 집중되어 있다. 이렇듯 노인가구가 많은 지자체는 노동인구의 부족으로 인한 지역경제기반의 약화로 재정자립도가 매우 낮아 자체적인 고령화 대응정책 수립이 어렵다(건설교통부, 2006).

노년기에 여성은 단순히 노인수가 남성에 비해 많다는 양적인 문제가 아니라 여성노인이 갖고 있는 여러 가지 복합적인 취약요소들로 인해 남성에 비해 더 열악한 위치에 놓이게 된다. 여성은 남성에 비해 평균 수명이 길어 건강상태가 좋지 않은 초고령 노인 비율이 높고 치매노인의 비율도 높으며, 배우자 없이 1인 가구를 형성하는 비중도 높다(노인 1인 가구 비율 : 여성-86.2%, 남성-13.8%). 또한 여성노인의 교육수준이 남성에 비해 낮고 경제적인 자립도도 낮고 주거환경이 좋지 않은 불량주택에서 거주하는 비율도 높다.

치매노인은 급속히 증가하고 있다. 치매유병률을 살펴보면 2007년에 65세 이상 노인의 8.3%인 399만 명이 치매로 판정되었고 이 비율은 지속적으로 증가하여 2010년 8.6%인 461만 명, 2020년 9.0%인 683만 명으로 증가할 전망이다(저출산 고령사회위원회, 2008).

1) 노인가구의 주거실태

주택유형을 보면 전국적으로 노인가구가 거주하는 주택유형은 단독주택이 61.8%, 아파트가 27.7%였고, 단독주택 거주자는 주로 저소득층 노인(67.8%)에 집중되어 있다(표 7-1).

주택 소유형태에서는 노인가구는 자가주택 소유가 전체의 3/4정도(82.9%)로 가장 일반적인 주택점유형태이다(표 7-2). 소득계층별로는 소득이 높을수록 자기비율이 높아졌고 저소득층의 보증부 월세 비율은 다른 계층에 비해 높았다. 소득계층별로도 차이를 보여 소득이 적을수록 현재 주택의 거주기간이 길게 나타났다.

표 7-1 • 노인가구의 주택유형 (단위 : %)

구분		단독주택	아파트	연립주택	다세대주택	비주거용 건물내주택	기타	계
소득계층별*	저소득층	67.8	22.3	5.3	2.8	1.4	0.5	100.0
	중소득층	47.8	40.1	6.5	3.4	2.1	0.0	100.0
	고소득층	32.8	54.7	9.2	2.0	1.1	0.1	100.0
전국 노인		61.8	27.7	5.7	2.8	1.5	0.4	100.0

자료 : 국토해양부 · 국토연구원, 2008, p.128

* 「2007년 주거실태조사 : 노인가구」(연구보고서) 에서는 노인가구의 소득계층 구분 기준으로 저소득층은 소득분위 1-4분위(154만 원 이하), 5-8분위는 중소득층(310만 원 이하), 그 이상을 고소득층(310만 원 초과)이라 구분하였다.

표 7-2 • 노인가구의 주거소유 형태 (단위 : %)

구분		자가	전세	보증부 월세	월세	사글세	기타	계
소득계층별	저소득층	69.4	13.7	9.8	1.8	1.9	3.5	100.0
	중소득층	81.5	10.9	5.3	0.9	0.2	1.2	100.0
	고소득층	89.7	8.1	1.5	0.3	0.0	0.4	100.0
전국 노인		82.9	12.8	8.4	1.5	1.4	2.9	100.0

자료 : 국토해양부 · 국토연구원, 2008, p.129

거주기간을 보면 전국기준으로 노인가구가 현재 주택에서 거주한 기간

중 가장 높은 비율을 차지하는 경우는 25년 이상(23.0%)으로 나타났다(표 7-3). 소득계층별로는 저소득계층이 거주기간이 25년 이상인 경우(26.6%)가 가장 많았다.

건축 경과연수를 살펴보면 노인가구가 거주하는 주택의 평균 건축 경과연수는 20.5년이었고 25년 이상 된 주택에서 거주한 경우도 27.6%로 가장 많았다(표 7-4).

표 7-3 ● 노인가구의 현 주택에서의 거주기간 (단위 : %)

구분		1년 미만	1~2년	2~3년	3~5년	5~10년	10~15년	15~20년	20~25년	25년 이상	계
소득계층별	저소득층	2.0	2.8	4.0	10.9	16.0	17.4	10.8	9.5	26.6	100.0
	중소득층	1.2	3.4	4.1	11.5	22.1	24.1	12.3	8.2	13.2	100.0
	고소득층	1.5	3.9	6.0	18.2	26.1	21.5	8.6	6.5	7.7	100.0
전국 노인		1.8	3.0	4.2	11.5	17.7	18.8	10.8	9.2	23.0	100.0

자료 : 국토해양부 · 국토연구원, 2008, p.130

표 7-4 ● 노인가구 거주주택의 주택 경과연수 (단위 : %)

구분	10년 미만	10년~15년 미만	15년~20년 미만	20년~25년 미만	25년 이상	모름 · 무응답
고령자층	16.3	23.6	12.4	14.7	27.6	5.3
고령자 진입층	18.7	26.7	16.9	13.0	21.1	3.6

자료 : 건설교통부, 2006, p.114

노인가구의 최저주거기준 미달 수준을 살펴보면, 2005년 현재 최저주거기준에 미달하는 주택에 거주하고 있는 노인가구는 전체가구의 21.4%에 해당되며, 이는 일반가구의 최저기준미달 가구 비율(13.0%)에 비해 높은 수준이다. 특히 노인가구 중에서도 노인 1인 가구가 최저주거기준 미달 가구 발생률이 36.5%로 상당히 높게 나타나고 있다(김혜승, 2007). 면적기준보다는 시설기준에 미달되는 가구가 많았는데 일반가구(65.9%)

보다 노인가구(87.4%)와 노인 1인 가구(98.2%)의 시설기준 미달 발생률이 훨씬 더 높았다(표 7-5).

표 7-5 ● 노인가구의 최저주거기준 미달 가구규모 (단위 : 천 가구, %)

미달요건 구성요소	일반가구	노인가구	노인 1인 가구
총가구 수	15,887.1	3,371.3	782.7
총미달가구 수	2,062.2(13.0)	720.5(21.4)	285.3(36.5)
시설기준	65.9	87.4	98.2
침실기준	8.1	2.9	0.0
면적기준	40.2	16.8	5.3
시설 & 침실	1.5	0.6	0.0
시설 & 면적	8.6	5.1	3.5
침실 & 면적	5.2	1.7	0.0
시설 & 침실 & 면적	1.2	0.4	0.0

자료 : 국토연구원, 2007, p.33

2) 노인전용주거

현재 우리나라 노인전용주거와 관련된 사항은 노인복지법에서 규정하고 있다. 노인복지법이 처음 제정된 1981년 당시 법률에는 노인복지시설이 양로시설, 노인요양시설, 유료양로시설 등으로 정하고 있었고 그동안 몇 차례의 개정을 거쳐 현재는 노인복지시설이 노인주거복지시설, 노인의료복지시설, 노인여가복지시설, 재가노인복지시설의 네 종류로 구분된다. 이 중 노인전용주거에 해당되는 노인주거복지시설은 양로시설, 노인복지주택, 노인공동생활가정 등이 있다.

그림 7-2 | 우리나라 노인전용주거 사례

아직까지 독립적인 생활이 가능한 노인들이 입소할 수 있는 노인주거복지시설은 매우 부족하다. 특히, 저소득층이 입주할 수 있는 노인복지시설은 기초자치단체별로 1개소 이상 필요함에도 불구하고 이러한 시설이 없는 지역이 다수 존재한다. 우리나라 노인주거복지시설의 규모는 2008년 말 기준으로 시설수 398개소에 16,259명으로 전체 노인인구(481만 명)의 0.3%에 그치고 있다. 이는 소득과 관계없이 노인의 욕구에 부합하는 노인전용주거가 매우 부족함을 말해준다.

(2) 장애인 가구

우리나라는 선천적 · 후천적 장애인 인구가 하루가 다르게 증가하고 있다. 2005년 현재 등록 장애인의 인구는 약 214만 명으로 추정되며 비등록 장애인까지 합하면 더 많을 것으로 추정된다. 이는 전체인구의 4.3%를 차지하는 비율이다(표 7-6). 이러한 장애인은 현행 장애인복지법상 15개의 장애유형으로 구분되는데, 이 중 주택 내에서 활동에 크게 제약을 받는 지체장애의 비율은 전체의 59.4%로 높은 비율을 차지하고 있다.

장애인의 증가와 함께 주목할 만한 점은 장애인 가구의 증가 추세이다. 특히 지역별로는 도시보다는 읍면부가 장애인 가구 비율이 훨씬 높게 나타나고 있다(표 7-7). 장애인 가구 중에 1인 가구는 9.5%를 차지하여 10가구 중 1가구 정도에서 장애인이 혼자서 타인의 도움 없이 살아가고 있음을 알 수 있다(통계청, 2005).

표 7-6 ● 장애인과 비장애인의 비율 (2005) (단위 : 천명, %)

구분	인구수	비율
비장애인	48,294	95.7
장애인	2,148	4.3
계	50,442	100

자료 : 통계청, 2005년 총인구수 및 등록 장애인 현황

표 7-7 ● 지역별 장애인 가구(2005) (단위 : 가구, %)

구분	서울	광역시	중소도시	읍면부
전체가구수*	3,295,283	4,117,639	5,275,660	3,176,227
장애인가구수**	373,355	459,409	575,898	536,129
구성비	11.3	11.2	10.9	16.9

* 통계청, 2005년 인구센서스 ** 보건복지부(2006.2) 2005년도 장애인 실태조사

그림 7-3 | 장애인 가정의 현관단차 제거

그림 7-4 | 장애인 가정의 실내단차 제거

그림 7-5 | 장애인 가정의 부엌 접근성을 위한 하부장 개조 사례

거의 대부분의 장애인은 시설이 아닌 자신의 집(97.8%)에서 생활하고 있다. 장애인은 그 장애 정도에 따라 차이는 있겠으나, 많은 경우에 기본적인 일상생활 동작을 스스로 수행하는 데 어려움을 겪게 되어 행동반경이 좁아지고 이로 인해 주택 외부로 나가는 일이 어려워지는 것은 물론이고 주택 내에서도 일정한 공간에 국한되어 생활의 제약을 받을 가능성이 높아지게 된다.

1) 장애인 가구의 주거실태

장애인 가구가 거주하는 주택유형은 2005년 현재 단독주택이 과반수 정도(51.9%)로 가장 많았고 그 다음은 아파트(33.7%), 다세대주택(7.0%)으로 2000년과 비교해보면 단독주택은 감소하고 아파트와 다세대주택 거주 장애인 가구는 증가하였다(표 7-8). 소유형태에서는 자가인 경우가 64.0%로 가장 많았고 전세는 19.3%, 보증금이 있는 월세는 14.0%로 나타났는데, 특히 2005년과 비교하여 전세의 비율은 감소한 반면 보증금 있는 월세는 2배 정도 증가하였다(표 7-9).

장애인들의 주택 내에서 안전하고 자립적인 생활을 최대한 유지하도록 계획하는 것은 개인의 자존감 증진은 물론이고 장애인의 주택 내 안전사고 발생으로 인한 사회적 비용을 줄이는데도 매우 중요하다. 그러나 대다수가 장애인이 살고 있는 일반 주택은 구조적인 면이나 설비, 가구, 마감재 등의 부적절한 상태로 인해서 개조의 필요성이 강조되고 있다. 재가 장애인들에게 현재 살고 있는 집의 구조가 생활에 편리한지를 조사한 결과를 보면 25.7%가 불편하다고 생각하고 있었고, 18.3%가 이러한 불편한 점들을 고려하여 집을 개조할 의사를 갖고 있었다(표 7-10). 개조를 희망하는 장소로는 변기(21.6%), 문턱 낮추기(18.4%), 욕조(12.8%), 부엌(12.4%) 등이었다. 그리고 이러한 집의 불편 정도나 개조의사 등은 주로 지체장애, 뇌병변장애, 시각장애, 청각장애에서 비교적 높게 나타났다.

표 7-8 • 장애인 가구의 주택유형 (단위 : 가구, %)

구분		단독주택	아파트	연립 주택	다세대 주택	비주거용 건물*	기타**	계
2000	추정치	827,939	297,535	82,320	32,300	58,857	5,759	1,304,710
	구성비	63.5	22.8	6.3	2.5	4.5	0.4	100.0
2005	추정치	1,009,183	655,304	80,648	135,575	59,185	4,896	1,944,791
	구성비	51.9	33.7	4.1	7.0	3.0	0.3	100.0

자료 : 보건복지부 · 한국보건사회연구원, 2006, p.170
* 비주거용 건물 : 상가, 공장, 점포, 여관 등 포함.
** 기타 : 비닐하우스, 움막, 판잣집, 임시막사, 기타

표 7-9 • 장애인 가구의 소유형태 (단위 : 가구, %)

구분		자가	전세	보증금 있는 월세	보증금 없는 월세	사글세	무상	계
2000	추정치	839,246	251,993	97,041	33,105	19,124	64,201	1,304,710
	구성비	64.3	19.3	7.4	2.5	1.5	4.9	100.0
2005	추정치	1,245,420	263,666	272,526	45,249	24,541	93,389	1,944,791
	구성비	64.0	13.6	14.0	2.3	1.3	4.8	100.0

자료 : 보건복지부 · 한국보건사회연구원, 2006, p.170

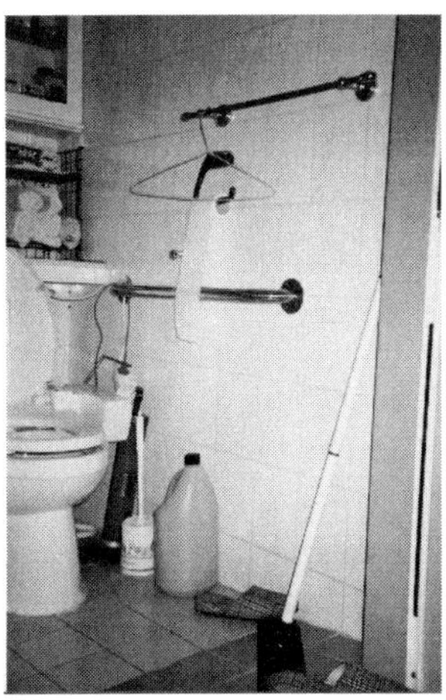
그림 7-6 | 장애인 가정의 변기높이 조정과 핸드레일 설치 및 휴지걸이 조정 사례

표 7-10 • 장애인 가구의 주택개조 관련 사항 (단위 : %)

<table>
<tr><td rowspan="2">현재 집구조의 생활 편리도</td><td colspan="3">매우 편리</td><td colspan="3">대체로 편리</td><td colspan="3">약간 불편</td><td colspan="3">매우 불편</td><td>계</td></tr>
<tr><td colspan="3">10.3</td><td colspan="3">64.0</td><td colspan="3">17.9</td><td colspan="3">7.8</td><td>100.0</td></tr>
<tr><td rowspan="2">주택 개조 의사</td><td colspan="3">반드시 개조 원함</td><td colspan="3">가급적 개조 원함</td><td colspan="3">별로 개조 원치 않음</td><td colspan="3">전혀 개조 원치 않음</td><td>계</td></tr>
<tr><td colspan="3">4.8</td><td colspan="3">13.5</td><td colspan="3">50.4</td><td colspan="3">31.3</td><td>100.0</td></tr>
<tr><td rowspan="2">주택개조 시 희망 개조 장소 (1순위)</td><td>부엌</td><td>변기</td><td>욕조</td><td>문턱 낮추기</td><td>방문 고치기</td><td>냉·난방</td><td>채광</td><td>아파트출입구</td><td>청각장애인용</td><td>초인종</td><td>현관 (계단)</td><td>기타</td><td>계</td></tr>
<tr><td>12.4</td><td>21.6</td><td>12.8</td><td>18.4</td><td>1.2</td><td>5.1</td><td>2.1</td><td>6.0</td><td>2.8</td><td>–</td><td>11.4</td><td>6.3</td><td>100.0</td></tr>
</table>

자료 : 보건복지부 · 한국보건사회연구원, 2006, p.270~271

(3) 주거비 부담 가구

우리나라에서 주거 빈곤가구의 증가는 주거복지 대책이 시급하다는 것을 설명해주는 중요한 사항이다. 주택공급이 늘고 임대주택 공급이 해마다 크게 늘고 있다 해도 현실적으로 이들이 안정적으로 거주할 수 있는 저렴한 주택은 크게 늘어나고 있지 않고 있다.

연소득 대비 주택구입 가격비율(price to income ratio : PIR)과 월소득 대비 임대료 비율(rent to income ratio : RIR)은 주거비 부담 정도를 판단하는 기준이 된다. 소득계층별 연소득 대비 주택가격(PIR)을 보면 빈곤층은 소득의 9.6배, 중하층은 소득의 5.1배를 지불하고 있어 적정 주택 구입가격 수준을 소득의 3~4배로 볼 때, 빈곤층과 중하층의 부담이 과도함을 알 수 있다(이태진, 2008). 지역별 연소득 대비 주택가격(RIR)은 대도시가 4.3배, 중소도시가 3.5배, 농어촌이 2.8배로 대도시가 가장 부담이 컸다(표 7-11). 또한 연령대별로는 연령대가 증가할수록 PIR이 높아져 60세 이상인 경우는 PIR이 5.3배로 가장 높아 노년기에 주거비 부담이 큼을 알 수 있다.

표 7-11 ● 소득계층별 · 지역별 · 가구주 연령별 PIR (경상소득 기준) (단위 : 배)

소득별 PIR (2006)*		지역별 PIR (2003)		가주주 연령별 PIR (2006)	
빈곤층	9.6	대도시	4.3	20세 미만	2.6
중하층	5.1	중소도시	3.5	20-29세	3.1
중간층	3.6			30-39세	3.7
		농어촌	2.8	40-49세	3.4
상류층	2.8			50-59세	2.2
전체	3.5	전체	4.3	60세 이상	5.3
				전체	3.5

자료 : 한국보건사회연구원, 2006, p.143~144

* 소득계층은 중위소득의 50% 이하를 빈곤층으로, 50~70%를 중하층, 70~150%를 중간층, 150% 이상을 상류층으로 구분함.

월소득 대비 임대료 비율(RIR)을 살펴보면, 빈곤층은 월수입의 약 43%를 임대료로 지불하여 통상 임대료 비중이 과중하다고 판단하는

30% 기준을 훨씬 초과하고 있어 임차가구 중 빈곤층의 주거비 부담이 크다는 것을 알 수 있다(표 7-12). 지역별로는 대도시가 임대료 부담이 가장 크나 비교적 지역별 차이가 크지 않았고, 가구주 연령별로는 60세 이상의 임대료 부담이 30%를 넘으면서 가장 컸다.

표 7-12 ● 소득계층별 · 지역별 · 가구주 연령별 RIR(경상소득 기준) (단위 : %)

<table>
<tr><th colspan="2">소득별 RIR(2006)</th><th colspan="2">지역별 RIR(2003)</th><th colspan="2">가주주 연령별 RIR(2006)</th></tr>
<tr><td>빈곤층</td><td>42.9</td><td>대도시</td><td>28.9</td><td>20세 미만</td><td>21.6</td></tr>
<tr><td>중하층</td><td>25.6</td><td rowspan="2">중소도시</td><td rowspan="2">16.1</td><td>20-29세</td><td>15.3</td></tr>
<tr><td rowspan="2">중간층</td><td rowspan="2">22.0</td><td>30-39세</td><td>21.4</td></tr>
<tr><td rowspan="2">농어촌</td><td rowspan="2">18.8</td><td>40-49세</td><td>19.8</td></tr>
<tr><td>상류층</td><td>15.9</td><td>50-59세</td><td>16.9</td></tr>
<tr><td rowspan="2">전체</td><td rowspan="2">20.8</td><td rowspan="2">전체</td><td rowspan="2">21.7</td><td>60세 이상</td><td>30.4</td></tr>
<tr><td>전체</td><td>28.8</td></tr>
</table>

자료 : 한국보건사회연구원, 2006, p.145

* 소득계층은 중위소득의 50% 이하를 빈곤층으로, 50~70%를 중하층, 70~150%를 중간층, 150% 이상을 상류층으로 구분함.

(4) 최저주거기준 미달 가구

최저주거기준이란 일정수준 이상의 주거를 보장받게 하여 주거복지를 강화하려는 의도에서 적용시키는 최저기준을 말한다. 우리나라는 주택공급이 꾸준히 증가하여 1985년에 69.2%이었던 주택보급률이 2000년에는 96.2%에 이르렀고 2002년에는 100%를 넘어섰다. 주거환경면에서는 가구당 가구원수나 방당 인원수는 크게 감소하였고 가구당 주거면적, 가구당 방수, 1인당 주거면적은 지속적으로 증가해왔다. 주거시설 면에서도 부엌이 입식으로, 화장실은 수세식으로, 목욕시설은 온수공급으로 대폭 개선되었으나 여전히 입식부엌, 수세식화장실, 목욕시설에 온수를 갖추지 못한 최저주거기준에 미달되는 가구가 적지 않다.

최저주거기준 미달 가구를 소득계층별로 분석해보면 1분위에서 가장 높고, 2~5분위는 해당 소득에 속한 가구의 약 1/3 정도가 최저주거기준에 미달하는 것으로 나타났다(강신욱 외, 2006). 지역별로는 침실, 면적,

시설 중에서 어느 하나라도 충족시키지 못하는 최저주거기준 미달가구가 농어촌에서 40.5%로 높게 나타났고 대도시의 경우는 18.7%로 나타나 농어촌과 대도시간의 차이가 컸다. 또한 부엌, 화장실, 목욕시설과 같은 시설의 미달 가구수도 농어촌이 29.0%, 대도시가 7.0%로 큰 차이가 있었다.

(5) 비정상적인 거처 거주 가구

과도하게 주거비를 지출하고 있거나 최저주거기준에 미달하는 열악한 환경에서 거주하는 주거빈곤가구 중에는 거주자의 안전, 위생, 건강과 같은 인간의 기본적인 욕구조차 충족되지 않는 비정상적인 거처(불량주거)에서 살고 있는 경우가 많다. 이들은 화장실이나 부엌이 없다든지, 전기가 제대로 들어오지 못하고, 습하고 냄새나는 곳에서 산다든지 협소한 공간에서 과다한 인원이 거주하는 등 생리적·정신적으로 심각한 상황에 처해 있다. 그러나 이들은 경제적 능력 부족으로 외부지원 없이는 이러한 최악의 주거상황에서 벗어나는 것이 불가능하다. 안타깝게도 이들은 정부의 제도권 밖에서 주거복지정책의 수혜를 받지 못하고 있다. 여기서는 우리 사회에서 흔히 볼 수 있는 대표적인 불량주거인 비닐하우스, 지하주거, 쪽방에서 살고 있는 주거빈곤가구의 실태를 살펴보도록 한다.

(참고 1) 비닐하우스 형성배경 사례

> 개미마을이 형성되기 전인 1988년 이전의 개미마을터는 화훼용 비닐하우스와 허허벌판뿐이었다. 올림픽을 앞두고 송파구의 여러 불량주거지가 철거되면서 많은 철거민들이 대체 주거지를 찾으며 개미마을로 몰려들기 시작하였다. 그 전에는 농사짓던 사람들이 일부 거주하고 있었는데, 이들이 화훼용 비닐하우스를 사람들에게 주거용으로 전매하기 시작하였다. 이렇게 전매된 비닐하우스 한 동은 다시 반으로 쪼개져서 전매되고, 그것이 다시 쪼개져서 전매되는 방식으로 현재의 개미마을이 형성되었다(서울시정개발연구원·한국도시연구소, 2002 수정인용 : 대한주택공사, 2005, 37쪽, 재인용)

1) 비닐하우스

흔히 비닐하우스촌은 무허가 불량주거지를 통칭하고 있으며 행정용어로는 '신발생무허가주택'의 밀집지역을 의미한다. 애초에 영농형으로 사용하던 비닐하우스를 주거용으로 불법 용도전환하면서 형성되었다(대한주택공사, 2005a). 전국적인 현황에 대한 자료는 없으나 서울시의 경우 30여 지역에 약 4천여 가구가 거주하고 있는 것으로 추정되고 있으며, 주로 강남구, 서초구, 송파구에 집중되어 있다(한국도시연구소·서울시정개발연구원, 2002). 비닐하우스촌이 서울과 수도권 인근에 형성된 중요한 배경요인은 주거빈곤 계층의 증가로 인한 것이다. 1980년대 후반에 들어서면서 서울지역의 저렴한 주택 재고가 절대적으로 부족해지고 주거비가 상승하면서 빈곤계층의 대안적 주거지로 비닐하우스촌이 형성되기 시작하였다.

서초구 우면동 뚝방마을

서초구 양재동 잔디마을

강남구 개포동 구룡마을

그림 7-7 | 서울의 비닐하우스촌

비닐하우스촌은 물리적인 측면에서 볼 때 무질서한 주택배열, 비정상적인 전기공급, 비정상적인 상수도설비, 상·하수도설비의 부재, 그리고 각종 편의시설의 부족 등이 심각한 문제로 나타나고 있다(대한주택공사, 2005a). 또한 주택의 외부구조나 내부구조 면에서도 일정한 형식을 갖추지 않고 집집마다 마을마다 다양하게 형성되어 있다. 비닐하우스촌의 주택들은 대부분 목재를 골조로 하여 그 위에 보온용 덮개를 씌운 집들이 많다. 주택 내부는 그 형태나 면적이 다양하게 나타나는데 한 동의 주택을 여러 세대가 사용하도록 분할한 경우에는 면적이 1~2평 정도로 매우 적은 경우도 있고 30평 이상까지 비교적 큰 평수도 있다(대한주택공사, 2005a). 비닐하우스촌의 주거환경은 주택재료가 화재에 취약함에도 소방도로가 제대로 확보되어 있지 못하며, 상수도나 전기공급이 제대로 이루어지지 못하고 있다. 비닐하우스촌에 최저주거기준을 적용해 보면, 침실기준에 미달하는 가구가 39.4%, 면적기준에 미달하는 가구가 37.0%, 전용화장실이 없는 가구가 68.0%에 달한다. 실제로 비닐하우스촌에 거주하는 주민들이 가장 힘들게 생각하는 여건도 화재나 붕괴의 위험이다.

가구특성 측면에서는 단독가구나 한부모가구, 조손가구, 부부가구가 절반을 차지하고 있으며, 소득 및 의료비 지원에 대한 욕구가 크며, 주민의 15%는 환자가 집에 있으면서도 돌봐줄 사람이 없는 상황이고, 가구의 약 53.5%가 최저생계비 이하로 생활하고 있는 것으로 나타났다(한국도시연구소·서울시정개발연구원, 2002).

2) 지하주거

지하주거란 지상이 아닌 지하공간에서 주생활이 행해지는 장소로 주로 '지하셋방', '반지하' 등의 용어로 지칭되며 전국적으로 분포되어 있다. 지하주거는 산동네 해체 이후 저소득층의 가장 중요한 거처로 이용되는 곳으로 재개발사업으로 인해 일반주거지역으로 이주한 주민들의 상당수가 지하주거에 살고 있다. 지하셋방은 주로 단독주택의 지하실이나 주차장 등 비주거용 공간을 주거용으로 개조하여 임대한 데서 비롯되었고, 반지하는 주로 다세대주택과 다가구주택의 지하공간에서 나타나는데 이는 건축법상 지하층에 대한 규정을 완화한데서부터 비롯된 것이다.

(참고 2) 지하주거 거주가구의 침수 및 습기 피해 사례

"지면하고 창문이 같으니까 비만 오면, 여름에 장마가 지면 물이 창문에 흘러 들어오는 거예요. 장마가 안지면 괜찮고 장마가 지면 비가 자주 오니까 창문에 걸레를 갖다놓고, 바닥에는 대야를 놓고, 가구들은 전부다 앞으로 빼놓고 있어요. 그나마 저쪽 방은 창문이 없어서. 그게 좋을지는 모르겠지만 창문이 없어서 비가 안 들어 오는 대신 땅바닥에 습기가 차서 벽으로부터 물이 올라와서 벽에 곰팡이가 올라오고 그래요"(구리시 수택동, H씨)(대한주택공사, 2005, 97쪽, 재인용)

그림 7-8 | 지면과 거의 높이가 같은 반지하주거의 창문

지하주거의 가장 큰 문제는 환경문제이다. 채광이 부족하고 습기가 차고 환기가 되지 않아 곰팡이 등의 각종 세균과 재해의 위험에 노출된 상당히 열악한 상황에 처해 있다. 이러한 환경적 요인은 주민들의 정신적·육체적 건강에 부정적인 영향을 미칠 수 있다. 한국도시연구소(2003)는 서울의 경우 대략 25만 가구가 지하주거공간에 거주하고 있는 것으로 추산하고 있다. 거주자들이 지하주거에서 가장 불편하게 여기는 사항을 조사한 결과, 습기(25.8%), 채광부족(22.2%), 환기부족(17.0%), 악취문제(15.8%) 등의 환경오염 정도가 심각한 것으로 나타났다. 이러한 환경문제와 직·간접적으로 연결되는 또 다른 중요한 생활환경문제는 침수문제이다. 실제로 지하주거 거주가구 중 10.8%가 침수를 경험한 적이 있어 이는 일반주택에 비해 매우 높은 편이다(대한주택공사, 2005b). 침수피해는 직접적인 침수뿐만 아니라 창문과 지면의 높이가 같거나 더 낮아 비가 오면 창문을 통해 집안으로 물이 들어와 문제가 되기도 한다.

지하주거에 최저주거기준을 적용해 보면, 전국적으로 침실기준에 미달하는 가구가 32.1%(148만 가구), 면적 기준에 미달하는 가구는 10.6%(45만 가구), 전용화장실을 갖추고 있는 않은 가구가 21.0%에 달하고 있다. 가구구성에 있어서도 단독가구와 한부모가구의 비율이 전국 평균의 두 배 가까이 되며, 거주자의 47.0%가 국민기초생활수급자였고 월평균 소득이 100만 원 미만인 가정이 71.0%였다. 현재 주택에서 거주한 기간은 평균 42개월이지만, 10년 이상 거주한 가구가 12.6%에 달하고 있으며, 생애 전반을 놓고 볼 때 총지하주거 거주기간은 6.5년인 것으로 나타났다(한국도시연구소, 2003).

그림 7-9 | 반지하로 내려가는 계단 그림 7-10 | 반지하 천장의 곰팡이

3) 쪽방

쪽방이란 주거용도로 사용되는 주택 이외의 거처로서 임대차 계약에 의하지 아니한 무보증월세 또는 일세로 운용되는 시설을 의미한다. 주로 가족보다는 단신으로 살아가는 사람이 많으며, 단기간 방을 임대하고 방 이외의 시설은 공용이거나 없으며 방의 크기는 한 사람이 겨우 누울 수 있을 정도로 좁은 경우가 대다수이다. 쪽방은 이미 오래 전부터 단신 상경자나 일용노동자, 하층서비스업 종사자 등의 거처로 이용되어 왔으나 쪽방이 우리 사회에서 주거빈곤의 유형으로 주목받기 시작한 것은 IMF 경제 위기 이후로 빈곤가구가 가장 쉽게 접근할 수 있는 저렴주거로, 통상 이들의 '마지막 잠자리'로 불리면서부터이다.

그림 7-11 | 서울시 종로구 돈의동 쪽방 외관 및 내부

전국적으로 약 8천여 개의 쪽방이 존재하는 것으로 추정되고 서울, 대전, 대구는 쪽방밀집지역으로 어느 정도의 실태 파악이 가능하나 다른 지역들은 넓은 지역에 분산분포되어 있어 실태 파악이 어려운 실정이다. 쪽방 주민들에게 임대료 지불은 상당한 부담을 주고 있다. 대다수의 쪽방 거주자는 최저생계비 이하의 소득으로 살고 있어 월 소득 대비 월 임대료(전국 평균 약 14만원) 비율이 50%가 넘는 가구가 71.2%에 이르고 있다.

쪽방은 성인 한 사람이 잠만 잘 수 있을 정도의 0.5~1평의 면적으로, 5~10개의 쪽방이 한 건물을 구성하고 있고, 욕실이나 화장실 등은 층별 혹은 건물당 하나 정도가 설치되어 있다. 창문이 없거나 크기가 작아서 환기가 어려우며 일부 쪽방은 판자로 지어져 있기 때문에 화재위험에 노출되어 있다. 또한 기존 단층건물을 중이층(中二層)으로 개조한 경우도 있는데, 2층 방의 높이가 1~1.2m 정도로 허리를 제대로 펴기도 힘들다.

이러한 쪽방의 열악한 거주환경 때문에 주민들은 방, 주거설비, 유지보수상태, 사생활보장, 안전 등의 측면에서 쪽방 거주에 불만족하고 있었다. 보건복지부 · 서울특별시(2000)에 따르면, 쪽방 주민의 86.7%가 단독가구이고 근육관절질환 및 요통(28.3%), 신체장애(24.8%), 위장 및 간질환(16.8%) 등 병이 있는 주민이 60%에 이르고 있고 쪽방에서 6개월 이상 장기 거주하는 가구가 전체의 64.6%에 이르고 있는 것을 보면, 이제 쪽방은 단순히 이동성이 높은 일용노동자들의 임시숙소 이상의 의미를 가지고 있음을 알 수 있다.

7-4 주거복지정책의 이해

(1) 주거복지정책의 의의

오늘날 주택은 보건, 교육, 서비스 등을 포함하는 사회복지서비스의 하나로 인식되면서 국가의 주요한 사회정책의 대상이 되고 있다(하성규, 1996). 사회복지서비스 개념으로서의 주택에 대한 인식은 일정수준 이하의 주택에 거주하는 가구의 주거요구를 해결하기 위하여 공공이 개입해야 한다는 주거복지적 발상을 내포한다. 주택정책의 궁극적인 목표는 전 국민의 안정된 주거생활과 주거수준의 향상을 통한 주거복지 증진이라고 할 수 있다. 지금까지의 주택정책은 주택의 양적 공급에 치중되어 왔으며 저소득층을 위한 주거복지 수준의 향상은 주된 관심을 받지 못했다. 그러나 현재 주거복지정책의 주된 목표는 시장소외계층에 대한 주거지원으로, 개인의 주거복지 수준을 극대화하기 위한 주거소비활동과 형평성 있는 주거복지서비스를 제공하는 다양한 공적제도가 지원되고 있다.

(2) 주거복지정책의 전개과정

우리나라에서 주거복지정책이 본격적으로 마련되기 시작한 시점은 1990년대 말경부터라고 할 수 있겠다. 여기서는 소득계층별로 주택공급을 차등화 하는 정책이 추진되었던 1980년대 말을 기점으로 그 이전과 이후로 크게 구분하여 각 시기별로 주거복지 관련정책이 발전되어 온 과정을 살펴보기로 한다.

1) 1988년 이전

1988년 이전은 국제적인 냉전체제하에 남북 간의 긴장이 높았던 시대로 국민의 기본권의 하나로서 주거권을 논할 수 있는 사회정치적 환경이 아니었던 만큼 주거복지보다는 경제개발이 중시되었다. 당시는 경제개발 5개년계획의 일환으로 주택정책의 목표가 공급 위주로 수립되었기 때문에 적극적인 주거복지정책 구상은 이루어지지 못한 상태에서 주로 주택건설기반을 확충하기 위한 제도(주택건설촉진법, 택지개발촉진법, 임대주택법) 및 기관(대한주택공사, 한국토지공사 등) 정비에 주력하였고, 저소득계층을 위한 구체적인 지원정책은 없었다(한국주거학회, 2007).

2) 1988~1992년

1980년대는 고도의 경제성장이 지속된 시기로, 국민소득 수준이 높아지고 부동산 가격이 크게 오른 반면 저소득계층의 상대적인 박탈감이 커짐에 따라 사회 안정이라는 측면에서 주택문제의 중요성이 부각되기 시작하였다. 이에 정부는 주택문제를 가장 큰 사회적 문제로 인식하고 주택 가격의 안정과 주택의 원활한 공급을 위해 주택 200만호 건설계획(1988~1992)을 수립하였다(임서환, 2005). 이 계획의 주요 내용은 소득분위와 주택규모별로 주택공급형태를 구분하여 정부의 재정지원을 차등 지원한다는 것으로, 저소득계층에게는 저렴한 공공임대주택을 공급하는 한편, 중산화 가능 계층과 중산계층에게는 중대형 규모의 민간분양주택을 공급한다는 것이다. 이 시기에 공급된 영구임대주택, 근로자 임대주택은 임대만을 목적으로 하는 우리나라 최초의 장기 공공임대주택으로 이는 우리나라 주거복지정책의 큰 전환점이 되었다.

3) 1993~1997년

문민정부가 출범할 당시는 우리나라의 전반적인 경제상황이 나빠진 시기로 정부는 그에 대한 대책으로 주택부문에서 시장과 민간기능의 확대를 중요시함에 따라 공공임대주택 공급을 비롯한 서민주거복지정책은 오히려 이전보다 축소되었다. 여기에는 이전의 수도권 5개 신도시 개발에 따른 주택의 대량공급으로 인해 1992년 중반부터 주택가격이 대폭 하락하여 주택에 대한 국민들의 관심이 이전보다 감소한 데에도 원인이 있었다. 이에 문민정부에서는 영구임대주택 공급 프로그램을 종료하는 대신 5년 또는 50년 기간의 장기임대주택 10만 호 공급이라는 목표를 설정하기도 하였으나, 결국 7만9천 호를 공급하고 중단되었다(임서환, 2005).

4) 1998(외환위기)~2002년

국민의 정부로 불리는 이 시기는 외환위기 직후로 구조조정에 의한 가구당 소득감소, 실업증대, 유동성 위기에 의한 고금리현상이 초래되고 소비가 급격히 위축되면서 국민경제가 매우 침체되었다. 이에 정부는 각종 규제완화와 시장기능의 회복을 국정의 최우선 과제로 삼는 한편, 사회안전망을 구축하고자 하였다.

이 시기에 정부는 분양가 규제 철폐 등 규제완화를 통해 주택경기를 활성화하는 한편, 서민주거 안정에 대한 대책도 도입하였다. 그 일환으로

2000년에는 건설교통부 고시를 통해 최저주거기준을 도입하였고, 서민을 위한 전월세종합대책을 마련하여 금융지원 등을 확대하였으며, 임대주택 공급을 확대하기 위한 활성화대책도 마련하였다. 무엇보다도 가장 중요한 주거복지정책은 국민임대주택의 도입으로 1998년 9월에 영구임대주택과 유사한 개념의 국민임대주택 5만 호를 건설하기로 하였다.

5) 2003~2008년

참여정부가 들어서면서 정부 및 공공부문의 기능과 역할을 확대하는 한편, 주거복지에 대한 정부의 관심도 강화되었다. 2003년 6월에 '최저주거기준'이 법제화되면서 이에 미달되는 주택에 거주하는 국민들에 대한 주거복지 지원은 국민의 권리라는 의미를 갖게 되었다. 국민임대주택 건설 이외에 다가구매입임대, 전세임대, 노후불량주택 매입, 철거 후 신축임대 등 다양한 공공임대주택제도를 도입하여 실시하는 한편, 민간 지원을 통해 2017년까지 장기임대주택을 전체 주택수의 17% 수준까지 비축한다는 목표를 설정하면서 2007~2017년까지 총 26만 호를 추가 공급하기로 하였다(건설교통부, 2007).

표 7-13 ● 시기별 주거복지정책의 주요내용

구분	1988년 이전	1988~1992년	1993~1997년	1998~2002년	2003~2008년
사회경제	공공주도 경제개발 우선 냉전체계	고도성장 부동산가격 급등 민주화운동	시장중심 규제완화 부동산가격 하락	외환위기 경제위축 시장회복 중심	사회안전망 확대 공공사업 강화
주거복지 이념	주거복지 인식부재	주거복지 중요성 인식	주거복지 인식 약화	주거복지 구현	주거복지 확대
정부역할	주택건설기반 공급 위주	소득계층별 주택공급대책	민간임대 육성 공공임대 약화	서민주거 안정 시장기능 활성화	공적자금지원 확대 서민주거복지 확충
주요정책	–	영구임대주택 사원임대 장기임대	5년 또는 50년 공공임대	국민임대주택 도입	최저주거기준 공공임대주택 다양화

4) 주거복지정책의 방향

정부는 2003년 5월에 발표한 「주거복지 지원 로드맵」에 근거하여 소득구분에 따른 주거지원정책을 추진 중이다. 이에 따르면, 소득 6분위까지를 정부의 공적 지원대상으로 설정하고 있으나, 5분위와 6분위는 스스로의 힘으로 자가를 구입할 능력이 있는 계층으로 이들에 대해서는 빠른 기간 내에 값싼 주택을 마련할 수 있도록 정부가 정책적으로 지원한다는 방침을 세우고 있다.

국민의 정부 이전까지 우리나라 주거복지정책은 다양한 규제와 교차보조에 크게 의존한 반면, 재정지원에는 매우 소극적이었다. 이후 참여정부 기간에는 전반적인 국가정책에서 사회복지를 확대하면서 국민임대주택 100만 호 등 공공임대주택 150만 호 공급계획 수립 및 추진, 주거환경개선사업에 대한 재정지원의 대폭적인 확대, 저소득 세입자 전월세 지원자금 및 보증제도 확대 등을 추진하였다. 이러한 일련의 정책적인 노력은 과거에 비하면 매우 과감한 시도들로, 특히 저소득 서민계층의 주거복지 증진을 위해 바람직한 현상이라고 할 수 있다(김종림 외, 2007).

2008년 신정부 인수위원회의 정책추진 과제에서는 전반적인 주택공급 확대정책과 일부 중 · 저소득층을 위한 주택구입 지원방안(신혼부부 주택, 지분형 아파트 공급 방안 등)을 제시하였고, 보다 최근에는 '보금자리 주택공급계획'을 발표한 바 있다. 보금자리주택이란 도심이나 인근 지역에 기존 가격보다 15% 내외 인하한 분양가로 공공부문이 직접 건설하는 수요자 맞춤형 주택으로 국토해양부는 향후 10년간 서민용 보금자리주택 150만 호를 공급할 계획(분양주택 70만호, 임대주택 80만호)이다. 그러나 아직도 저소득층의 주거복지정책에 대한 체계적인 방향이 마련되어 있다고 보기는 어려운 상황이다(배순석 외, 2008). 이에 따라 앞으로는 기존의 물리적 주택공급정책에서 탈피하여 주거빈곤계층의 정확한 실태 파악을 기초로 한 체계적인 주거복지계획이 수립이 필요하다. 또한 물리적 지표(양적, 질적, 시장지표) 이외에 주택 내외부의 환경적 측면에 대한 고려와 저소득층의 재활을 돕는 사회경제적 측면의 정책을 통합해야 할 필요가 있다.

7-5 주거복지제도

주거복지제도란 서민의 주거안정을 목적으로 하는 주거복지정책의 구체적인 실현수단이라고 할 수 있다. 광의의 주거복지제도는 전 국민을 대상으로 주거복지서비스 분배의 형평성을 제고하고 개인의 주거복지 수준을 향상시키기 위한 전반적인 주택정책을 포괄한다고 할 수 있다. 한편, 협의의 주거복지제도는 저소득층의 주거복지 수준 향상을 통한 주거복지서비스 분배의 형평성 제고에 주된 초점을 두는 주택정책을 의미한다. 이러한 주거복지제도는 대물보조로 언급되는 공급 측면과 대인보조로 설명되는 수요 측면으로 구분할 수 있다(표 7-14). 다음은 지금까지 시행되어 온 우리나라의 주요한 주거복지제도에 대해 살펴보기로 한다.

(1) 공급 측면의 주거복지제도

1) 영구임대주택

1989년 도시 영세민 주거안정특별대책의 일환으로 공급되기 시작한 영구임대주택은 우리나라 최초의 공공임대주택 또는 사회주택 형태로서 최하위계층의 주거수준 향상 및 주거안정 확보에 공급의 목적이 있다. 이는 주택문제를 자력으로 해결할 능력이 없는 생활보호대상자, 의료부조자, 원호대상자(소득 제1십분위에 해당)를 대상으로 한 주택이었으나 1993년 이후로는 더 이상 건설이 이루어지지 않고 있다. 영구임대주택 건설에 소요되는 재원은 85%를 정부재정지원으로 충당하고 나머지는 입주자의 입주보증금으로 충당하도록 하였다. 영구임대주택에 입주한 입주자는 자립할 때까지 계속 거주할 수 있도록 하여 임대기간에는 제한을 두지 않고 있으나 임대조건의 변경 등 제반 여건의 변화를 고려하여 기본계약기간은 2년이고 2년마다 계약을 갱신하도록 하고 있다. 최근 정부는 2008년부터 향후 10년간 영구임대주택 10만호를 건설하겠다는 계획을 발표하였다.

2) 공공임대주택

1992년 영구임대주택의 입주자 미달사태가 발생하자 정부는 해당 소득계층의 주택문제가 해소된 것으로 간주하고 차상위 소득계층을 위한 공공임대주택을 공급하기로 하였다. 공공임대주택은 5년제와 50년제의 두 가지 형태가 있으며 입주자격은 청약저축가입자인 무주택자이다. 50년제 공공임대주택의 경우에는 입주자 선정에 대한 특례가 있는데 이는 무주택세대주로서 생활보호대상자, 국가유공자, 일군위안부, 보호대상 모자가정, 귀순북한동포 등을 포함한다.

3) 근로자주택

근로자주택에는 사원임대주택과 근로복지주택이 있다. 사원임대주택은 무주택근로자의 주거안정을 목적으로 회사가 소유권을 갖고 근로자는 임차하여 거주하는 형태이며, 근로복지주택은 근로자의 주택소유를 목적으로 공급되는 것으로 기업이 대한주택공사, 지방자치단체 등에 아파트를 신청하여 근로자에게 분양하는 형태이다. 근로자주택의 신청조건은 무주택세대주로서 제조업체 및 공익성 서비스업에 종사하는 근로자이어야 하며, 근속연수, 가구원수, 임금수준 및 무주택기간을 감안하는 종합점수제에 의해서 공급된다(건설교통부, 2007).

4) 국민임대주택

국민임대주택은 영구임대주택 공급 이후 중단된 국가의 재정지원에 의하여 대량으로 건설, 공급되는 두 번째 장기 공공임대주택(30년 임대) 프로그램이다. 이는 저소득층의 소득수준과 주거비 부담능력 등을 고려하여 소득 4분위 이하의 무주택세대주를 대상으로 공급된다. 저소득층의 소득수준에 따라 시장임대료의 50~70% 수준에서 공급되는 국민임대주택은 저소득층에 대한 주거안전망 구축을 통하여 사회통합을 도모하는 한편, 한 단지 내에 여러 계층이 어울려 살 수 있도록 분양과 임대주택을 혼합하여 공급함으로써 사회적 통합에 기여할 수 있도록 했다는 긍정적 평가를 받고 있다(주택도시연구원, 2006).

5) 다가구매입임대주택

다가구매입임대주택은 도시 주거빈곤층의 주거여건 개선을 위해 정부가 2004년에 도입한 주거복지정책 수단의 하나로 2008년 현재 6,454가구를 매입, 임대하였으며 2012년까지 총 5만 가구를 매입, 임대할 예정이다. 이 사업은 도심내 최저소득계층이 현 생활권에서 현재의 수입으로 거주할 수 있도록 정부가 기존주택을 매입하여 저렴하게 임대하는 방식으로, 임대료는 시중 임대료 감정가의 50% 이내에서 시행자가 결정하여 공급한다. 다가구매입임대주택의 공급방식은 일반가구용 임대, 공동생활가정 임대, 단신계층용 임대로 구분된다.

6) 전세임대주택

주택관리의 어려움과 같은 부작용을 갖고 있는 다가구매입임대주택에 대한 대안으로 정부는 2005년에 기존 주택에 대한 전세임대주택제도를 도입하였다. 이는 주공 또는 지자체 등 사업시행자가 기존주택에 대해 전세계약을 체결한 후 저소득 취약계층에게 저렴하게 재임대를 추진하는 방식으로 수요자가 원하는 지역에, 원하는 주택을, 적기에 공급할 수 있고 저렴한 가격에 임대주택을 공급할 수 있다는 이점이 있다.

전세임대주택은 영세민 전세임대, 공동생활가정 전세임대, 부도임대아파트 퇴거자 전세임대, 보증거절자 전세임대로 유형을 구분할 수 있다. 영세민 전세임대 입주자의 경우 당해 시 · 군 · 구에 거주하는 기초생활수급자, 차상위계층, 한부모가정, 장애인 순으로 선정하고 있다. 공동생활가정 전세임대는 장애인, 보호아동, 노인, 미혼모, 성폭력피해자, 가정폭력피해자, 탈성매매여성, 가출청소년, 갱생보호자, 아동복지시설퇴소자, 관계 중앙행정기관의 장이 필요하다고 인정하여 입주자로 선정을 요청하는 자를 대상으로 선정하여 공급한다.

(2) 수요 측면의 주거복지제도

대인보조수단으로 설명되는 수요 측면의 주거복지지원제도는 주로 저소득층을 위한 주택금융지원과 관련된다. 1990년대 이후 지금까지 시행되어 온 수요 측면의 주거복지관련 제도에는 주택수당 지급, 임대료 통제 및 보조에 의한 간접 지원, 전월세자금 지원, 저소득층 주택구입자금 지원, 주택개량지원사업 등이 있다.

주택구입 및 전세자금 지원을 위한 주요제도에는 국민주택기금을 통한 근로자·서민주택 구입, 최초주택 구입(2006년에 중단), 근로자·서민주택전세, 저소득가구전세자금 대출 지원제도가 있다.

1) 근로자·서민주택 구입자금

근로자·서민주택 구입자금 대출은 근로자와 서민이 내 집을 마련할 수 있도록 정부가 지원함으로써 이들의 주거생활안정 및 주거수준의 향상을 도모하기 위한 목적으로 1994년에 처음으로 마련되었다. 이후 2003년 들어 호당 대출한도를 1억 원까지 확대하였으며 2006년에는 대출대상의 자격조건을 연소득 2천만 원 이하의 자로 제한하였다.

2) 근로자·서민주택 전세자금

근로자·서민주택 전세자금은 무주택 근로자 및 서민의 주거안정을 도모하기 위해 1994년에 신설된 제도이다. 2001년 들어 호당 대출한도를 6000만 원까지 상향조정하였으며 2005년에는 지원 금리를 4.5%로 인하하였다. 지원대상은 연간 급여가 3천만 원 이하이고 대출신청일 현재 무주택 세대주 및 세대주로 인정되는 근로자와 서민을 대상으로 한다. 대상주택은 전용면적 $85m^2$ 이하이고, 대출한도는 전세가격의 70% 범위 내에서 호당 6천만 원까지 대출이 가능하며 3자녀 이상 가정은 8천만 원까지 지원된다.

3) 저소득영세민 전세보증금 융자제도

저소득가구 전세자금 대출은 '영세민 전세자금 융자지침'에 의거하여 도시영세민인 기초생활수급자 및 저소득 무주택 세입자의 주거안정을 도모하기 위하여 국민주택기금에서 저리의 전세자금을 지원하는 제도로 1990년에 처음 시행되었다.

4) 주택구입 및 전세자금 대출보증제도

주택구입 및 전세자금 대출보증제도란 주택구입자금 등을 대출하고자 할 때 해당 주택만으로는 담보가 부족하거나 은행에서 연대보증인을 요구하는 등 대출담보가 어려운 경우 한국주택금융공사에서 개인보증을 통해 서민의 금융지원이 가능하도록 하는 제도이다. 주택금융공사에서 운영하고 있는 대표적인 서민주택구입자금 금융보증에는 주택구입자금보증, 임대주택구입보증, Plus 내집마련보증 등이 있다.

5) 국민기초생활보장법상의 주거급여

1999년 9월에 「국민기초생활보장법」이 제정된 이후 2000년 10월부터 시행된 국민기초생활보장제도에서는 기초생활수급자가 보다 나은 주거환경에서 거주할 수 있도록 지원하기 위하여 주거급여제도를 분리 · 신설하였다. 국민기초생활보장제도상의 최저 주거비는 생계급여에 포함되어 있는 주거비와 주거급여를 합한 금액이다.

6) 주거환경개선기금 융자

도시적 차원에서 진행되는 도시정비사업과는 별개로 개별적인 주택의 물리적 수준을 개선하기 위해 자가 가구를 지원하는 주택개량 지원 프로그램이 있다. 이 중 공공에 의한 개량사업으로는 농어촌주택개량자금 지원 및 주거환경개선사업지구 내 주거환경개선주택자금지원, 농어촌 주택개량자금 지원사업, 노인 주거개선사업단에 의한 독거노인 주거개선사업, 지방자치단체별로 이루어지는 주택개량사업 등이 있다.

농어촌 주택개량 지원은 농어촌지역에 거주하는 주택소유자 중 $100m^2$ 이하의 주택에 대한 신축이나 개축을 원하는 주민에게 자금을 융자 지원하는 사업이다.

현재 보건복지가족부 주관 하에 '집수리 사업', '노인주거개선사업', 사랑의 집 고쳐주기' 등이 시행되고 있다. 이 중 '집수리 사업'은 수급자의 주거환경 개선을 목적으로 2002년부터 시작된 것이다.

표 7-14 ● 주거복지제도 개요 및 전달체계

<table>
<tr><th colspan="3">구 분</th><th>제도주체</th><th>신청</th><th>심사 및 추천</th><th>최종결정 및 집행</th></tr>
<tr><td rowspan="6">공급 측면 (대물 지원)</td><td colspan="2">영구임대주택</td><td>국토해양부</td><td>지자체</td><td>자치구</td><td>대한주택공사, 지방공사</td></tr>
<tr><td colspan="2">공공 및 국민임대주택</td><td>국토해양부</td><td>대한주택공사, 지방공사, 민간임대주택 건설업체</td><td>대한주택공사, 지방공사, 민간임대주택 건설업체</td><td>대한주택공사, 지방공사, 민간임대주택 건설업체</td></tr>
<tr><td rowspan="3">맞춤형 임대 주택</td><td>기존주택매입임대</td><td>국토해양부</td><td>지자체</td><td>지자체</td><td>대한주택공사, 지방공사</td></tr>
<tr><td>기존주택 전세임대</td><td>국토해양부</td><td>지자체</td><td>지자체</td><td>대한주택공사, 지방공사</td></tr>
<tr><td>소년소녀 및 교통사고 유자녀 가정 전세지원주택</td><td>국토해양부</td><td>지자체, 교통안전공단</td><td>지자체, 교통안전공단</td><td>대한주태공사, 지방공사, 해당 은행</td></tr>
<tr><td rowspan="7">수요 측면 (대인 지원)</td><td colspan="2">주거급여 (현금)</td><td>보건복지가족부</td><td>지자체</td><td>동사무소</td><td>동사무소</td></tr>
<tr><td colspan="2">저소득 영세민 전세자금 융자</td><td>국토해양부</td><td>지자체</td><td>자치구</td><td>해당 은행</td></tr>
<tr><td colspan="2">근로자, 서민 전세자금 융자</td><td>국토해양부</td><td>해당 은행</td><td>해당 은행</td><td>해당 은행</td></tr>
<tr><td colspan="2">주거급여(현물)</td><td>국토해양부</td><td>지자체</td><td>동사무소</td><td>동사무소, 자활후견기관 및 민간기관</td></tr>
<tr><td rowspan="3">주거환경개선 기금 융자</td><td>농어촌 주택 개량자금 융자</td><td>국토해양부</td><td>지자체</td><td>지자체</td><td>해당은행</td></tr>
<tr><td>노인주거환경 개선지원사업</td><td>행정안전부</td><td>지자체</td><td>지자체</td><td>해당은행</td></tr>
<tr><td>기타 주택개량 지원사업</td><td>보건복지가족부</td><td>지자체</td><td>지자체</td><td></td></tr>
</table>

자료 : 양극화 · 민생대책위원회, 2007, p.106

2006년에 시작된 '노인주거개선사업'은 시 · 군 · 구 단위에 집수리 경험이 있는 노인들로 '노인주거개선사업단'을 구성함으로써 고령자를 위한 일자리 창출의 이점도 있으며, 홀로 사는 독거노인들의 도배 · 장판 교체 및 보일러 수리 등을 통해 이들의 주거환경을 개선하는 효과가 있는 사업이다.

사회복지 공동모금회에서는 보건복지가족부 주관하에 2004년부터 열악한 주거환경에 거주하는 저소득 가구의 주거환경을 개선하기 위해 '사랑의 집 고쳐주기 사업'을 시행하고 있다. 이 사업의 지원대상은 기초생활수급자 및 차상위 계층(60세 이상), 장애인, 소년소녀 가장, 조손가정, 한부모가정 등 저소득가구로서 이들이 거주하는 주택의 보일러, 화장실 및 주방환경, 벽체 · 지붕누수, 문턱 · 창틀, 벽지, 장판 등을 교체 또는 수리해 준다.

이밖에 열린 사회 시민 사회의 '해뜨는 집'사업과 한국 해비타트의 '사랑의 집 고치기 사업' 등이 있다.

(3) 사회서비스와 주거복지

광의의 사회서비스는 공공행정, 국방, 의료, 교육, 사회복지서비스를 포함하는 개념이며, 협의로는 지역사회에 거주하는 장애, 질병, 또는 취약성을 가진 사람들에 대한 원조를 의미하는 것으로 종종 대인사회서비스, 사회복지서비스, 지역사회 보호 등의 용어와 혼용되기도 한다(정경희 외, 2006; 한국주거학회, 2007).

사회서비스는 크게 공공부문(정부), 비영리민간부문, 영리민간부문에 의해 공급되는데 우리나라의 경우에는 대부분 비영리민간부문에 의해 제공된다. 사회서비스는 보통 서비스 수혜대상에 따라 아동복지서비스, 노인복지서비스, 장애인복지서비스, 여성복지서비스, 한부모가정 복지서비스 등으로 구분된다. 특히 1990년대 중반 이후에는 서비스 수혜대상의 개별적인 욕구를 충족시키기 위한 사례관리[2] 차원의 사회복지 서비스로

---

2) 서비스 수혜자의 편에서 일선 서비스 제공기관을 효과적으로 편리하게 이용할 수 있도록 서비스를 연계하거나 조정하는 방식을 말함.

서 재가복지 서비스가 제공되기 시작하였다.

흔히 주간보호사업, 단기보호사업, 가정봉사원 파견사업을 재가복지의 3대 핵심사업이라 하는데, 이 중 주간보호사업은 자기 가정에서 유아원이나 주간보호센터 등에 통원하면서 서비스를 제공받을 수 있는 사업이다. 단기보호사업은 요보호대상자들을 단기간 수용 · 보호하는 프로그램이다. 가정봉사원 파견사업은 여러 가지 도움이 필요한 노인, 장애인, 아동 등 요보호대상자의 가정에 가정봉사원을 파견하여 다양한 재가서비스를 제공하는 사업이다(한국주거학회, 2007).

각 지역의 주민센터(구 동사무소)에는 사회복지 담당공무원이 있어서 이들이 국민기초생활보장 수급자의 주거급여, 영구임대주택 입주, 전월세 문제 등을 상담하고 있는데, 이를 공공 사례관리라고도 한다.

지역 내 사회복지관과 노인종합복지관에서는 노인과 지역사회 주민을 위하여 무료로 한 달에 한 번 정도 전문가를 초빙하여 법률 · 세무 상담을 실시하기도 한다. 이 경우 상담내용이 주택문제만을 전문적으로 다루는 것은 아니지만 65세 이상의 노인 및 그 가족 또는 관계인에 대한 생활상의 상담 및 지도, 생활실태조사, 취업상담 등을 수행한다.

한편, 빈곤아동과 가족의 욕구에 대응하는 서비스를 직접 제공하거나 지역사회 내의 다양한 자원과 연계시키거나 필요한 자원을 개발시키기 위한 목적 하에 보건, 복지, 교육 등 여러 분야의 전문가들로 구성되는 통합팀에 의한 'We Start 마을' 사업도 추진되고 있다(이봉주 외, 2006).

생각해보기

1 국민을 위한 진정한 주거복지란 무엇인지 생각해보자.

2 비정상적인 거처에 거주하는 가구에 대한 사례조사를 통해 주거 빈곤 계층의 주거문제 해결방안을 생각해보자.

3 지역사회의 저소득층 주거 및 생활실태와 현재 실행중인 주거복지지원제도에 대한 분석을 통해 향후 이들에게 필요한 주거복지지원제도를 생각해보자.

참고문헌

1. 강신욱 외, 사회양극화의 실태와 정책과제, 한국보건사회연구원, 2006.
2. 건설교통부, 「고령자주거지원 중장기 계획 수립 연구」, 2006.
3. 국가인권위원회, 사회적 배제의 관점에서 본 빈곤층 실태연구, 2004.
4. 건설교통부, 2007년도 주택업무편람, 2007.
5. 건설교통부 · 대한주택공사, 서민주거안정을 위한 주택백서, 2003.
6. 고철 외, 주거정책과 복지정책의 연계방안 연구. 국토연구원 · 한국보건사회연구원, 2002.
7. 국토연구원, 인구고령화와 노인주거 –고령화 사회 노인주거의 현황과 정책과제–, 2004.
8. 국토해양부 · 국토연구원, 「2007년도 주거실태조사 : 노인가구(연구보고서)」, 2008.
9. 김영태, 주거복지정책, 제2회 주거복지사 연수 자료집, pp.3~23,한국주거학회, 2008.
10. 김종림 외, 공공임대주택 정책 로드맵 구상 연구. 2007 주택도시연구원 연구성과발표회 자료집. 83-113, 2007.
11. 김혜승, 「최저주거기준을 활용한 2006년 주거복지 소요추정 연구」, 국토연구원, 2007.
12. 김혜승 · 강미나, 「주거수요분석에 기초한 노인주거지원 정책과제 연구」, 국토연구원, 2008.
13. 대한주택공사, 비닐하우스촌 주민의 주거 실태 및 주거안정대책에 관한 연구, 대한주택공사, 2005a.
14. 대한주택공사, 지하주거공간의 주거환경과 거주민 실태에 관한 연구, 대한주택공사, 2005b.
15. 대한주택공사, 주거복지백서–주택정책의 계층성평가를 중심으로–, 2002.
16. 배순석 외, 서민 주거복지 확대정책의 평가와 향후 정책방향. 국토연구원, 2008.
17. 보건복지부 · 서울특별시, 쪽방지역실태조사 및 효율적인 정책개발, 2000.
18. 보건복지부 · 한국보건사회연구원, 2005년도 장애인 실태조사, 2006.
19. 보건복지가족부, 2008년 장애인복지사업안내, 2008.
20. 이태진, 취약계층의 주거복지 Ⅰ–취약계층 및 주거복지의 개념, 그리고 주거실태–, 제2회 주거복지사 연수 자료집, pp.205~235, 한국주거학회, 2008,
21. 양극화 · 민생대책위원회, 참여정부 주거복지정책 평가와 과제, 2007.

22. 윤주현, 한국의 주거서비스 수준과 정책적 시사점. 제1회 주거복지사 자격연수 자료집, 91-119, 한국주거학회, 2006.
23. 윤주현 외, 지역간 · 계층간 주거서비스 격차 완화방안 연구(1) : 주거서비스 지표의 개발 및 측정, 국토연구원, 2005.
24. 저출산고령사회위원회, 「저출산고령사회 기본계획(새로마지 플랜) 2006-2010」, 2008.
25. 이봉주 외, 사회복지서비스 공급체계 개편에 관한 연구. 빈부격차 · 차별시정위원회, 2006.
26. 임서환, 주택정책 반세기 -정치경제환경 변화와 주택정책의 전개과정, 기문당, 2005.
27. 주거학회, 주거복지론, 교문사, 2007.
28. 주거학연구회, 넓게 보는 주거학, 교문사, 2005.
29. 하성규, 주택정책론, 박영사, 1996.
30. 한국도시연구소, 지하주거공간과 거주민의 주거실태에 관한 연구, 2003.
31. 한국도시연구소 · 시정개발연구원, 서울시 비닐하우스 주민의 삶과 사회정책, 2002.
32. 한국주거학회, 저소득층의 주거복지를 위한 다가구주택 매입임대 시범사업의 평가 및 확대 추진방안, 2005.
33. 한국주거학회, 주거복지론, 교문사, 2007.
34. 홍인옥 외, 영구임대주택 주거실태조사. 건설교통부 · 한국도시연구소, 2005.
35. 홍인옥, 사회복지와 주거문제, 제2회 주거복지사연수자료집, pp.71~88, 한국주거학회, 2008.
36. 최은희 외, 주거복지지수의 개발과 관리, 주택도시연구원, 2008.
37. 통계청, 인구주택총조사, 2008.

그림출처

그림 7-1 건설교통부. 2006년

그림 7-7 프레시안뉴스, 2008. 01. 22일자. SBS, 2006. 08. 04일자. 노컷뉴스, 2009. 04. 08일자

그림 7-9 오마이뉴스, 2008.07.26일자. 한겨레21, 2008.08.11일자

8장

정보사회와 주거

주거를 비롯한 우리의 삶을 담는 건축공간은 사회의 정보화 물결의 영향을 가장 먼저 받는다. 모든 가족의 연락망을 대표하던 유선전화가 이제는 가족 개개인의 휴대전화로 대체된 후 집안의 통신체계가 바뀌었고, 거실에 놓여 있는 텔레비전이 IPTV와 VOD 위주로 바뀌면서 가족들이 모이는 시간이 바뀌었으며, 주방에 놓여 있는 가전제품들이 정보기기와 결합되어 주방에서의 바쁜 일손을 도와 조리시간을 단축시켜준다.

처음 자동차가 만들어졌을 때는 자동차에 적용된 정보통신기술은 고작 라디오가 전부였다. 1980년대 차량가격의 1% 정도였던 전자부품 비중이 지금은 20% 수준이고 고급 승용차의 경우는 40%를 넘는다. 앞으로는 80% 정도까지 차지할 것으로 전망된다. 지금 주거를 구성하는 정보기기의 비중은 자동차 산업에 비하면 적지만 정보기술의 발전에 따라 전자공간이 물리공간에 융합된 유비쿼터스 공간이 주거에 도입되면 그 비중은 자동차에 못지않게 증가할 것이다.

정보화로의 변화는 처음에는 손에 들고 다니는 멀티미디어 플레이어나 스마트폰과 같은 작은 기기에서 시작하지만, 나중에는 우리의 삶을 둘러싸고 있는 환경과 공간을 변화시켜 우리가 일하고 즐기는 생활방식을 바꾸고 궁극에는 우리의 생각하고 대화하고 행동하는 방식을 바꾸게 된다.

8-1 디지털 컨버전스(Digital Convergence)

우리의 일상생활을 담아내는 주거가 정보기술의 발전으로 큰 변화의 시기를 맞이하고 있다. 많은 산업 분야에서의 자동화와 전자화는 산업의 종합체인 건축 분야에도 영향을 미치고 있다. 주로 콘크리트와 벽돌로 이루어지던 주거가 이제는 정보기기가 주거의 중요 구성요소가 되고 있다. 이런 급속한 정보화로의 변화 배경에는 "디지털 컨버전스"가 있다.

우선 디지털 정보의 장점은 정보의 열화가 거의 없다는 점이다. 즉, 디지털 정보 이전에 사용되는 아날로그 정보는 정보의 저장과 복구, 배포 과정에 열화가 생긴다. 즉, 사본은 항상 원본의 정보가 손실된 채 전달되고 그 손실을 줄이기 위해 드는 비용은 엄청나다. 반면 디지털 정보는 정보의 저장, 복구, 배포과정에 열화가 생기지 않는다. 좀 더 정확히 말하면 열화가 생겨도 바로 복구된다. 그래서 항상 사본은 원본과 같다. 이와 같이 저렴한 비용으로 정보의 열화 없이 저장, 복구, 배포가 가능해진 덕분에 기존의 많은 분야의 정보매체가 디지털화되었다.

오디오에서는 아날로그 방식의 플라스틱 레코드판이나 카세트가 CD나 MP3 파일로 디지털화되었고, 영상에서는 아날로그 방식의 비디오테이프가 DVD나 Blu-ray로 디지털화되었으며 방송, 전화 등 우리 주변의 대부분 매체들이 디지털화되었다.

한편, 디지털 정보를 전달하는 통신망들은 다양하다. 수많은 방식의 통신망이 존재하지만 크게 유선망과 무선망으로 나눌 수 있다. 방송국은 전파에 의한 무선방식 방송망이 있고 전화통신회사는 전화를 위한 통신망이 있다. 그런데 모든 디지털 정보는 근원적으로 0과 1로 된 비트(bit)들의 조합이므로 그 비트들이 표현하고 있는 콘텐츠가 방송이든 통신이든 상관없이 전달할 수 있다. 디지털 컨버전스는 바로 여기에서 생긴다. 하나의 매체는 어떤 콘텐츠든 다룰 수 있다는 점에서 정보기기들이 융합·복합되거나 콘텐츠의 경계가 애매해지며 매체들별로 분리되어 있던 기존 산업의 영역 경계가 무너지는 것이다. 예를 들면 기존 산업에서는 방송과 통신은 엄연히 다른 산업이었지만 디지털 시대에서는 방송망이 통신을 할 수 있고 통신망이 방송을 할 수 있다. IPTV는 통신망을 통하여 TV방송을 할 수 있는 산업이다. 즉, 기술적으로는 통신회사가 방송국 역할을 할 수 있게 된 것이다. 앞으로는 더 많은 산업들이 융합·복합될 것이다. 기술에 의한 한계는 무너지고 우리 삶에 어떤 서비스가 필요한가, 어떤 공간이 필요한가에 따라 인프라 기술은 따라갈 것이다. 오직 우리가 추구하는 비전과 상상력만이 우리의 미래를 좌우할 것이다.

8-2 빌딩정보 모델(Building Information Model)

제조업에서 제품의 생산, 유통, 소비에 필요한 정보가 디지털화되기 시작하면서 건축 분야에서도 설계, 시공, 운영에 필요한 정보가 디지털화가 되기 시작했다. 사실 제조업 제품들의 설계정보 디지털화의 시작이라 할 수 있는 CAD의 첫 제품은 건축 분야에서 나왔다. 건축의 전 과정, 즉 기획, 설계, 시공, 운영, 폐기 등 건축물의 전 생애에 걸쳐 발생하는 정보를 디지털화하고, 이것을 필요한 경우에 사용할 수 있도록 디지털 방식으로 모으고 저장하고 전달 배포하는 것이 BIM의 목적이다. BIM을 사용하면 설계, 시공, 운영 등 각 단계에서 한번 발생한 정보는 다시 입력하는 중복작업을 배제하며 다음 단계나 다른 모든 분야에서 공통으로 사용할 수 있도록 한다. 하나의 정보가 입력되거나 업데이트되면 관련 자료의 모순이나 충돌이 없도록 모든 자료를 점검하여 별도의 수정·점검 없이도 건축물의 전 생애에 걸친 정보가 일관성 있게 유지된다.

BIM은 3차원 형상 정보뿐만 아니라 건축물의 설계, 시공, 운영에 필요한 모든 정보를 유지해야 한다. 지금의 대분 3차원 CAD들이 형상 위주의 설계정보를 관리하고 있다는 측면에서 보면 BIM체계를 완성하기 위해서는 구조설계나 설비설계 등 엔지니어링, 시방, 공정, 비용 등을 포함해야 하는 숙제가 아직도 산적해 있다. 궁극에는 BIM 디지털 설계정보만 있으면 로봇 등 자동화 설비에 의해 주어진 설계정보 외에 아무런 추가 건축지식의 부가 없이도 시공을 마치고 운영할 수 있어야 한다. 지금의 상황은 설계도서에 표현되지 않은 시공, 운영 정보는 시공, 운영 전문가의 판단에 의해 처리된다.

BIM은 최종 설계 결과뿐만 아니라 설계과정에서 발생하는 정보도 모두 가지고 있어야 한다. 지금 상황의 가장 큰 문제점은 하나의 단계에서 발생한 정보를 다음 단계로 제대로 전달하지 못한다는 점이다. 예를 들면 설계단계에서는 여러 개의 대안들을 비교 검토한 후 설계자의 의도에 따라 하나의 최종 안만 설계도서에 기록한다. 건설회사는 최종 안만을 포함하는 설계도서를 받지만 Value Engineering은 시공과정에 변화한 주변 상황을 종합해서 다시 대안들을 만들어 비교 검토한다. 만약 이 과정에 설계사무소가 검토했던 대안들에 대한 구체적인 자료가 전달된다면 비교적 적은 비용과 시간으로 훨씬 나은 대안 검토 결과를 만들 수 있을 것이다.

이렇듯 장기적으로 볼 때 BIM은 반드시 성취해야 하고, 언젠가는 그렇게 될 것이다. 하지만 지금의 상황은 3차원 CAD로 촉발된 BIM 열풍이 설계정보의 표준화 등 준비가 부족한 상황에서 3차원 CAD만 사용하면 모든 것이 해결될 것이라는 섣부른 기대는 BIM구축 행보에 걸림돌이 될 수 있다는 점을 명심해야 한다. 이것은 마치 인공지능 분야가 1980년대에 붐에서 컴퓨터가 곧 사람의 지능을 따라 잡을 것이라는 과도한 기대가 인공지능 연구와 실용화에 걸림돌이 된 것처럼. 우리는 이런 과도한 기대나 쉽게 낼 수 없는 성과에 실망하지 말고 장기적인 BIM 구축에 필요한 노력을 꾸준히 경주해야 한다.

지금의 3차원 CAD는 분명 이전의 2차원 CAD가 하지 못하던 점을 해결해 주고 있다. 하지만 이 3차원 CAD로는 BIM이 지향하는 모든 역할을 다하지 못함을 알고 접근해야 한다. 건축 속의 전문 분야별로 설계자마다 다른 설계정보 표현형식을 통일하는 일부터 시작해야 한다. 건축설계는 물론이고 구조, 설비, 시공 등 전문 분야별 설계정보의 틀과 형식의 통일이 만들어진 후에 각 전문 분야 간의 정보교환과 정보형식을 통일하는 단계적인 접근이 필요하다.

8-3 유비쿼터스 공간

인류 역사를 인류가 누린 공간의 역사에 비추어 본다면, 초기 농경시대에는 도시를 탄생시켰고, 산업화시대에는 분업을 통해 도시공간의 고도화를 이루었으며, 이 두 단계를 거쳐 도시를 중심으로 인류가 생활하는 물리공간을 탄생시켰다

1980년대 초 인터넷이 상용화된 이후 인류는 전자공간에서도 생활하기 시작했다. 즉, 인류는 전자공간에서 편지를 주고받고 홈페이지나 블로그를 만들어 자신을 공개된 공간에 드러내며, 가상공간에서 자신을 대신하는 아바타를 통하여 자신이 원하는 생활방식으로 사회생활을 하게 하는 등 전자공간이 또 하나의 일하고 생활하는 공간이 되었다.

하지만 초기의 전자공간은 물질공간과 경쟁하였고 많은 성공한 전자공간은 물리공간을 쫓아내었다. 예를 들면 전자메일은 고전적인 우체국의 역할을 위축시켰고 인터넷 뱅킹은 거리의 요지마다 차지하고 있던 은행객장을 조각내어 그 파편을 동내의 구석에 ATM형식으로 변화시켰다. 공간의 입장에서 보면 사람이 많이 붐비는 좋은 자리에서 쫓겨난 샘이다.

하지만 모든 역사가 정반합의 과정을 거치듯이 초기의 전자공간은 물질공간과 경쟁하고 충돌했지만 여기서도 합의과정에 나타난 것이 유비쿼터스 공간이다. 유비쿼터스 공간에서는 물질공간과 전자공간이 조화를 이루어 인류에게 새로운 공간을 제공한다. 즉, 이전의 물질공간도 전자공간도 제공하지 못하던 새로운 서비스 공간을 제공하게 된 것이다. 전자공간이 지향하는 기치는 사이버 공간 또는 가상공간이라고 부른다. 이 공간에서 일어나는 일의 결과는 전자공간에 국한한다. 사이버 도서관에서는 도서관의 물질공간에 가지 않고 전자공간에서 전자책을 읽을 수는 있지만, 그림책의 매끄러운 질감을 느낄 수는 없고 채팅은 친구와 얼굴을 보면서 대화할 수는 있지만 찻집에서 친구를 만나는 친근감과는 거리가 멀다. 즉, 이런 모든 사이버 세상은 전지공간 내에서만 일어나기 때문에 한계가 있다.

센서나 액추에이터가 소형화되고 네트워크가 언제 어디서나 접속할 수

있게 됨에 따라 물질공간의 정보를 디지털 정보화해서 전자공간으로 전달하는 센서와 전자공간의 정보를 물질공간의 영향으로 바꾸어 주는 액추에이터는 전자공간과 물질공간의 매개역할을 한다. 그리고 인터넷을 중심으로 한 유무선 광대역 통신망은 공간들 사이의 정보를 시공간의 제약 없이 접속하도록 돕는다. 이런 전자공간과 물질공간의 매개체와 네트워크의 조합은 기존의 물질공간의 제약을 줄이고 전자공간만의 한계를 극복한 새로운 유비쿼터스 공간을 탄생시킨 것이다. 이런 유비쿼터스 공간은 작게는 거실과 같은 방에서부터 주거나 아파트단지 단위, 나아가서는 도시나 국가 단위에서 다양한 서비스 시나리오를 제공한다.

(1) u-Home

초기 유비쿼터스 공간의 적용 시도는 거실, 주방과 같은 작은 단위공간에서 시작되었고, 이것을 세대공간이나 주거단지 규모로 시도하는 것이 u-Home이다. 우리 정부는 홈네트워크, 지능형 홈 등의 정책으로 시도하고 있다. 이전에 홈오토메이션이라고 불리던 영역에서는 비디오폰으로 세대 현관을 찾아온 사람을 응대하는 정도였다면 u-Home에서는 사람이나 자동차가 단지 입구를 통과할 때부터 출입이 자동 관리되고, 병원에 가지 않고 집에서 건강을 관리하고, 집에서 회사 일을 하며, 집에서도 학교 공부에 출석하는 등의 주로 생활을 중심으로 한 시간과 공간의 제약을 줄여주는 목표를 가지고 있다.

한 가지 시나리오 예를 들어 보자. 주거단지 내에는 다양한 공공공간과 사적공간이 결합되어 있다 공공공간인 주차장을 생각해 보면, 누구나 사용할 수 있다는 측면에서는 공공공간임이 분명하지만 주차면 하나를 생각해 보면 한 사람이 차지하고 있는 동안에는 누구도 침범할 수 없는 사적공간의 성격을 띤다. 이것을 따로 분류하면 시분할 사적공간이라 할 수 있다. 즉, 시간을 쪼개서 사적으로 사용한다는 뜻이다. 누구나 함께 타는 엘리베이터는 공공공간에 속한다. 만약 이 엘리베이터의의 운영방법을 바꾸어 한 사람이 타고 있는 동안 다른 사람이 침범할 수 없도록 하는 시분할 사적공간으로 바꾼다면 이에 따라 바뀌는 것이 많을 것이다. 여럿이 함께 탈 때 공공공간의 성격을 띠는 엘리베이터는 문을 열고 타고 내리는 공간 또한 공공공간의 성격을 띠어야 하지만, 한 사람(또는 한 가족)만 탄다면 문이 열리는 곳에 인접한 공간은 공공공간의 성격을 띨 필요가 없으므로 엘리베이터 문이 세대현관이 될 수 있다. 마치 영화 '마이너리티 레포트'에서 자동차가 집에 현관에 도착하면 자동차문과 현관문이 인접하고 결합되어 자동차문과 현관문이 동시에 열리는 것처럼, 엘리베이터에 혼자 탄다면 옥상 층과 같이 세대용 엘리베이터가 도착할 수 있는 층에 헬스센터를 설치하고 집에서 운동복을 입고 바로 헬스클럽으로 이동하여 운동할 수 있다. 이 경우 헬스센터에는 라커룸, 샤워실, 접수부가 필요하지 않게 되어 공간과 운영비용이 절약될 것이다.

이렇듯 u-Home은 주거단위에서 안전하고 건강하며 즐겁고 편한 주거생활을 영위할 수 있도록 다양한 서비스를 제공한다. u-Home은 미래의 주거생활을 변화를 예측하고 바람직한 생활방식을 제시하는 역할도 해야 한다. 어떤 서비스가 제공되어야 하는 것이며, 이 서비스가 제공되기 위해서는 어떤 인프라 기술이 필요한지, 또 어떤 공간이 이런 서비스를 포함해야 좋은 주거환경이 될 지는 건축가가 제시하는 바람직한 미래주거생활의 비전에 좌우될 것이다.

(2) u-City

u-Home이 주거단위에서의 유비쿼터스 공간 도입에 초점을 맞춘 것이지만 오늘 날의 주거생활은 결코 주거단위 내에서만의 문제로 국한되지 않고, 단지 내부와 단지 외부로 연결되며 지역의 커뮤니티 시설로 확대되며 궁극에는 도시와 세계로 연결될 것이다. 도시단위로 유비쿼터스 공간을 도입하자는 시도가 u-City이다. 물질공간이든 전자공간이든 공간이 사람의 생활을 담는 그릇이고 건축가의 역할은 바람직한 생활을 할 수 있는 좋은 공간을 제시하는 것이라면, 건축가는 먼저 사람이 어떤 방식으로 살아야 하고 어떤 가치를 추구해야 하는지를 생각하고 그 도시공간이 건설된 이후 앞으로 여기에 살게 될 도시민의 생활에 담아야 할 비전을 제시해야 한다. 그리고 이 비전을 추구하기 실현하기 위해 도시가 갖추고

유지해야 할 공간을 제시해야 한다. -에너지를 덜 쓰는 관점을 유지하는 도시와 대량생산만을 추구하는 도시가 가지고 있어야 할 공간은 다를 것이다.- 그 다음으로는 각 공간에서 제공할 서비스를 생각해야 하고 이 서비스를 구현하기 위해서 필요한 도시 인프라를 생각해야 한다. u-City의 도시 인프라는 도로, 상하수도 등 기존의 도시 인프라들에 유비쿼터스 기술을 접목하는 것과 이전의 도시 인프라에서는 없던 새로운 도시 인프라의 도입도 필요하다, 대표적인 예로는 초고속 정보통신을 들 수 있다.

현재 추진되고 있는 u-City는 초고속통신망 보급의 완성 단계에 접근하고 있다. 이런 단계 u-City를 b-City라고 한다. 광대역 통신망(Broadband)의 첫 글자를 딴 것이다. 한국이 초고속통신만 보급률이 세계1위라 하니, 이 부분에서 가장 앞섰다고 할 수 있다.

다음으로의 u-City가 지향하는 것은 센서를 도처에 설치한 s-City이다. 대표적인 센서기술은 유비쿼터스 센서 네트워크(ubiquitous sensor network)로 무선망 기술을 이용하여 센싱할 위치에 배치하면 별도의 통신망 설치 없이 무선으로 정보를 취득할 수 있도록 해주는 기술이다. 도로망을 예로 들면, 도로에 USN을 뿌리면 도로의 교통상황이나 빗물, 눈, 결빙 등 운전에 필요한 정보를 차선별, 위치별로 상세하게 취득할 수 있게 된다. 현재 도시의 곳곳에 설치된 CCTV도 일종의 센서이다. 영상정보는 센서가 취득할 수 있는 정보 중 가장 고급정보이다. 영상 인식이 사람의 인식수준으로 무인으로 자동 분석될 수 있다면 교통, 방재, 방범 등 도시의 다양한 정보를 취득할 수 있다. 하지만 CCTV는 사생활 침범이라는 과잉정보제공 문제를 안고 있어 한계가 있다.

세 번째 단계로 u-City가 추구하는 도시는 a-City이다 자율적(autonomous) 도시라는 것은 s-City가 취득한 정보를 종합하여 도시가 스스로를 제어 한다는 의미이다. 지금도 교통 분야 등에서 어느 정도는 자율적으로 움직이고 있다. 하지만 아직 사람의 판단에 의존하지 않고 완전 자동으로 운영하기에는 제약이 많다.

u-City의 최종 목표는 h-City이다. 휴머노이드(humanoid)에 의존하는 미래도시는 과거의 집사처럼 주인의 모든 상항을 파악하고 있고 알아

서 처리해 주는 로봇이 보급되는 도시이다. 아직은 이 단계까지의 추진 계획은 만들어진 것이 없지만 많은 미래 예측가들은 장차 이런 수준의 u-City를 이상향으로 생각하고 있다.

(3) 네그로폰테 전환

MIT MediaLab의 네그로폰테 회장은 일찍이 방송과 통신 시장에서의 유무선 전환이 있을 것이라고 예고했고, 이미 그렇게 진행되고 있다. 처음에는 대체로 보는 위치가 고정된 TV는 이동성이 보장되는 무선방식으로 정보가 전달되고 이동하면서 사용하면 편리할 전화는 유선으로 묶여 있었다. 이에 대하여 네그로폰테는 TV는 유선으로 전화는 무선으로 전환되어야 한다고 선언한 것이 대전환의 요지이다. 지금 보급되고 있는 휴대전화는 기존 전화를 무선으로 전환시켰고 유선의 초고속 통신망으로 연결되는 IPTV는 TV를 유선화하고 있다.

네그로폰테 전환은 주거의 통신망에 큰 영향을 주고 있다. 공동주택에 설치해야 하는 의무적인 통신망에는 전화망을 비롯하여 텔레비전 공동시청설비와 케이블TV망이 있다. 하지만 최근 의무 설치가 아닌 초고속통신망은 인증제도를 통해 가장 많은 비용을 들이는 통신망이다. 또한 초고속 통신망만 있으면 전화, TV 등 모든 통신망을 대체할 수 있지만(아직은 불완전한 인터넷 전화가 긴급전화 등 기존의 유선전화를 대체할 수 있을지 의문을 제기하는 '인터넷전화 퍼즐' 논란의 여지는 남아 있다) 네그로폰테 전환이 주거에 적용되기에는 아직 제도적·기술적 한계가 여전히 존재한다.

모든 통신망들이 인터넷 망을 중심으로 모이고 있고 기술의 한계들이 극복되고 있는 점에서 볼 때 주거의 통신망 또한 인터넷 망을 중심으로 재편될 수 있도록 해야 한다. 지금의 기술만으로도 인터넷 망만 있으면 TV, 전화, 데이터 통신을 제한 없이 수용할 수 있다. 이에 비하면 공동주택의 텔레비전 공동시청설비에 관한 규정들이 인터넷 망으로 대체할 수 있는 과거 통신방식을 유지하도록 강제하고 있는 점들은 속히 개선되어야 할 것이다.

8-4 건축정보 기술의 새로운 동향

(1) 3D-CAD

삼차원 CAD는 2차원 CAD에 이어 BIM으로 가는 중요한 도구이다. 3차원으로 설계를 해야 제대로 된 형상정보를 구축할 수 있다. 특히 최근 새로운 경향으로 나타나는 비정형 건축 또한 3차원 CAD의 도움 없이는 불가능하다. 3차원 CAD에서 중요한 요소는 3차원 설계정보의 교환이다. IFC를 비롯한 몇몇 정보 표준이 있으나 건축의 다양한 전문 분야별 모든 설계정보를 제대로 표현하기에는 부족하다. 우선 건축설계, 구조, 설비, 시공 등으로 나뉜 전문 분야별 설계정보 표준을 마련한 후 모든 분야를 아우르는 전체 정보 표준에 접근해야 할 것이다

(2) 3D-Print

3차원 프린터는 건축 모형제작 등에 새로운 접근방법을 제공한다. 원리는 모형을 고체 분말이나 액체로 적층하여 구축하는 것인데 적층과정이 장비마다 다양하다. 최근에는 고체 분말을 사용하는 것이 저렴하고 안정적인 모형을 만들어 준다. 최근에는 형상뿐만 아니라 색깔을 입히거나 전자회로도 함께 프린트하는 3차원 프린터도 개발되고 있다. 앞으로는 모형뿐만 아니라 전자제품도 인터넷으로 설계도를 다운받아 3차원 프린터로 출력해서 사용할 수 있는 시기가 올 것이다. 건축 모형을 만들 때 주어진 재료에 따라 만들어질 모형의 디테일과 표현에 한계가 정해지던 것이 3차원 프린터는 이런 제한을 해결하고자 한다. 아직은 3차원 프린터가 사용하는 재질이 몇 가지로 제한되지만 이런 부분도 조만간 기술적으로 해결될 것이다.

3차원 프린트를 확대하면 3차원 시공이 가능하다. 인력 투입에 의한 시공이 어렵거나 불가능한 극지나 행성공간에서의 미래 건축물 시공에 활용될 것으로 기대한다.

그림 8-1 | 3차원 프린터로 만든 모형의 예

(3) Contour Crafting

그림 8-2 | Contour Crafting 시공 예

로봇과 같은 자동화 기계가 콘크리트 반죽을 사출하며 벽을 쌓는 장비로 앞으로 건축물 벽체 등의 무인 시공에 활용될 수 있는 기술이다. 이것은 기후가 열악하거나 달처럼 사람이 작업을 하기 어려운 건설환경에서 사용할 수 있는 미래의 건설장비 기술이다.

(4) Tangible Media

지금의 건축설계 환경이 PC를 비롯한 한 개인장비를 중심으로 구축되어 있어 여러 사람이 동시에 참여하는 협업이나 의견 수렴에는 큰 장애가 되고 있다. 즉, 지금의 PC용 제어 장비인 마우스 키보드 모니터는 개인용으로 여러 사람이 함께 사용하기 어렵다. 협업 설계작업에 적합한 새로운 사용자 접속방법이 구상되고 있고 이런 대안으로 자연스러운 사용자 접속이나 Tangible Media가 제안되고 있다.

맨손으로 제어할 수 있는 이런 장치들은 기존에 혼자 점유하던 컴퓨터를 다자가 함께 접속할 수 있는 작업환경으로 바꾸어 준다. 음성인식이나 제스처 인식은 편리하고 이상적이지만 아직은 안정적인 사용자 접속을 기대할 수 있는 수준에 이르지 못하고 있다. 멀티터치 스크린은 최근의

그림 8-3 | 멀티터치방식으로 다자가 동시에 참여하는 디지털 스튜디오 작업 환경

발전에 따라 많이 사용하는 안정적이고 자연스러우며 다자가 동시에 접근할 수 있는 사용자 접속방식이다.

디지털 스튜디오는 Tangible Media를 사용하여 설계정보를 종합·검색·편집할 수 있는 작업환경이다. 3면이 대형 스크린이며 멀티터치 스크린으로 구성된 디지털테이블을 사용하여 제어한다. 디지털테이블 상의 평면과 디지털스튜디오의 3면 스크린 상의 3차원 모델이 연계되어 있어서 건축물의 설계정보를 건축 분야의 전문가들뿐만 아니라 건축주 등 비전문가에게도 완성된 모습의 공간을 실제 시각 스케일로 보여 주어 설계정보를 효과적으로 전달한다.

8-5 미래사회와 정보

주거는 삶을 담는 그릇이고 주거설계에는 미래의 삶을 제시하는 건축가의 비전이 담겨 있어야 한다. 한마디로 건축가는 건축주에게 '이렇게 살아라' 라고 삶의 방식을 공간을 통하여 제시하는 것이다. 그런 의미에서 건축은 삶에 영향을 주고 있으며, 건축가는 건축에 포함되는 모든 분야를 통찰하고 종합하여 미래를 예견하고 제시하는 역할을 해야 한다. 즉, 건축가는 주어진 여건에서 미래의 공간을 기획·종합·조정하는 역할을 해야 한다. 앞으로의 건축가가 관여해야 할 분야에는 정통적인 건설 분야를 비롯한 정보통신, 방송, 문화 콘텐츠, 가전, 의료, 로봇산업 등이 포함되어야 한다.

30년 전쯤 전자공간이 탄생하여 아날로그 시대에서 디지털 시대로 전환하기 시작하면서 많은 새로운 산업 분야를 만들고 기존의 산업 분야 통폐합을 촉발하고 있다. 나아가 이제는 하드웨어 중심에서 소프트웨어 중심으로, 더 나아가 콘텐츠가 중심으로 떠오르는 세상으로 바뀌고 있다. 건축도 자재나 제품 등 하드웨어가 중요하던 시대가 지나가고 문화, 감성 등의 서비스와 경험이 중요한 이슈가 되는 소프트웨어와 콘텐츠가 중심인 시대가 도래하고 있다.

생각해보기

1 유비쿼터스 기술이나 정보기술이 미래사회와 미래주거 환경을 어떻게 변화시키고, 따라서 우리의 생활이 어떻게 변화될지에 대하여 토론해 보자.

2 SF영화나 SF소설에 등장하는 지금의 라이프스타일과 주거환경을 변화시킬 요소를 발췌하고, 그것들이 실현되면 거실, 침실, 주방 등 미래의 우리 주거공간을 어떻게 변화시킬 것인지? 그리고 언제쯤 실현될 것인지에 대하여 토론해 보자.

3 미래에 자신이 살고 싶은 공간을 상상하자. 그리고 그 공간은 어떤 기능을 가지게 되고 그렇게 되면 내 생활방식이 어떻게 바뀔 것인지 생각해 보자.

4 스마트폰이 우리 생활에 주는 영향을 분석하고 직장에서, 학교에서, 여가에서 등 일상생활을 어떻게 바꾸었는지 조사해 보자.

5 건축 설계정보가 모두 디지털화 된다면 설계·시공·운영이 어떻게 바뀔지 생각해 보자.

참고문헌

1. 디지털이다 (Being Digital) Nicholas Negroponte
2. 방방송: SBS 유비쿼터스 2005.5.16,23
4. 송: KBS Science21: "Ubiquitous Computing"
3. 비트의 도시 (City of Bits) William J. Mitchell
5. 하원규 외 "유비쿼터스 IT혁명과 제3공간" 2002.
6. 한국전산원 "u-City 응용서비스 모델 연구" Digital Living 7. Network Alliance http://www.dlna.org, 2005.
8. HP Cooltown http://www.cooltown.com
9. http://www.buildingsmart.com International Alliance for
10. Interoperability
11. http://www.wbdg.org/ National Institute of Building Science

3부 주거와 환경

9장

인간과 환경

인간은 자신의 주변을 둘러싼 환경을 지각, 인지하여 심리적인 반응을 일으키며 자신이 어떠한 행동을 취해야 할 것인지를 결정한다. 환경을 구성하는 빛 · 공기 · 열 · 음 등의 자극, 건축공간 구성요소인 높이 · 넓이, 그리고 공간의 디자인 요소인 선 · 형태 · 색채 등은 인간의 생리적, 심리적인 충족 정도와 행동에 영향을 끼친다. 환경을 디자인한다는 것은 목적을 가진 공간에 일어나는 행위를 예측하여 건축공간 구성요소와 공간의 디자인 요소를 적용함으로써 행위가 불편함이 없이 수용되며 심리적인 만족감을 갖게 하는 것이다. 따라서 인간에게 적합한 공간을 계획하기 위해서 개인차나 문화의 차이를 포함한 환경지각 · 인지의 구조를 이해하는 것은 필수적인 일이다. 이 장에서는 환경이 인간에게 미치는 영향을 알아보기 위하여 환경인지의 과정, 인간의 공간적 행태와 관계가 있는 물리적인 특성, 공간에 대한 환경심리적인 측면인 개인공간, 영역성, 과밀, 프라이버시에 대해 알아본다.

9-1 환경의 범위

인간을 둘러싼 환경은 물리적 환경과 타인과의 상호작용이 이루어지는 사회적 환경으로 나누어진다. 이 중 물리적 환경은 기후, 지형, 녹지, 빛, 공기 등의 자연환경과 인간이 만들어낸 건축물, 상징물, 도시 등의 건조환경으로 나누어진다. 이러한 환경은 인간에게 다양한 자극과 정보를 제공하고 인간의 인지와 행동에 영향을 끼친다.

주거환경은 가족이 일상적인 생활을 하고 많은 시간을 접하는 환경으로, 좁은 의미로는 주택 그 자체 또는 주택을 중심으로 하여 최소한의 기본적 사회생활이 이루어지는 일상생활권으로 보며, 넓은 의미로는 인간의 주생활을 영위하게 할 수 있는 경제, 사회, 물리적 조건들을 포함한 유형, 무형의 외부적 조건으로 본다. 따라서 주거환경을 구성하는 공간의 범위는 주택, 근린환경, 지역환경, 국토 등으로 확장된다. 인간은 주거환경에서 다양한 공간경험을 중복적으로 하게 되므로 주거환경은 인간의 환경에 대한 인지, 선호의 차이를 나타나게 하는 바탕이 된다.

9-2 환경인지

인간과 환경과의 관계는 인간이 환경적 자극을 받아들이고(환경지각, 인지), 이에 대하여 반응하여 지각된 환경에 대하여 감정적 요소를 갖게 되고, 의미와 가치를 부여하고 평가하여 일정한 태도를 갖게 된다. 환경으로부터 자극을 지각하는 것은 동일한 자극이라도 개인이 가지고 있는 생리적인 상태 · 경험에 따라 따르며 국가 · 소문화권에 따라서도 차이를 보인다.

(1) 환경인지의 과정

인간의 지각 · 인지과정은 매우 복합적인 단계로서 인간은 시각, 청각, 후각, 촉각과 같은 감각기관을 통하여 환경적 자극을 받아들이고(환경지각 perception), 과거에 경험했던 정보를 바탕으로 해석하여 이해하게 되며(환경인지 cognition), 환경의 내용에 대한 우호적인 또는 비우호적인 감정을 갖게 된다(환경태도 attitude). 환경지각의 인지과정은 지각된 자극에 대한 감지와 더불어 감정적인 느낌이 존재하며 과거의 경험을 상기시켜 의미를 부여하는 해석과정이 수반된다. 넓은 광장이나 건물을 보았을 때 과거의 유사한 환경에 대한 경험에 비추어 좋고 나쁜 요소에 대한 판정을 하게 된다. 경험한 환경에 대한 감정과 평가과정에서 지각대상에 대한 태도가 형성된다.

지각은 환경에 대한 정보화 과정인데 동일한 자극이라도 개인적인 차이에 따라 다르게 지각하며 환경에 대한 인지도 개인에 따라 차이가 있다. 환경인지에 영향을 미치는 개인적 요인으로는 연령, 성별, 개인의 성격 등이 있다. 사물에 대한 아동의 영상은 세밀하지 않고, 여자는 가까운 사물이나 특정인을 지각하는데 반해 남자는 시각의 범위가 넓고 사물을 포괄적으로 파악한다. 문화적 특성은 개인적 특성의 바탕이 되는 것으로 환경에 대한 인지와 반응에 영향을 준다. 문화의 차이에 따라 가치, 규범이 다르며, 이에 따라 관습과 행동이 다르게 나타난다. 문화권에 따라 특정 동물, 색채, 형태에 대한 선호에 차이가 있으므로 이들에 대한 반응도 다르게 나타난다.

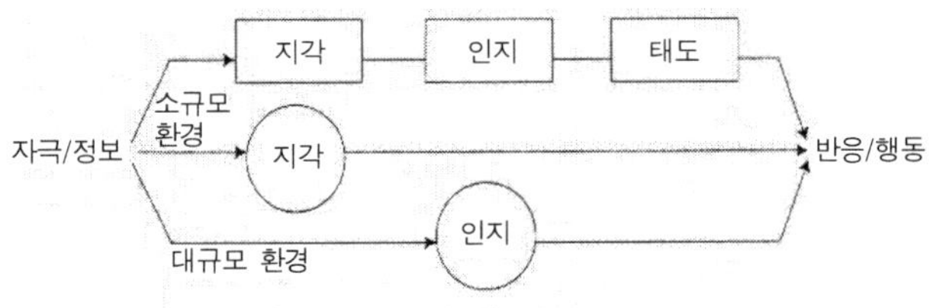

그림 9-1 | 지각과 인지의 독립과정

일반적으로 지각은 환경을 감각기관이 어떻게 받아들이는지에 대한 과정을 강조하고, 인지는 받아들인 정보를 해석하여 아는 과정을 강조하지만 지각과 인지는 거의 동시에 일어나는 상호 연속된 하나의 과정으로 본다. 경우에 따라서 지각과 인지가 연결되지 않는 상황도 발생하는데 돌발상황이나 위험상황에 처했을 때는 지각에서 반응으로 연결되며, 익숙한 장소의 길찾기는 지각단계 없이 인지로 연결되기도 한다(그림 9-1). 인간의 감각기관이 감지할 수 있는 범위 내의 근접환경에서는 지각이 인간의 행태에 미치는 영향이 크며, 국가 · 지역 · 도시 등과 같은 근접환경보다 광범위한 환경에서는 인간에게 저장된 정보로 해석하는 인지가 인간의 행태에 영향을 끼친다. 따라서 인간을 둘러싼 환경이 인간에게 긍정적인 자극을 주기 위해서는 소규모 공간에서부터 대규모 공간이 전체적 구조 속에서 상호 연결되게 하여 인지구조 속에서 체계적으로 연결될 수 있도록 한다.

환경은 지각하는 감각기관별로 시환경, 음환경, 온열환경, 공기환경으로 나누어지지만 일상적인 주거환경에서는 이들의 복합환경으로 지각하게 된다. 시환경에서는 시각에 의해 빛의 강약, 분포로 물체의 형태, 배치, 색채 등을 파악하고 음환경에서는 청각에 의해 정보를 얻는다. 온열환경은 환경의 온도를 신체가 느끼는 것이며 공기환경은 공기의 청정도를 후각으로 지각하는 것이다. 현실적인 환경에서는 각각의 감각으로 지각된 것이 동시에 하나의 환경으로 통합되어 받아들여지게 되기 때문에 공간디자인을 할 때도 공간 전체에 대해 종합적인 검토를 해야 한다.

환경디자인을 할 때에 환경지각 이론에 근거하여 물리적인 구조체를 변경시키지 않고 공간의 변화를 유도할 수 있다. 공간이 개방되어진 느낌을 주기 위하여 벽의 색을 밝게 하고, 길고 좁은 방은 가장 안쪽에 있는 벽에 어두운 색이나 동적인 문양을 사용하면 정사각형에 가깝게 보이는 것 등 심리적인 쾌적성을 높일 수 있는 방법을 사용해야 한다.

(2) 요소의 인지와 이미지

인간은 환경에 대한 다양한 정보를 수집하고 저장하며 조직 후 재편성하고 추출, 평가, 이해하는 등의 환경인지의 제과정에서 환경에 대한 이미지를 형성하게 되며 이 환경이미지를 바탕으로 행동하게 된다. 환경이미지는 인간이 환경에 대하여 갖는 총체적인 표현이며 마음의 그림이다. 지각과 인지를 통해 환경이미지가 형성되는 과정에서 개인의 특성이 영향을 끼치게 되므로 동일한 환경에 대해서도 개인은 각기 다른 환경이미지를 형성하게 된다.

환경이미지는 인지도(cognitive map)로 표현할 수 있다. 인지도는 머릿속에 기억해 둔 공간관계 및 환경의 특성을 현재에 재현한 지도이다. 인간의 공간적 행동은 인지 지도화 능력에 따라 결정된다. 목적지에 가고

그림 9-2 | 길을 잃었을 때 길을 잘 아는 사람과 모르는 사람 사이에 다른 인지도가 존재한다.

자 할 때 경로를 선택하는 방법은 인지도를 형성하는 패턴에 의해 달라지는 것이다. 인지도는 일정한 패턴을 보이며 장소, 장소들 간의 공간적 관계, 이동방향성이 나타나 있다. 장소는 건물, 도시전체 등이며, 장소들 간의 공간적 관계는 언급된 장소들 사이의 거리, 방향, 일정한 관계이다. 이동 방향성은 실제로 머릿속에 그려진 인지도를 이용하여 사람들이 공간활동을 하는 것에 대해 표현된 상태이다. 그러나 인지도는 개인의 환경에서의 경험과 선호, 그리고 표현능력에 따라 실제 인지된 내용과 달리 왜곡되어 나타나기도 한다. 거리의 길이와 방향이 실제와 차이가 나기도 하며 물리적 환경이 생략되거나 불연속적으로 나타나기도 한다. 도시의 요소 중 모서리는 주관적인 거리감에 영향을 주는데 모서리를 건너는 두 지점간의 거리와 동일선상에서 평행하는 두 지점간의 지리적 거리가 같더라도 심리적으로는 모서리를 건너는 방향의 거리를 길게 느낀다.

대규모 단지나 주거지계획에서 거주자들에게 인지도를 그려보게 함으로써 지역 내에서의 이동방향성을 알 수 있으며, 지역에 대한 인지도를 높여서 길찾기를 쉽게 할 수 있는 주거지 · 단지 · 도시계획에 이용할 수 있다.

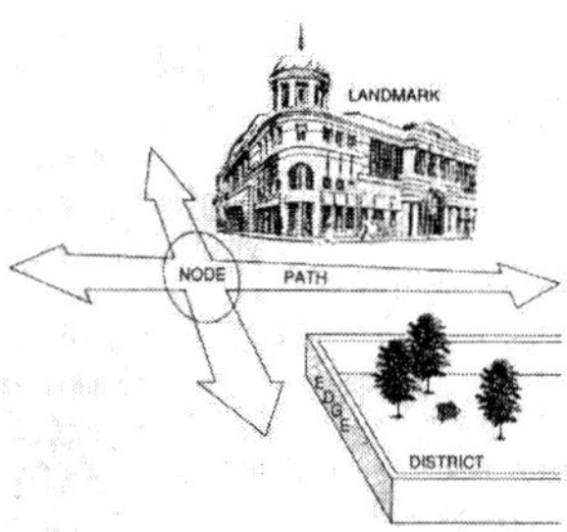

그림 9-3 | 도시이미지 형성에 영향을 주는 물리적 요소

도시계획자인 케빈 린치(Kevin Lynch)는 사람들이 도시의 길을 이용하는 패턴을 연구하여 도시의 이미지를 형성하는 중요한 요소로 통로(paths), 모서리(edges), 구역(districts), 교차점(nodes), 랜드마크(landmarks)를 제시했다. 통로는 일상적으로 주민이 통과하는 경로로 보도, 가로, 산책로, 운하, 철도, 강가와 같은 선형요소이며, 이미지의 지배적인 요소이다. 모서리는 주민이 통로로 사용하지 않는 경계가 되는 선형요소로 해안, 철로, 두 영역의 경계가 되는 곳이다. 구역은 도시에서 2차원의 확장감을 갖는 중대규모 공간으로 동질성을 갖는 블록(block) 개념의 공간이다. 교차점은 점적 요소로 도로의 교차점이나 중요지점이 되는 장소로 행위가 집중적으로 발생하는 장소이다. 랜드마크도 점적인 요소인데 밖에서 보는 대상으로 표적이 되는 건물, 간판, 상점, 산 등이 이에 해당한다(그림 9-3). 린치는 도시환경의 조망이 명료한 것이 시민에게 선명한 환경의 이미지를 부여하여 도시의 형태적 구조를 알게 하고 정체성을

느끼게 한다고 하였다. 이렇게 함으로써 시민들이 자연스럽게 행동하며 정서적인 안정을 느껴서 도시의 의미를 갖게 된다.

애플야드(D. Appleyard)와 스타이니츠(Steinitz)는 린치의 도시이미지의 개념을 발전시켰다. 애플야드는 도시에서 주민이 기억하는 형태를 구성하는 요소는 형태의 강도(동적 요인, 윤곽, 크기, 형태, 표면의 상태, 꾸며진 상태, 간판), 눈에 띄기 쉬움(시점의 강도, 시점의 의미, 거리), 의미의 척도(사용강도, 사용특이성, 상징도)로 구성된다고 하였다. 이 요소들은 사용과 의미에 따라 기억되는 정도가 다르므로 도시의 이미지는 개인별로 다층적이며, 도시가 표방하는 성격에 따라 주민의 이미지에 관련되는 요소의 역할은 차이가 있다.

스타이니츠는 도시의 이미지는 도시환경의 물리적 형태에 내포된 행위적 의미까지 전달해 줄 수 있도록 계획해야 된다고 하였다. 도시환경의 형태와 각 공간에서 이루어지는 행위 사이에 일치성을 보이는 세 가지 유형은 첫째, 환경의 물리적 형태와 행위가 동시에 나타나는 형태와 행위의 일치성, 둘째, 형태밀도(공간 및 정보의 밀도)와 행위밀도(혼잡성)의 일치 정도를 나타내는 밀도의 일치도, 셋째, 자동차 보행로, 지하철 등에 노출된 형태와 이에 영향을 받는 사람들의 상대적 숫자와 영향 정도가 함께 나타나는 영향의 일치도 등이다(이연숙, 1998).

9-3 공간과 행태

그림 9-4 | 사람들은 분수대의 경계석을 앉기에 적절한 지원성이 있는 것으로 인지하여 걸터앉으며, 다른 집단과 일정한 간격을 유지한다.

(1) 자세와 공간

인간의 신체는 공간에서 어떤 행위를 할 수 있는가를 결정하는 척도가 된다. 인간은 신체나 자세가 외부의 지각과 인지에 영향을 끼치므로 3차원적인 물체의 넓이와 높이를 보고 자신이 어떤 자세를 취할 것인가를 결정한다. 거리에서 피곤하여 무언가에 걸터앉으려고 할 때 앉기에 적합한 넓은 형태를 선택하는 것은 그것을 앉기에 적합하다고 지각했기 때문이다. 이와 같이 지각자에게 발견되는 환경이 갖추고 있는 자질을 깁슨

(Gibson, J. J.)은 지원성(affordance)이라고 하였다. 지원성의 지각은 인간이 환경과 어떻게 상호작용을 할 것인가를 아는 것이며 주체가 어떻게 의미를 부여하는가에 따라 달라진다. 주택의 거실에서 바닥에 앉아 뒤로 기대는 자세를 가능하게 하는 것은 벽에 기대는 것뿐만 아니라 소파에서 내려 앉아 소파 측면에 기대는 경우도 많다. 이러한 경우는 바닥과 소파가 만드는 면을 지원성의 개념으로 이해한 것이다.

(2) 색채의 영향

색의 선호는 개인적, 문화적 차이가 있다. 색이 인간행태에 미치는 영향은 색의 색상, 명도, 채도의 정도, 지각되는 색의 배경, 색을 비추는 빛의 질에 따라 달라진다. 환경에 사용되는 색은 단일색이 아니며 다양한 패턴으로 나타나기 때문에 인간이 색을 지각하여 느끼는 결과를 단적으로 설명하기 어렵다. 그러나 공간에 중점적으로 사용되는 색이 인간에게 전반적인 영향을 끼치는 것으로 본다.

일반적으로 적색은 청색에 비하여 근육긴장, 뇌파, 맥박수, 호흡수의 증가를 초래하며 각성을 높인다. 젊은 연령층이 이용하는 상업 음식점에는 강조색으로 붉은색을 많이 사용하여 이동을 촉진하며, 집중력을 요구하는 학습 · 교육공간에는 청색을 많이 사용한다. 식사공간에는 식욕을 상승시키는 주황색을 비롯한 붉은 색 계열이 많이 사용된다. 상업시설에는 밝고 채도가 높은 색을 사용하여 동적인 분위기를 조성한다. 연령에 따라서도 색의 선호에 차이를 보이는데 아동은 원색의 놀이기구나 장난감을 좋아하는 것으로 알려져 있다.

그림 9-5 | 공간의 상징적 분리높이

(3) 공간구성요소의 영향

인간은 공간을 구성하는 벽, 바닥, 천장의 넓이, 높이, 경사, 크기, 재질이 주는 자극에 의해 그것이 어떤 행위를 가능하게 하는지를 판단한다. 이러한 공간구성요소를 공간의 목적에 맞게 조절하여 공간디자인을 해야 한다. 인간생활에 가장 영향을 미치는 건축공간은 인간 척도에 준하여 공간의 크기가 정해져야 사용하기 적절하다.

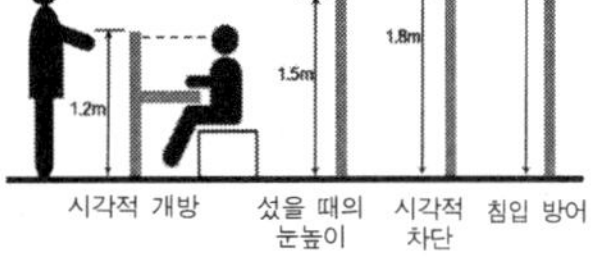

그림 9-6 | 벽높이와 기능

그림 9-7 | 인간폭을 최소로 계획한 출입구

그림 9-8 | 인간 이동의 최소폭으로 계획된 계단

그림 9-9 | 기본 인체동작치수를 다르게 설정하면 체적이 다른 공간의 공중전화 부스가 만들어진다.

높이가 인간행태에 영향을 미치는 것을 살펴보면, 두 공간 사이에 60cm 이하의 높이의 벽이 설치되면 두 공간을 상징적으로만 분리하는 것이고 두 공간의 상호 통행이 가능하며 걸터앉을 수도 있다(그림 9-5). 1.2m 정도의 벽은 상호 왕래는 힘들지만 눈높이(1.5m)보다 낮아서 시각적으로 개방된다(그림 9-6). 1.8m 정도의 벽은 시선보다 높아서 시각적으로 완전히 차단되며 높은 프라이버시가 요구될 때 이용된다. 2.4m 이상의 벽은 도구를 이용하지 않으면 넘어갈 수 없는 높이이므로 침입을 방어해야 하거나 고도의 안전이 요구되는 곳에 이용한다(임승빈, 2007).

폭과 인간행태의 관계를 보면 사람의 어깨폭이 42~48cm 정도가 되므로 사람이 통과할 수 있는 최소폭은 60cm이다. 주택에서 출입문은 사람이 물건을 들고 이동하는 여유분을 고려하여 85~90cm로 설정한다. 화장실은 휠체어 이용을 고려한 경우를 제외하고 일반적으로 사람통과 최소폭+10~20cm로 하므로 주택내부에서 가장 작은 폭으로 계획한다.

공간 체적의 최소단위는 기본적인 가구가 들어가는 1인용 방으로 보며 2.7m×3.6m이고 높이는 2.4m이다. 이러한 단위공간을 수직적으로 확대하면 고층건물의 엘리베이터실과 같은 공간이 형성되어 매우 협소한 느낌을 주어 폐쇄공포증을 느끼게 된다. 단위볼륨을 수평으로만 확대하면 복도와 같은 느낌을 주어 역시 협소하며 지루한 느낌을 준다(임승빈, 2007).

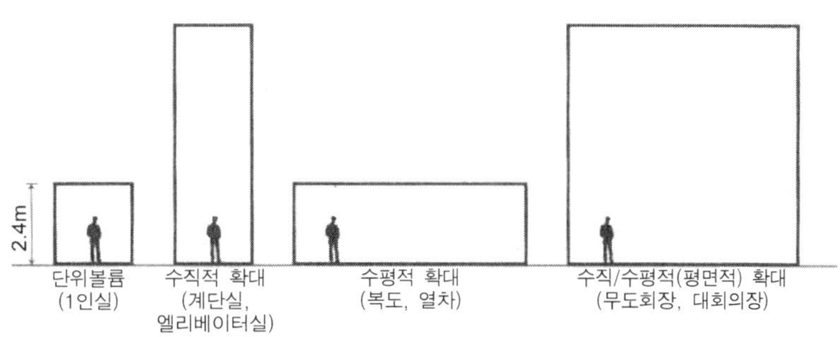

그림 9-10 | 단위 볼륨의 확대와 이용행태

9-4 개인공간과 영역성

(1) 개인공간과 사회적 공간

1) 개인공간의 의미

그림 9-11 | 개인공간은 타인과의 관계에서 자신의 주변에 일정한 크기를 갖는 것이다.

인간은 타인과의 관계에서는 일정한 간격을 유지하고 싶어 한다. 길에서 타인에게 길을 묻거나 줄을 서서 기다릴 때에도 모르는 사람과의 간격이 너무 가까우면 자신의 영역을 침입받는 느낌이 들어 일정한 간격을 유지하기 위하여 물러서게 된다. 이와 같이 인간의 주변에 일정의 크기를 갖고 있어서 적당히 신체가 움직일 수 있도록 형성되는 영역을 개인공간(personal space)이라고 한다(그림 9-11). 개인공간은 일정하고 고정된 것이 아니라 신체가 움직이는 것에 따라 주변에 형성되는 것으로 개인간의 접촉을 조절하여 정신적, 신체적 스트레스를 피할 수 있는 적정한 공간이며 타인에 대한 방어의 기능과 정보교환의 기능을 갖는다. 정신적, 물리적인 외부로부터의 위협과 스트레스를 일으키는 과다 자극, 지나친 친밀감, 다른 사람들의 신체적 공격에 대한 완충지대로 작용한다. 개인공간의 거리는 상황에 따라 변하여 외부의 위협에 대한 완충작용을 하므로 위협을 느낄수록 타인과 먼 거리를 유지하려고 한다. 또한 개인공간은 개인 상호간에 표정과 오감으로 알게 되는 정보교환이 이루어지는 거리이므로 거리가 가까울수록 말, 표정, 몸짓 등의 양적, 질적 정보교환수단의 선택이 다양해진다.

개인공간은 사람과 연관 지어 나타나는 것이므로 상대가 누구이며 매력의 정도가 어떤지, 무엇을 하는 상황인지에 따라 달라진다. 개인적인 변수로 인종과 문화, 성별, 연령 등이 있다. 접촉 문화권의 민족들(지중해지역, 라틴아메리카)이 비접촉문화권의 민족들(북유럽과 미국 백인)보다 상호작용을 할 때 개인공간의 거리를 더 가깝게 두며, 여성들은 남성들에 비해 자신이 좋아하는 사람과 더 가까운 거리에서 상호작용을 한다.

2) 사회적 공간

에드워드 홀(Edward Hall)은 개인간의 거리 설정방법이 상황과 문화에 따라 달라진다고 하면서 사회적 공간에서 개인간의 사회적 관계에 따라 개인간의 거리를 다음과 같이 네 가지로 구분하였다. 친밀한 거리(intimate distance)는 45cm 이내의 범위이며 가까운 친구나 가족 또는 연인과 같이 특별히 가까운 관계에서 유지되는 거리이다. 개인적 거리(personal distance)는 45~120cm이며 친한 사람간의 일상적 대화가 가능한 거리이다. 사회적 거리(social distance)는 120~360cm의 범위이며 업무상 여러 명이 대화를 나눌 때 유지되는 거리이다. 접촉은 거의 가능하지 않지만 대부분의 신체운동이나 자세를 관찰할 수 있다. 공적 거리(public distance)는 360cm 이상으로 극장이나 강의실에서 배우나 강연자와 청중 사이의 형식적이고 공적인 관계에서 유지되는 거리이다. 이상에서 제시된 네 가지 거리의 구분은 상황 또는 개인의 특성이나 문화적 차이에 따라 영향을 받게 된다.

개인적 공간의 개념으로 개인 간의 관계를 추측할 수 있으며 주거공간보다는 사무실이나 공적 공간을 계획하고 가구를 배치할 때 적용되어 다른 사람과의 관계를 더욱 친밀하게 혹은 방해를 받지 않는 관계로 설정해주며, 가구의 배치를 달리함으로써 일어나는 행동을 예측하거나 결정하게 한다. 공공영역에서 개인들의 장소 점유방법, 상대에 대한 위치 설정방법 등은 사람들 간의 관계를 알 수 있게 해준다.

일반적으로 공공영역에서는 개인이 공중전화 앞이나 표를 사기 위해 기다릴 때 혼잡하지 않으면 뒷사람과 1m 이상의 간격을 유지하려고 한다. 두 사람의 회화는 0.5~1.5m에서 이루어지며 회화를 여러 명이 할 때는 직경이 2.5m를 넘지 않는다. 의자를 배치할 때에 두 개의 의자를 마주보고 1.5m 이내로 계획하면 사람들은 이 배치상태를 마주보는 상황으로 받아들이지만 그 이상의 거리를 유지하면 의자가 서로 마주하지 않는 상황으로 받아들인다. 공간의 크기에 따라서는 방의 크기가 작을수록 개인이 스트레스를 느끼므로 개인공간의 크기는 더 커지고 방의 크기가 클수록 개인공간의 크기는 더 작아진다. 동일한 크기라도 칸막이로 분할된 방에서는 공간을 침범당하는 느낌이 감소된다.

3) 개인공간의 조절

개인공간이 지나치게 작거나 크면 개인 상호간의 매력도를 낮추고 부정적인 결과를 유도하며 이를 보완하기 위한 보상행동이 일어날 수 있다. 개인공간이 침해된 경우 나타나는 반응으로는 시선을 바꾸거나 자신이 가지고 있는 신문이나 가방 등으로 장애물을 설치하며 침해의 정도가 심할 때는 다른 장소로 이동하게 된다. 그러나 버스나 엘리베이터 안과 같이 개인 간의 거리가 충분히 확보되지 못하는 상황에서 대처하는 방법은 서로 마주보는 일 없이 몸의 방향을 조정하여 서로 눈을 마주치지 않으려고 하고 몸을 움츠려서 주위에 보이지 않는 막을 형성한다.

이러한 개인공간에 대한 개념을 이용하여 대인간의 상호작용을 촉진 또는 저해하는 공간배치를 할 수 있다. 오스몬드(Osmond)는 신체방향의 유형에 대응하여 좌석배치의 공간유형을 분류하였는데, 서로 마주보도록 안쪽을 향하여 둘러싸는 원형배치는 인간상호간의 교류를 활발하게 하는 디자인이어서 친사회적 공간(sociopetal space)이라고 하였다. 한편, 좌석을 바깥으로 향하게 하여 원형배치를 하거나 한쪽 방향으로만 바라보게 배치하는 것은 타인끼리 방해를 받지 않고 앉아 있게 되어 인간 상호간의 교류를 일으키지 않는 디자인이므로 반사회적 공간(sociofugal space)이라고 하였다(그림 9-12). 공공공간에서도 친사회적 공간을 만들어주면 다른 사람들의 방해를 받지 않고 두 명 이상의 집단이 친밀감을 느낄 수 있으며, 공항이나 터미널의 대기장소에서는 반사회적 공간으로 좌석배치가 되어 있어야 긴 시간 동안 많은 사람들이 서로 방해를 받지 않고 원하는 행위를 할 수 있다. 개인공간에 대한 개념이 공적 공간의 계획에 적용됨으로써 다른 사람들의 방해를 받지 않고 목적이 있는 집단의 관계성을 높여준다.

친사회적 공간

반사회적 공간

그림 9-12 | 반사회적 공간과 친사회적 공간의 배치

(2) 영역성

1) 영역성의 의미

영역은 개인 또는 집단이 사용하는 공간이며 외부에 대하여 방어하는 한정되고 고정된 공간이다. 영역은 사용자가 공간에 대한 심리적 식별성과 소유태도를 갖으며 소유물건을 배치함으로써 개인화, 상징화된다. 영역을 소유한 사람이 그것을 주장하고 방어하는 행동을 영역행동이라고 하며 영역과 영역행동 모두를 합하여 영역성(territoriality)이라고 한다. 영역의 기능은 사용자에게 생활에 있어서 예측가능성, 질서, 안전성을 증진시킨다. 또한 특정한 장소에서 기대되는 행동유형과 영역을 차지하고 있는 사람에 대한 정보를 제공한다. 영역을 개인화하는 방법을 통해서 높은 자아정체감을 갖게 된다. 경계가 명확한 영역은 사용자에게 자극의 양과 복잡성을 줄이므로 스트레스를 줄이는 기능을 한다. 영역성은 도시에서 주택이 고층 고밀화 되면서 외부공간의 활성화와 안전감을 높이기 위하여 가장 많이 사용하는 계획개념이다.

2) 영역의 유형

알트만(Altman)은 영역을 점유기간, 점유자와 타인에게 불러일으키는 인지, 사유화된 정도, 침범 당했을 때 방어할 가능성에 따라 1차적 영역, 2차적 영역, 공적 영역으로 분류하였다. 1차적 영역은 일상생활의 중심이 되는 반영구적으로 점유되는 공간이며 외부인에 대한 배타성이 높은 곳으로 주택, 사무실 등이다. 이곳은 사유화되어 있고 소유주가 강력한 통제권을 가지고 외부로부터 침범을 받았을 때 침입자가 심각한 문제를 일으킨 것으로 취급된다. 2차적 영역은 1차적 영역과 공적 영역의 중간적인 성격이 있으며 특정한 집단의 구성원들이 점유하는 공간으로 교실, 교회, 클럽 룸으로 1차적 영역보다 배타성이 낮고 덜 영구적이다. 사용자에게 소유권은 인정되지 않지만 어느 정도 공간을 개인화할 수 있다. 공적영역은 모든 사람에게 자유롭게 출입이 허용되지만 적절한 행동에 대한 기대가 있고 이를 지키지 않으면 제약을 받기도 한다. 사용자에게 소유권이 인정되지 않으며 통제권을 주장하기 어렵다. 그러나 일시적으로 개인이 자리를 차지하거나 자신의 소유물을 놓아둠으로써 점유도 가능한 곳이며 공원, 광장, 해변 등이 이에 해당된다.

주택은 1차적 영역으로 가족을 위한 안전성, 개체성, 자기표현의 장소이다. 영역에 대한 표현으로는 명확한 경계를 설정하고 담장이나 문을 설치하는 것이 일반적이지만 경계를 구별할 수 있는 정도로 바닥의 재료를 달리하거나 낮은 울타리의 설치 또는 상징적인 구조물로 출입구의 위치를 표시하기도 한다. 주거영역 내에서는 가족 개인의 독립된 영역으로 개인침실을 소유한다. 거실에서 연령이 영역할당에 영향을 끼쳐 아버지 또는 노인의 앉는 자리가 정해져 있어서 일정하게 사용되기도 한다.

스티(Stea)는 영역의 구분을 일상생활을 하는 공간에서 범위로 표현하였다. 개인을 둘러싼 이동성이 있는 개인공간(personal space), 고정적 공간과 같은 영역의 단위(territorial unit), 개인이 방문할 수 있는 영역의 단위와 이를 둘러싸고 있는 영역들의 군집(territorial cluster), 군집들의 집합체인 영역의 복합체(territorial complex)로 분류하였다(그림 9-13).

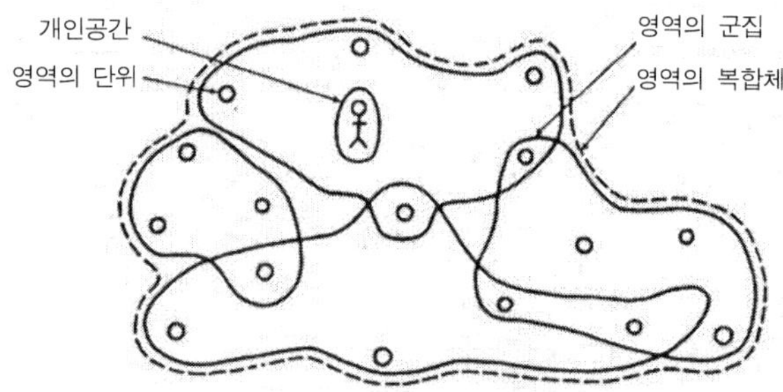

그림 9-13 | 스티의 영역성의 조직모델

그림 9-14 | 아파트 동 입구에 상징물로 표시를 하여 거주자에게 영역성을 갖게 하였다.

3) 방어적 공간 디자인

집단이나 개인이 영역을 지키기 위하여 하는 영역행동은 공유영역을 방어하고 개선하도록 유도하여 집단 정체감과 안정감을 부여한다. 반면 어떠한 집단도 영역감을 갖지 않는 빈 터, 골목길은 영역침범이 일어나 쓰레기, 낙서, 방뇨 등에 의해 쉽게 황폐화되고 사람들이 접근을 꺼리는 우범지역이 된다. 오스카 뉴만(Oscar Newman)은 소유가 분명하지 않은 공공지역은 표시가 되어 있는 장소보다 파괴될 가능성이 크다고 하였으며, 영역 침범은 범죄로 연결될 가능성이 높으므로 영역을 방어하기 위한 방어적 공간(defensible space)의 계획개념을 제시하였다. 방어적 공간에 대한 계획이 주목을 받는 이유는 대도시에 고층의 공동주택이 대량으로 건설됨에 따른 방범성, 안전성에 대한 문제가 발생하는 것과 관련이 있다. 공동주택단지는 개인의 단위주거와 거주자들이 사용하는 다양한 형태의 공유공간으로 구성된다. 주거단지계획에서 단위주거인 사적공간을 중시하는 계획개념은 상대적으로 공유공간에 대한 계획을 소홀히 하게 되어, 이웃간의 우연한 만남과 교류가 일어날 수 있는 장소가 축소되고 거주공간에 대한 불안감이 커져 이를 보완해야 되는 필요성이 커졌기 때문이다.

그림 9-15 | 아파트 단지 내부와 가로 사이에 시각적 개방성을 주고 입구를 상징화 하였다.

오스카 뉴만은 주거환경을 공적영역(public space) – 준공적영역(semi public space) – 준사적영역(semi private space) – 사적영역(semi private space)으로 세분화하여 영역적 구분을 하였고 준공적영역과 준사적영역의 계획이 중요하다고 보았다. 백혜선(2002)은 공적영역과 사적영역 사이에 존재하는 공간을 근접생활영역이라는 물리적 공간으로 개념화 하였다. 근접생활영역은 사적영역에 속하는 기능공간들과 공적영역에 속하는 기능공간들이 동선적으로 연계, 중첩됨으로써 성립한다. 근접생활영역의 구체적인 사례로 각 집의 발코니들과 시각적으로 연결된 놀이터, 1층 개인마당이 접해 있는 보행로, 집을 나서다가 아는 이웃과 우연히 마주치게 되는 주거동 현관 부근 등이다. 사적영역들의 영역성이 강해 근접생활영역이 확대되는 경우 근접생활영역 간 중첩현상이 일어난다. 사적영역 주변의 공적영역도 자신의 근접생활영역으로 편입되게 하여 사적영역의 영역성이 강하게 형성될 수 있도록 하는 것이 공동생활 촉진을 위하여 필요하다.

그림 9-16 | 단독주택 주거지의 모든 주택에 담이 없거나 낮은 울타리를 설치하여 방어적 공간이 되게 하였다.

영역성 강화를 위해 가장 효과적인 방법은 사적영역의 개인생활 내용이 사생활 침해 없이 자연스럽게 외부와 시각적으로 교류되도록 하는 것이다. 집 내부공간이 들여다보이지 않도록 구성된 집 앞마당이나 외부에 시각적으로 개방된 발코니계획을 하는 것이다. 또 다른 방법으로는 사적영역 거주자가 자신의 생활내용을 쉽게 표출할 수 있는 장치들을 제공하는 것이다. 현관 앞에 화분, 장식품으로 장식하기에 적당한 작은 공간을

그림 9-17 | 중정은 둘러싼 동의 거주자들이 영역성을 갖고 적극적으로 이용하는 공간이다.

마련하거나 문패를 걸 수 있는 문기둥을 설치하는 것 등이다. 영역의 범위가 넓어지고 영역성이 강화되는 것은 안전성을 증진시킨다. 심리적 안전감을 강화하는 것으로 거주자들이 일상생활에서 끊임없이 공간을 주시하는 자연감시를 통해 안전성을 확보하는 방법과 위험한 요인을 제거함으로써 공간 자체를 안전한 곳으로 만드는 방법이다(공동주택연구회, 2008).

그림 9-18 | 쿨데삭(cul-de-sac) 배치는 거주자들이 마주치는 빈도가 높아 이웃관계를 촉진한다.

그림 9-19 | 공적공간인 골목길에 화단을 만들어 사유화함으로써 영역성을 높였다.

랄프 테일러(Ralph B. Taylor)와 시드니 브라우어(Sidney Brower, 1985)도 개인주거와 지역사회를 연결해주는 중간부분을 인접 주거영역(near-home territories)으로 표현하였다. 개인주거에서부터 지역사회에 이르기까지 연속적으로 영역요구에 대한 단계적인 개념구조를 가지고 계획하는 것의 중요성을 강조하였다. 최근의 주거지에서 '담장 허물기'의 결과로 나타나는 인접주거영역의 확대와 이웃관계의 증진은 영역성의 기능이 긍정적으로 나타난 것이다.

범죄에 대한 방어적인 디자인을 통해 범죄발생을 줄이는 이론인 범죄예방 환경설계(CPTED : Crime Prevention Through Environmental Design)는 영국과 미국 등 선진국에서는 도시계획, 건축설계 등에 적용되어 이미 이에 따른 도시건축이 이루어지고 있다. 서울시도 2008년부터 안전한 주거환경을 만들기 위해 재건축·재개발사업에 범죄예방 환경설계를 적용하고 있다. 아파트단지에 적용되는 내용으로는 범죄예방을 위해 지하주차장의 비상벨과 자연광 유도를 위한 선큰(sunken) 주차장, 폐쇄회로TV, 조명 등에 대한 설계기준, 주거시설의 담장과 식재수목의 종류, 지하차고 유지, 조경 등에 대한 기준, 어두운 곳에 대한 야간조명의 종류, 조도기준, 어린이놀이터에 대한 위치, 시야 확보에 대한 기준, 공원에 대한 기준 등에 대한 것이다.

9-5 프라이버시와 과밀

(1) 프라이버시

1) 프라이버시의 의미

일반적으로 프라이버시는 타인으로부터 사생활보호를 하기 위하여 접촉을 회피하는 의미로 사용되지만 알트만(Altman)은 프라이버시를 타인에 대한 폐쇄적인 상태의 소극적인 의미로 보지 않고 개인이나 집단에 대한 선택적인 조절로 보았다. 프라이버시란 자신과 사람을 포함한 외부의 자극 사이에 폐쇄적 또는 선택적으로 경계를 설정하고 원하는 프라이버시와 성취된 프라이버시가 동일할 때 성공적으로 프라이버시를 달성한 것으로 보는 것이다. 그러나 원하는 정도보다 사회적 접촉을 많이 하면 과밀상태가 되는 것이고 원하는 정도보다 사회적 접촉을 적게 하면 고립상태가 된다(그림 9-20).

타인으로부터의 정보유입 조절		타인으로의 정보유출 조절	
사례1 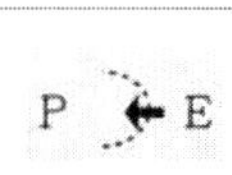	성취한 프라이버시= 원하는 프라이버시 (적절한 정보유입, 높은 상호접촉)	사례5 	성취한 프라이버시= 원하는 프라이버시 (적절한 정보유입, 높은 상호접촉)
사례2 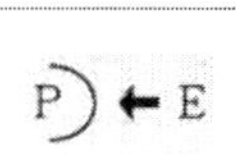	성취한 프라이버시= 원하는 프라이버시 (적절한 정보유입, 낮은 상호접촉)	사례6 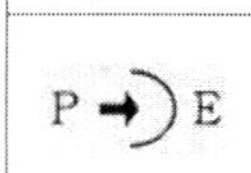	성취한 프라이버시= 원하는 프라이버시 (적절한 정보유입, 낮은 상호접촉)
사례3 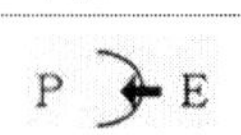	성취한 프라이버시< 원하는 프라이버시 (침입, 과밀상태)	사례7 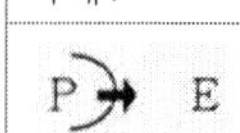	성취한 프라이버시< 원하는 프라이버시 (원치않는 접촉)
사례4 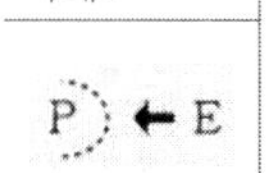	성취한 프라이버시> 원하는 프라이버시 (불충분한 정보유입, 사회적 고립)	사례8 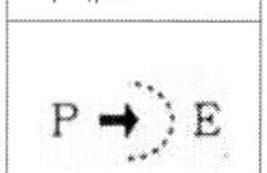	성취한 프라이버스> 원하는 프라이버시 (불충분한 정보유출)

P : 프라이버시를 요구하는 사람, E : 환경자극 또는 타인,

→ : 정보전달의 방향,) : 대인간의 폐쇄적 경계, ⁞ : 대인간의 개방적, 유동적 경계

그림 9-20 | 대인간 경계조절작용으로서의 성취한 프라버시와 원하는 프라이버시간의 관계

웨스틴(Westin)은 프라이버시의 유형을 타인의 시각적인 관찰로부터 벗어나 혼자 있는 '고독(solitude)', 둘 이상의 작은 집단이 타인으로부터 분리되는 '친교(intimacy)', 개인이 공공장소나 공적인 행위를 하면서 신분이 노출되지 않도록 군중 속에 있는 '익명(anonymity)', 원하지 않는 침입에 대해 심리적 장벽을 쌓는 '은폐(reserve)'의 4가지로 나누었다. 이를 통해 프라이버시에 대한 대상, 다양한 수준의 프라이버시를 이해할 수 있다.

2) 프라이버시의 조절

프라이버시의 기능은 불필요한 자극으로부터 개인을 보호해주어 자아의 독립과 자아정체감을 갖는 것을 도와주며 정서적 해방과 정보를 보호할 수 있는 기회를 준다. 원하지 않는 자극을 차단하여 프라이버시를 성취하기 위하여 개인이나 집단은 언어행동, 신체적인 행동, 사물이나 물리적인 구조의 설치, 타인이 사용하는 공간에 들어가기 위한 노크나 헛기침과 같은 문화적인 관습이나 규범에 따른 행동기제를 통해 개방성과 폐쇄성을 조절한다.

주거공간에서는 이웃으로부터의 시각적, 청각적 프라이버시를 지킬 수 있는 거리와 재료를 사용해야 한다. 부모와 자녀 간에도 프라이버시의 조절이 필요한데 청소년기에는 자아정체감이 형성되는 시기이므로 자녀에게 자신의 방을 주어야 하며 시각적, 청각적 프라이버시를 고려해야 한다. 청소년의 방과 부모의 방은 거리가 멀게 배치해야 하며 방 사이에 매개공간을 두어 청각적 프라이버시가 유지되도록 해야 한다. 현대 가정에서는 자녀가 부모로부터 침실을 분리하는 연령이 점점 빨라지게 되어 프라이버시가 확보되는 대신 부모와 자녀의 의사소통의 부재로 이어져 문제가 되고 있다. 주택 내부에서 프라이버시를 확보하기 위하여 사용되는 공간적인 요소는 독립된 방의 확보, 문의 처리방식, 방의 배치, 공간의 분리방식, 벽의 재료, 침실의 크기, 욕실의 수, 욕실 디자인 등이다.

문화에 따라 주거공간의 각 실에 대한 프라이버시가 차이가 있는데 일본에서는 화장실을 손님이 접근하기 쉬운 현관 근처에 위치시키지만 다른 문화권에서는 주택의 내부 더 안쪽에 배치하기도 한다. 프라이버시는 장소의 이동에 따라 공적인 성격에서 사적인 성격으로 단계적으로 변화해 가기도 하는데 이를 프라이버시의 경사(privacy gradient)라고 한다.

(2) 과밀

1) 과밀의 개념

과밀(crowding)은 밀도(density)에 관한 것이지만 과밀과 고밀도(high density)는 의미를 구별하여 사용한다. 밀도에는 물리적 밀도와 사회적 밀도가 있는데 물리적 밀도는 단위면적당 점유하고 있는 사람수인데 반해 사회적 밀도는 사람들 간의 상호관계 접촉의 정도를 의미한다. 우리나라 대도시의 아파트단지는 초고층화가 진행되고 있어서 물리적으로는 고밀도이지만 사회적 밀도는 낮아 공동체의식 형성에 문제가 있다.

밀도의 물리적 개념으로 주거관련 센서스에서 주로 사용하는 밀도의 단위는 1인당 주거면적, 가구당 주거면적, 방당 거주인수이다. 고밀도는 일정면적에 설정한 지수의 기준보다 높은 밀도를 점하는 것이며 과밀은 고밀도인 상태에서 개인이 심리적으로 밀도가 높다고 느끼는 것이 더해진 것이다. 우리나라의 최저주거기준에는 가구원수별 총주거면적과 침실분리기준이 있어서 1인당 주거면적, 방당 거주인수로 고밀도를 비교할 수 있다. 프라이버시의 조절에서 살펴본 바와 같이 특정 공간에서 사회적 관계가 원하는 수준보다 높을 경우 과밀이라고 느끼므로 과밀은 공간적, 개인적, 사회적 관계요소가 복합적으로 작용하여 나타난 것으로 파악할 수 있다.

2) 과밀의 영향

사람들이 공간에 반응하는 최적수준은 과거의 경험, 문화적 배경, 개성, 상황, 자원 등에 영향을 받기 때문에 과밀은 개인적 차이(성별, 연령, 성격 등), 상황적 조건(분위기, 행위의 종류), 사회적 조건(사람과의 관계성, 접촉의 밀도)에 따라서 달라진다. 고밀도인 상황에 대한 부정적인 영향에 대한 연구들에서는, 고밀도일 때 맥박과 혈압이 증가하며 개인적 공간과 영역을 유지할 수 없으므로 타인에 대해 부정적인 반응을 나타낸다고 한다. 타인에 대한 호감도 감소하며 상호 협동하고자 하는 성향도 적다고 한다. 고밀도에서 남자가 여자보다 과밀의 영향을 강하게 느끼는데 이것은 남자의 개인공간 크기가 여성보다 큰 것과 관계가 있다.

그림 9-21 | 운동경기장에서는 과밀한 상황이어도 불쾌감을 느끼지 않는다

도시의 과밀은 사회병리를 유발하여 신체적, 정신적, 건강에 부정적인 영향을 끼치는 것으로 보고 있다. 주거과밀은 주거 내에서 다양한 활동이 함께 이루어지므로 개인의 정서적인 불안감, 도피적 행동, 공격적 행동에 영향을 미치고 부부간의 대화에 부정적인 영향을 끼치며 자녀에게도 무관심을 조장하거나 부모와의 의사전달이 잘 이루어지지 않게 된다(주거학연구회, 2005). 밀도가 높은 경우에도 과밀을 느끼지 않는 경우도 있는데 운동경기장이나 축제 때의 거리는 고밀도인 환경이어도 상황적 조건에 따라 오히려 즐기는 경우도 있다.

과밀한 환경은 환경적 조건을 변화시킴으로써 완화시킬 수 있다. 동일 면적 공간에서도 장방형 형태로 천장을 높게 하고 창문이나 문 등의 시각적 출구를 만들어 폐쇄적이지 않게 하며, 벽의 주조색과 적절한 조명에 의해 실내를 밝게 하는 것이 과밀을 덜 느끼게 하는 방법이다.

생각해보기

1 문화권에 따라 환경에 대한 인지의 차이가 있으므로 선호하는 색채, 형태가 다르다. 이러한 예를 찾아보고 그 이유를 알아보자.

2 톰 행크스 주연의 영화「터미널」을 보고 주인공이 공공영역에서 영역성을 표현하고 방어하는 방법에 대해서 토론해보자.

3 공동주택단지나 단독주택 지역에서 방어적 공간의 역할을 하는 계획적 요소를 찾아보고 관찰조사를 통해 해당요소의 실제적 영향을 평가해보자.

참고문헌

1. 공동주택연구회, 주거단지계획, 동녘, 2008.
2. 백혜선, 공동주택단지 옥외공간의 일상생활공간화에 관한 연구, 연세대학교 대학원 박사학위논문, 2002.
3. 이연숙, 실내환경심리행태론, 연세대학교출판부, 1998.
4. 임승빈, 환경심리와 인간행태, 보문당, 2007.
5. 주거학연구회, 넓게 보는 주거학 2장 주거환경심리, 교문사, pp.24~41, 2005.
6. 高橋鷹志 · 長澤泰 · 西出和彦, 環境と空間 〔환경과 공간〕 (정무웅 · 정혁진 역), 태림문화사, 2001(원본 1997)
7. 日本建築學會編, 人間環境學 〔인간심리행태와 환경디자인〕 (배현미 외 역), 보문당, 2000(원본 1998)
8. Bell, Fisher & Loomis, Environmental Psychology. W. B. Saunders Company, 1978.
9. Taylor, Ralph B. & Brower, Sidney, Home and Near-Home Territories, (Altman, Irwin & Werner, Carol M. Ed., Home Environments), Plenum Press New York, pp.183~212, 1985.

그림출처

그림 9-1, 9-10 임승빈, 환경심리와 인간행태, 보문당, 2007.

그림 9-2, 9-11 Bell et al., 1978.

그림 9-3, 9-13, 9-20 이연숙, 실내환경심리행태론, 연세대학교출판부, 재인용 1998.

그림 9-21 연합뉴스, 2006. 6.19

10장 주거의 실내환경

주거란 인간이 거주하는 공간이다. 인간이 거주하기 위해서는 공간이 반드시 갖추어야 할 것들이 있다. 쾌적성과 건강성, 편의성, 심미성 등. 그 중 쾌적성과 건강성 등은 주거의 실내환경과 깊은 관련이 있다. 여기서는 쾌적하고 건강한 주거의 실내환경을 만들기 위해 고려해야 할 점들을 온열환경, 공기환경, 음환경의 관점에서 생각해본다.

10-1 쾌적한 온열환경

쾌적한 환경, 그것은 누구나가 희망하는 일일 것이다. 온열(溫熱)환경도 그 중의 하나로, 당연히 쾌적한 것이 좋은 것이다. 그러면, 쾌적한 온열환경이란 어떠한 것일까. 덥지도 춥지도 않은 환경, 다소 소극적이긴 하나, 이러한 환경을 쾌적한 환경이라고 말할 수 있을 것이다. 그러나 덥지도 춥지도 않은 환경이란 너무나 막연해서 구체적으로 어떠한 환경인지 알기 힘들다. 어떻게 하면 그러한 환경을 만들 수 있을까. 그러기 위해서는 우선, 인간은 어떻게 더위나 추위를 느끼게 되는 것인가에 대해서 알 필요가 있다. 여기에서는 인체의 열수지와 체온조절과 온열감각의 관계를 정리하면서 더위와 추위의 감각을 좌우하는 요인에 관하여 생각해 보기로 한다.

(1) 온열 4요소

온열요소란 인간의 온열적인 쾌적성에 영향을 미치는 물리적 요소를 말하는 것으로, (1) 온도, (2) 습도, (3) 복사, (4) 기류의 네 가지가 있어서, 이것들을 온열 4요소라고 부른다. 다음의 표에 각 요소의 측정방법과 표시의 단위를 제시한다.

표 10-1 • 온열 4요소의 측정단위

요소	측정단위
(1) 온도	건구온도(℃)
(2) 습도	습구온도(℃), 상대습도(%), 절대습도(kg/kg), 수증기분압(mmHg)
(3) 복사	평균복사온도(MRT) (℃), 흑구온도(℃)
(4) 기류	풍속(m/sec)

1) 온도는 인간을 둘러싸고 있는 공기의 온도(기온)로, 실내의 경우에는 실온, 실외의 경우에는 외기온이라고 부른다.

2) 습도는 공기중에 포함되어 있는 수분의 양을 나타내는 것으로, 인체로부터의 수분의 증발에 영향을 미치며, 특히 여름철과 같이 온도가 높을 경우는 온열감각에 큰 영향을 미친다. 한편, 기온이 낮은 경우에는 습도의 영향은 비교적 작고, 상대습도가 30%~70% 정도의 범위에서는 쾌적성에 그다지 영향을 끼치지 않는다. 그러나 습도가 극단적으로 낮아지면 점막의 건조나 정전기가 일어나는 등 온열감각 이외에도 여러 영향이 생겨 불쾌감을 발생시키게 된다.

3) 복사는 인체표면온도 혹은 착의표면온도와 인간을 둘러싸고 있는 벽면(바닥, 천장, 벽 등)의 표면온도와의 관계에 의한 복사열 이동에 의해 결정되는 것으로, 평균복사온도 등으로 표현된다. 평균복사온도(MRT Mean Radiant Temperature)란 물체(인체)와 그 물체를 둘러싸고 있는 면(벽면)과의 사이의 복사열수수와 똑 같은 복사열수수가 얻어지는 가상의 균일한 표면온도를 말한다. 따라서 MRT는 재실자와 각 벽면 간의 위치관계에 의하여 같은 방이라도 다른 수치가 된다.

그림 10-1 | 흑구온도계

◉ **흑구온도** ; 주위로부터의 복사열의 측정에는 그림 10-1과 같은 흑구온도계가 사용된다. 이것은 직경 15cm의 얇은 동판으로 만든 속이 빈 공의 표면을 광택이 없는 흑색으로 칠한 것으로, 그 안에 일반 막대온도계를 꽂아 온도계의 끝을 공의 중심에 고정하고 코르크로 밀폐한 것이다. 이것을 15~20분간 공기중에 놓으면 그 장소의 기온, 주위 벽 온도로부터의 복사열, 기류에 의한 열손실이 평행한 온도를 나타내게 된다. 이 온도는 흑구온도라고 불리며, 기온과 복사열의 종합효과를 나타내는데 사용된다. 이 흑구온도와 MRT와의 관계는 다음과 같은 식으로 나타낼 수 있다.

$$\overline{tr} = \left[(tg+273)^4 + \frac{1.10\times10^8\,Va^{0.6}}{\varepsilon D^{0.4}}(tg-ta)\right]^{1/4} - 273 \quad (10\cdot1)$$

$\overline{tr}$: 평균복사온도(℃)

tg : 흑구온도(℃)

Va : 기류속도(m/sec)

D : 흑구의 직경(m)

ε : 방사율(흑구의 경우 0.95)

4) 기류는 공기가 이동하는 속도(풍속)를 나타내는데, 이는 공간적으로도 시간적으로도 항상 일정하지 않다. 또 감각으로서 기류를 느끼지 않는 경우도 약간의 기류가 존재하는 것이 보통인데, 이것을 무감각 기류라고 하며 약 0.1~0.15m/sec이다. 풍속은 일정하지 않으므로 보통 3분간의 평균값으로 측정한다.

(2) 인체열수지

인간은 항온동물로 인체의 열적인 평형상태를 유지하여 체온을 항상 36℃~37℃로 유지하고 있다. 열적인 평형상태란 인간이 음식을 섭취하여 그것을 체내에서 연소시켜 생산되는 열량(대사산열량)과 호흡 및 체표면으로부터의 대류, 복사, 증발에 의한 방열량과의 평형을 말하며, 다음의 열평형식으로 나타내어진다.

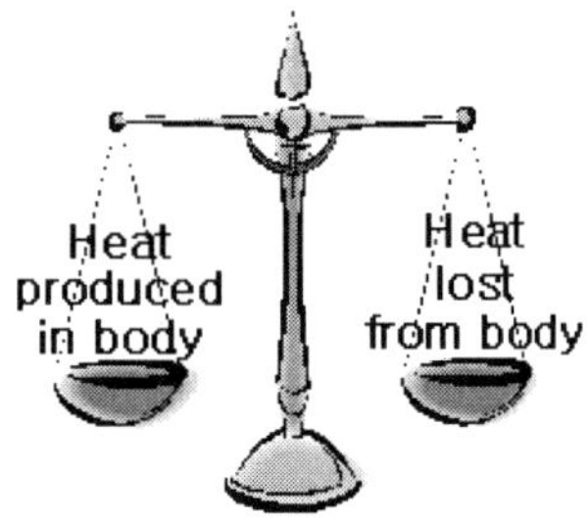

그림 10-2 | 산열과 방열의 균형

$$M = E \pm R \pm C \pm S \text{ [W/h]} \tag{10·2}$$

M : 열생산량(대사량)
E : 수분증발에 의한(잠열) 방열량
R : 복사에 의한 현열 방열량
C : 대류에 의한 현열 방열량
S : 체내 축열량

위의 식의 R과 C의 +는 방열, ㅡ는 수열을 의미한다. S의 ±는 체온의 상승, 하강을 의미하지만 추운 옥외에서 따뜻한 실내에 들어가는 단시간의 경우를 제외하고는 일반적으로 0이 된다. 이와 같이 인체의 열생산은 작업 정도에 따라 정해지며 열방산은 기온, 습도 기류, 복사(주위의 벽면의 온도)와 착의상태에 좌우된다.

생리적으로 쾌적한 조건은 체온조절기구가 무의식적으로 최소한의 노력으로 혈관의 수축, 확장을 하고 피부 표면온도를 약 33℃로 유지하는 열중성(neutral) 상태를 뜻한다.

1) 대사산열과 인체방열

대사산열량(대사량)은 인간의 활동상태, 즉 자고 있는지, 앉아서 일을 하고 있는지, 운동을 하고 있는지 등의 상태에 의해 좌우되며, 활동량이 많으면 그만큼 산열량도 많아진다. 이 대사량은 뒤에 나오는 착의량과 함께 인간의 온열감각에 영향을 미치는 인체 측의 요소의 하나이다. 인간은 충분한 안정상태에서도 일정한 양의 열을 발산하고 있고(기초대사량), 일반사무작업에서는 116[W/인] 전후의 열을 발산한다고 알려져 있다. 대사량의 크기를 나타내는 단위로서는 Met가 널리 사용되고 있다. 1[Met]는 일반적인 의자에 앉은 상태에서 작업 시의 대사량 정도로, 열량단위로는 58[W/m^2]이다. 대사량은 체표면적에 비례하므로 단위 체표면적당 1시간당의 열량으로 나타내고 있다.

한편, 인체로부터 주위의 환경에의 방열에는 대류, 복사, 증산, 호흡의

4가지 방법이 있다. 이 중 호흡을 동반하는 방열은 주위의 열환경의 변화에 대하여 그다지 영향을 받지 않으며, 비교적 쾌적한 환경에서 가벼운 작업을 하고 있는 경우의 호흡방열량은 전 방열량의 약 14%를 차지한다.

대류, 복사, 증산에 의한 방열은 인체 측의 또 하나의 요소인 착의량과 앞에서 이야기한 환경 측의 온열 4요소에 의하여 그 비율이 변화한다. 대류에 의한 방열은 착의표면으로부터 주위의 공기에로의 대류열 전달에 의한 것이고, 복사에 의한 방열은 착의표면과 인간을 둘러싸고 있는 주위의 벽면과의 사이의 에너지 교환(복사열 교환)에 의해서 생기는 것이다. 증산은 인간의 체내의 수분이 체표면에서 증산하여 체표면으로부터 열을 빼앗아가는 것이다.

인간의 몸을 둘러싸고 있는 착의는 그 열저항과 투습저항의 크기에 의하여 대류, 복사, 증산에 의한 방열에 영향을 미친다. 착의량이 클수록 열저항, 투습저항이 크게 방열을 막는다. 착의량은 착의의 열저항으로 표시되어 단위로써 clo가 사용된다. 1clo는 기온 21.2℃, 상대습도 50%, 정온기류의 조건에서 기좌안정의 인간이 쾌적하게 느끼는 착의의 열저항으로 열량단위로는 0.155[m^2K/W]가 된다. 일반적으로는 착의의 열저항, 투습저항은 중량에 비례한다.

2) 인간의 체온조절

산열량과 발열량의 균형이 무너지면 체온의 상승이나 저하가 시작된다. 그러나 인간은 체내온도를 일정하게 유지하면서 생활을 하고 있는 항온동물로 이러한 체온의 변동이 일어나지 않도록 산열량과 방열량의 균형을 맞추어야 한다. 따라서 이러한 체온조절을 위한 부담(스트레스)의 크기가 온열적인 불쾌감과 큰 관계가 있다. 이 체온조절은 방열량 또는 산열량의 조절에 의해 행해지나 더운 환경에서는 발한, 추운환경에 있어서는 떨림, 그리고 그 중간의 중립에 가까운 환경에서의 피부혈류에 의한 조절, 이 세 가지 방법이 있다.

이 중 발한과 피부혈류는 방열량을 조절하는 것이다. 발한은 피부표면에서의 수분증발에 따른 열방산을 촉진한다. 피부혈류는 체내의 열(산열)

을 혈액과 함께 피부표면에 옮기나, 이 혈류량을 조절함으로써 체심부와 체표면 사이의 열저항을 증감시켜 열방산을 조정한다. 또 떨림은 체내의 열생산을 증가시켜 체온의 저하를 막고자 하는 것이다.

이상의 3개의 체온조절에 부하가 크면 온열적인 불쾌감을 불러일으키게 되며, 반대로 이 체온조절 부하가 작은 상태가 열적으로도 쾌적한 상태라고 할 수 있다. 3개의 체온조절기능 중 발한과 떨림은 부하가 큰 조절로, 일상적 경험에서 느끼는 바와 같이 더워서 땀을 흘리거나 추워서 떨림이 일어나는 상황은 결코 쾌적한 상태라고는 할 수 없다. 혈관의 확장, 수축에 의한 혈류조절은 가장 부하가 작고, 이 혈류조절에 의해서 체온을 일정하게 조절할 수 있는 범위가 쾌적한 온열환경이다.

10-2 온열환경 평가지표

실내 온열환경은 단일요소로 평가하기에는 무리가 있고 온열환경에 대한 인간의 반응을 지배하는 온도, 습도, 기류, 복사 등의 요소에 의하여 종합적으로 평가되고 있으며, 이러한 실내 온열환경의 종합평가에 대해서는 20세기 초부터 연구되기 시작하여 여러 가지 방법이 제안되고 있다.

실내 온열환경 평가지표란 개별 온열환경 요소를 적절하게 조합하여 인체의 온열환경에 대한 반응에 가까운 평가를 얻을 수 있도록 만든 것으로 대표적인 온열환경 지표는 다음과 같다.

(1) 유효온도(effective temperature, ET)

1923년 Houghten과 Yoglou에 의해 제안되어 초기에 미국에서 사용되었던 지표로서 감각온도 또는 체감온도라고도 한다. 건구온도, 상대습도, 기류의 3요소를 조합해서 감각의 지표로 정한 것으로, 상대습도 100%인 정지 공기(기류속도 0.08~0.12m/s)의 실내온도를 유효온도의 기준으로 하여, 다른 실내 상태에서 이것과 같은 감각을 줄 때 같은 유효온도를 갖는 것으로 정의하였다. 이 지표는 계측기에 의한 것이 아니라 다수의 피험자에 의한 주관적 판단에 기초한 것이다. 유효온도에 의한 일반적인 착의상태에 가벼운 작업을 하는 사람의 쾌적범위는 겨울철에는 온도 17.2~21.7℃, 습도는 30~70%이며 여름철에는 온도 18.9~23.0℃, 습도는 30~70%이다.

또한 Yaglou(1925)가 유효온도에 실내 측정조건을 보완한 수정유효온도(corrected effective temperature, CET)를 발표하였는데 유효온도에 복사열의 영향을 고려하였고, 건구온도 대신 흑구온도를, 습구온도 대신 상당습구온도를 사용하였다.

(2) 신유효온도(new effective temperature, ET*)

1971년 Gagge에 의해 발표된 이론에 기초한 체감온도이다. 유효온도와 구별하기 위해 신유효온도 또는 ET*라고 부른다. 온열환경의 주요요소인 공기온도, 복사온도, 기류, 습도, 착의량, 대사량의 6요소를 변수로써 포함한다. 인체의 습윤정도(wettedness)와 평균 피부온도에 기초를 두고 있다. 인체의 습윤율은 간단하게 추정할 수 없기 때문에 습윤율을 산출하기 위해 인체를 심부(core)와 외피부(shell)로 분할한 생리학적 제어모델(2 node model)을 사용해 계산을 하는 일이 많다.

ET*는 임의의 착의량, 대사량에 대해서 정의되며, 발한에 의한 증발열손실을 고려하고 있기 때문에 쾌적범위를 포함한 서열환경, 한랭환경의 평가에도 적용할 수 있다.

(3) 신표준유효온도(standard new effective temperature, SET*)

ET*가 임의의 착의량, 대사량에 의해 정의된다면, 표준 신유효온도(SET*)는 표준 착의량의 재실자가 실제의 환경에서와 같은 현열손실(피부온도)과 잠열손실(피부젖음률)을 경험하게 되는 기류속도 0.1m/s, 상대습도 50%인 표준조건하에서 균일한 열환경(평균 복사온도 = 공기온도)의 온도로 정의되며, ASHRAE에서 표준적 체감온도로 채용한 것이다. 이것은 온열환경에 있어서 사람의 체온조절시스템을 생리학 등에 의해 얻어진 데이터에 기초해서 수학적으로 모델화 하여 산출한 것으로, 온도의 차원을 갖는다. 이 SET*를 사용하면 여러 가지 조건의 실내환경이 가상 공기온도이기는 하나 단일변수에 의해 비교 평가할 수 있으며, 또한 공기온도라는 우리에게 친숙한 물리량을 척도로 사용하기 때문에 실내 온열환경의 양상이 쉽게 이해될 수 있다.

(4) 작용온도(operative temperature, OT)

작용온도는 인체의 열평형식을 기초로 한 최초의 열환경 평가척도로 1937년 Gagge에 의해 제안되었다. 기온, 평균복사온도 및 기류의 영향을 조합한 지표로서, 인체가 현재의 환경 하에서 대류와 복사에 의해 열교환을 하고 있는 것과 동일한 열량을 교환하는 가상균일온도, 공기온도와 평균복사온도의 선형 복사열전달률과 대류열전달률의 가중평균으로 표시된다.

작용온도는 인체와 주변환경 사이의 열전달을 물리적으로 평가하기 위한 것으로, 발한이나 기류의 영향이 없는 방열기 난방 또는 복사난방 시의 쾌적환경 지표로 사용되며, 다음 식으로 구한다.

$$OT = (h_r MRT + h_c T_a) / (h_r + h_c) \qquad (10 \cdot 3)$$

OT : 작용온도(℃)
h_r : 복사열전달률(W/m^2℃)
MRT : 평균복사온도(℃)
h_c : 대류열전달률(W/m^2℃)
T_a : 기온(℃)

여기서 작용온도는 각각의 열전달계수를 가중한 MRT와 T_a의 평균치이고, 실용상(실내기류속도 0.2m/s 이하) 다음과 같이 쓰이는 경우가 많다. 본 연구에서도 다음과 같은 식을 이용하여 작용온도를 계산하였다.

$$OT = (MRT + T_a) / 2 \qquad (10 \cdot 4)$$

작용온도의 쾌적범위에 대해 ASHRAE St. 55-92에서는 동계 20~23.5℃(0.9clo), 하계 22.5~26℃(0.5clo), ISO-7730에서는 대사량 1.2met 이하, 착의량 1clo일 때 동계 20~24℃, 하계 23~26℃로 규정하고 있다.

(5) 예상온열감(PMV) (predicted mean vote, PMV)

1967년 Fanger에 의해 제시된 예상 온열감은 인간의 온열감각에 대한 이론을 정량화시킨 것이다. 인체의 대사율, 의복의 열저항값 등을 산정하고 건구온도, 평균복사온도, 기류속도 및 수증기 분압 등을 측정하여 인체의 열평형을 기초로 한 쾌적방정식에 대입하여 인체의 온열감을 이론적으로 예측한 것이다. 즉, PMV는 온열환경 6가지 요소를 쾌적방정식에 대입시켰을 때의 발산열량과 방열량의 불평형분(인체 열부하)과 사람의 온열감각을 피험자 실험에 의해 연관시켜 나타내는 지표로서, PMV값을 열적 중립상태율 0으로 하고 −3~+3의 수치척도를 각각 춥다(cold), 서늘하다(cool), 약간 서늘하다(slightly cool), 중립(neutral), 조금 따뜻하다(slightly warm), 따뜻하다(warm), 덥다(hot)로 나타낸다. 아래에 PMV식을 나타내었다.

$$
\begin{aligned}
PMV = & [0.303\exp(-0.036M) + 0.028] \\
& (M-W) - 0.05 \cdot 10^{-3}[5733 - 6.99(M-W) \\
& - Pa] - 0.42[(M-w) - 58.15] \\
& - 1.7 \cdot 10^{-5} M(5867 - Pa) - 0.0014M(34 - t_a) \\
& - 3.96 \cdot 10^{-8} \cdot f_{cl}[(t_{cl} + 273)^4 - (\overline{t_r} + 273)^4] \\
& - f_{cl} h_c (t_{cl} - t_a)
\end{aligned}
$$

$$
\begin{aligned}
t_{cl} = & 35.7 - 0.028(M-W) \\
& - I_{cl} 3.96 \cdot 10^{-8} f_{cl}[(t_{cl} + 273)^4 - (\overline{t_r} + 273)^4] \\
& + f_{cl} h_{cl}(t_{cl} - t_a)
\end{aligned}
$$

$$h_c = \begin{cases} 2.38\,|t_{cl} - t_a|^{0.25} & \text{for } 2.38\,|t_{cl} - t_a|^{0.25} > 12.1\sqrt{v_{ar}} \\ 12.1\sqrt{v_{ar}} & \text{for } 2.38\,|t_{cl} - t_a|^{0.25} < 12.1\sqrt{v_{ar}} \end{cases}$$

$$f_{cl} = \begin{cases} 1.00 + 1.290 l_{cl} & \text{for } l_{cl} \le 0.078\, m^2K/W \\ 1.05 + 0.645 l_{cl} & \text{for } l_{cl} > 0.078\, m^2K/W \end{cases}$$

M : the metabolic rate, in watts per square metre (W/m^2);

W : the effective mechanical power, in watts per square metre (W/m^2);

I_{cl} : the clothing insulation, in square metres kelvin per watt ($m^2 \cdot K/W$);

f_{cl} : the clothing surface area factor;

t_a : the air temperature, in degrees Celsius (℃);

t_r : the mean radiant temperature, in degrees Celsius (℃);

v_{ar} : the relative air velocity, in metres per second (m/s);

Pa : the water vapour partial pressure, in pascals (Pa);

h_c : the convective heat transfer coefficient, in watts per square metre kelvin [$W/(m^2\ K)$];

t_{cl} : the clothing surface temperature, in degrees Celsius (℃).

NOTE 1 metabolic unit = 1 met = 58,2 W/m^2
1 clothing unit = 1 clo = 0,155 m^2℃/W.

(6) 예상 불만족감(predicted percentage of dissatisfied, PPD)

PMV는 같은 환경에 처해 있는 많은 사람의 열적반응 평균치를 나타낸 것이다. 그러나 각각의 응답은 평균치 근처에 분산된 것으로 더운 사람과 추운 사람의 수를 아는 것도 중요하다. 예상 불만족률은 어느 환경에 놓인 사람들의 불만족률을 나타낸 것으로, 몇 명의 사람이 온열적으로 불만을 느끼고 있는가를 나타낸다. 그리고 이것은 앞서 언급되었던 예상 온열감과 연관되어 뛰어난 지표로 활용되고 있다.

$$PPD = 100 - 95\exp[-0.03353PMV^4 - 0.2179PMV^2]$$

ISO 7730에서는 PMV, PPD 값으로서 $-0.5 < PMV < +0.5$, $PPD < 10\%$를 권장하고 있지만, $PMV = 0$에서도 5%의 불만족자가 있음을 예측할 수 있다. PMV는 다른 온열지표와 달리 직접 감각량을 표시하기 쉬우며, 또한 PPD에 의해 불만족률을 간단하게 예측할 수 있기 때문에 광범위하게 사용되는 온열환경 지표이다.

10-3 깨끗한 공기환경

최근 들어 맑고 깨끗한 공기에 대한 관심은 건강에 대한 관심과 함께 매우 증가되었다. 아토피나 천식, 기타 알레르기 등이 깨끗한 실내공기만으로 개선되는 것은 아니지만, 상관관계가 존재한다는 것은 학계에서도 인정하고 있다. 본 장에서는 그러한 실내공기를 어떻게 하면 맑고 깨끗하게 유지할 수 있는지 알아보자.

(1) 깨끗한 공기가 필요한 이유와 오염된 공기의 피해

물과 마찬가지로 공기도 우리들이 살아가는데 없어서는 안 될 것이다. 인간은 산소를 호흡에 의해 폐로 들이 마시며 혈액에 공급하고, 나아가서는 체내의 각 부분에 대사(인간의 활동을 위해 필요한 에너지를 만드는 것)가 멈추지 않고 이루어질 수 있도록 사용된다. 인간이 생활하고 있는 지역의 공기에는 수백 종류나 되는 공기오염물질이 포함되어 있다고 하지만, 이 중 인간의 건강에 해를 끼칠 위험성이 과학적으로 명백하게 밝혀져 있는 것은 현재에는 매우 소수에 지나지 않는다. 일산화탄소, 이산화유황, 광화학 옥시던트, 이산화질소 등이 그것이다. 일산화탄소는 혈액 속의 헤모글로빈과 결합하여 헤모글로빈이 산소를 폐로부터 체내의 각 기관으로 운반하는 것을 방해한다. 일산화탄소와 결합한 헤모글로빈의 비율이 1% 이하이면 인체에 악영향은 없지만, 비율이 3% 이상이 되면 혈액 속의 산소농도의 저하와 함께 중추신경의 기능에 이상이 생기는 경우가 보인다. 또한 심근경색 · 협심증과 같은 심장질환을 갖고 있는 사람은 증상을 악화시킬 위험성도 있다. 또 담배연기에는 일산화탄소가 포함되어 있어 애연가의 혈액 속에 일산화탄소와 결합한 헤모글로빈의 비율은 평균적으로 약 3~8%로, 담배연기가 건강에 미치는 악영향을 생각해 보게 한다. 이산화유황은 석탄 등 연료가 연소할 때 발생하는 물질로, 역학적 조사에 의해 기관지염이나 폐암, 천식 등의 호흡기질환의 원인으로 추정되는 것으로 밝혀졌다. 이산화유황의 농도는 1967년에 피크였다가 그 후로는 감소하고 있다. 이것은 탈유장치의 개발 등에 의한 것이라고 생각된다. 이산화질소는 연소에 동반하여 배출되며, 조금씩 농도가 증가하고 있어 이에 대한 대책이 필요하다. 부유분진의 독성은 유황산화물 등 미립자를 구성하는 물질의 성질에 기인하거나, 혹은 미립자 표면에 흡수되고 있는 화학물질의 성질에 기인한다. 그러한 화학물로써 유황산화물 이외에도 납 등의 중금속류나 'PHA'와 같은 약칭으로 불리는 탄화수소의 한 종류가 특히 문제가 되고 있다. 광화학 옥시던트는 가장 독성이 강한 대기오염물질의 하나로, 경보발령의 기준 농도인 0.12ppm에 달하면 숨이 막히게 되는 등 호흡기의 기능에 이상이 생기는 경우도 있다.

비메탄탄화수소는 광화학반응의 발생에 관여하는 물질로, 그 반응으로 생성되는 광화학옥시던트를 매체로 하여 인체에 영향을 미친다. 이산화질소에 관해서는 도시지역에서 관측되는 정도는 낮은 농도의 오염물질이지만, 호흡기질환을 일으킨다는 사실이 석유스토브나 가스조리기구로부터 발생하는 이산화질소가 어린이의 건강에 미치는 영향을 조사한 연구에 의해 입증되었다.

(2) 주거 속의 공기

건물 안의 공기는 창문이나 공기조화설비를 통해 외부에서부터 들어온다. 깨끗한 공기를 얻기 위해서는 우선 외부의 공기를 대기오염으로부터 막아야 하며, 두 번째로 건물 안에서 오염된 공기를 외부의 깨끗한 공기로 전환시켜야 한다.

우리들이 인생에서 80~90%의 시간을 보낸다고 하는 건물 내부, 특히 주택 내부의 공기를 깨끗하게 유지하는 것은 건물에서 생활을 영위하기 위해 불가결한 것이다. 공기의 오염원이 되는 물질을 사용하지 않는 것이 우선적인 해결책이지만, 어떻게 해서든 오염원을 사용할 수밖에 없는 경우에는 오염된 공기를 외부의 깨끗한 공기와 교환하는 이른바 '환기'를 할 필요가 있다. 친숙한 예로, 부엌의 가스레인지의 사용 시 발생하는 일산화탄소나 이산화질소는 레인지후드 등의 환기설비에 의해 옥외로 배출시켜야 한다.

(3) 새집증후군

다중이용시설 등의 실내공기질 관리법과 함께 등장한 새집증후군(sick house syndrome)이라는 신조어는 실내공기질에 관한 문제에 관심을 높이고 있다. 새집증후군은 주택 및 건축물 등 생활환경 속에서 일어나는 화학물질 과민증의 일종이라고 할 수 있다. 신축 및 리모델링, 인테리어 공사 후 입주 시 건축자재, 가구, 가정용품 등에서 발생하는 유해한 휘발성 물질에 의해서 실내공기가 오염되고 특정한 화학물질 혹은 여러 가지 화학물질이 복합적으로 작용하여 인체에 심각한 영향을 미치는 현상을 말한다. 일반적으로 이러한 증상을 나타내는 사람은 물체에서 발생하는 화학물질에 매우 민감하게 반응하여 심각한 건강장해를 일으킬 수도 있다.

이러한 새집증후군은 1970년대 미국에서 최초의 사례가 보고되었는데, 건물 내에서 특별한 오염원에 노출되지 않았음에도 알레르기 증세를 보이거나 두통에 시달리는 사람들이 늘어나는 것이었다. 또한 무기력, 피곤

함, 두통, 현기증, 메스꺼움을 느끼거나 눈의 각막 등에 염증이 일어나는 일도 있었다. 이러한 증상들이 새 건물이나 집에 거주한 사람들에게서 공통적으로 일어난다는 것이 나중에 밝혀져 sick building syndrome(새건물증후군)이라 이름이 붙여졌다. 이는 석유화학문명이 만들어낸 환경공해병으로 미국에서는 이미 1980년대, 일본에서도 1990년대부터 사회적으로 문제가 되어온 현대병이다. 일본의 경우는 주로 새집에서 이러한 증상이 발생되었고, 빌딩이라는 용어가 주택과 구분되어 사용되는 일본어의 특성상 기존의 sick building syndrome 대신 sick house syndrome, 즉 새집증후군이라 이름 붙여졌다.

이러한 새집증후군의 원인의 대표적인 물질은 포름알데히드(HCHO)와 휘발성 유기화합물(volatile organic compounds, VOCs)로서 위에서 언급한 제반증상들 – 목이 아프거나 두통, 천식, 아토피성 피부염을 일으키는 주요인으로 알려져 있다.

(4) 실내공기질 관련 국내기준

국내의 경우, 건축물의 실내공기 환경과 관련해서는 건축법 시행령 제51조에 의하면 "환기를 위하여 거실에 설치하는 창문 등의 면적은 그 거실 바닥면적의 1/20 이상이어야 한다. 다만, 건설부령이 정하는 바에 의하여 위생에 지장이 없는 환기장치를 설치한 경우에는 그러하지 아니하다"라고 규정되어 있다. 또한, 환경부에서 2004년 5월부터 본격적으로 시행하고 있는 "다중이용시설 등의 실내공기질 관리법"에서는 신축 또는 리모델링하는 100세대 이상의 공동주택은 시간당 0.7회 이상의 환기가 이루어질 수 있도록 자연환기설비 또는 기계환기설비를 설치하도록 하고 있다.

국내 친환경 마감재에 관한 인증제도는 두 가지가 있다. 환경부에서 운영하는 '환경마크(표시)제도'와 한국공기청정협회에서 운영하는 '친환경 건축자재 품질인증제'이다.

환경마크제도는 동일 용도의 제품 중 생산 및 소비과정에서 오염을 상대적으로 적게 일으키거나 자원을 절약할 수 있는 제품에 대한 정확한 환경정보를 소비자에게 제공하고, 기업으로 하여금 소비자의 선호에 부응하여 환경제품을 개발 생산하도록 유도하는 제도이다.

친환경 건축자재 품질인증제는 국내외에서 생산되는 건축자재에 대한 유기화합물(TVOC, HCHO) 방출강도를 한국공기청정협회가 제정한 친환경 건축자재단체 품질인증 규정에 의하여 시험기관의 품질인증시험을 거쳐 제품의 인증등급을 부여하는 제도이다.

표 10-2 • 국내 환경마크(표시)제도와 친환경 건축자재 품질인증제의 비교표

	환경마크(표시)제도	친환경 건축자재 품질인증제
운영기관	환경부, 환경마크협회	한국공기청정협회
시행일	1992년 4월	1998년 2월
개요	생산 및 소비과정에서 오염을 상대적으로 적게 일으키거나 자원을 절약할 수 있는 제품	화합물질 방출강도를 평가하여 건축자재의 자율적인 품질관리를 권장
인증기준	제품별 해당 인증기준 다름	포름알데히드와 VOCs에 대한 실험 / 5등급
마크		

전자는 정부에서 운영하며 제품의 생산에서 폐기에 이르는 전 과정에 대한 친환경 인증제도이고, 후자는 실내공기질에 관련된 측면만을 인증한다. 즉, 포름알데히드와 휘발성 유기화합물 2가지만 측정하는 차이가 있다.

10-4 정온한 음환경

소음이란 듣기에 거슬리는 음을 뜻한다. 나에게 좋은 소리가 타인에게는 나쁜 소리가 될 수 있으며, 또한 나에게는 듣기 싫은 소리라도 옆집에서는 오랜만의 가족상봉으로 기쁨을 나누는 소리가 될 수도 있다. 소음은 건축적인 방법만으로 해결하기에는 한계가 있다. 공동체 생활 속에서 서

로를 배려하고 함께 나누는 삶이라는 의식을 거주자 개개인이 가져야 할 필요가 있다.

(1) 음파

악기 등과 같이 진동에 의해 소리를 내는 것을 발음체 혹은 음원이라고 한다. 음원은 스스로의 진동에 의해 그 주변의 공기를 진동시키고, 그것이 음파가 된다. 음파는 문자 그대로 음의 파동이므로 산과 골처럼 높은 것과 낮은 것이 있는 변동처럼 보이지만, 실제로는 공기를 밀거나 당기는 것에 의해 생기는 공기의 밀도의 변화가 전달되어 가는 현상이다. 이 밀도가 1초 동안 변동한 수를 진동수 혹은 주파수라 하고, Hz(헤르츠)로 나타낸다. 따라서 예를 들어 50Hz는 1초 동안 50회 진동했다는 것을 뜻한다.

음은 보통 눈에는 보이지 않지만, 조금 궁리해 보면 눈에 보이게 할 수 있다. 불을 붙인 양초를 라디오 등의 스피커 앞에 두고 볼륨을 높인다. 그러면 양초의 불꽃이 소리에 맞추어 흔들리는 것을 알 수 있다. 이것을 보면, 소리가 공기의 진동이라는 것을 잘 알 수 있다.

소리는 공기 중 뿐만 아니라 물 등의 액체나 콘크리트와 같은 고체 속에서도 전달된다. 물속에서 종을 울리거나 콘크리트를 직접 두드리면 그 진동이 전해진다. 액체나 고체 속을 지나는 진동은 공기 속에서 전해지는 소리에 비해 훨씬 빨라진다.

(2) 귀의 구조

귀는 음파에 의한 진동을 포착한다. 음파가 귀에 들어오면 고막이라고 하는 얇은 막을 진동시킨다. 고막의 진동은 귀의 속에 있는 세 개의 작은 뼈의 '지레'의 원리를 응용한 절묘한 구조로 신경에 전달된다. 귀의 신경은 그 진동을 신호로 바꾸어 뇌에 전달하고 소리로서 인식되는 것이다.

음은 에너지의 한 종류이지만, 그 에너지는 매우 작은 것이다. 200대의 피아노의 음에너지는 단지 1개의 전구의 불을 밝힐 수 있는 전기에너지와 같다. 작은 에너지이기 때문에 공기의 압력을 매우 조금밖에 바꾸지 못한다. 그러나 사람의 귀는 매우 민감하기 때문에 그것을 듣는 것이 가능한 것이다.

(3) 음의 강도와 크기

소리의 상태를 나타낼 때 '큰 소리, 작은 소리, 강한 소리, 약한 소리'라고 말하지만, 이들은 엄밀하게는 다른 것이다. 소리의 강도는 인간의 귀에 들려오는 최소의 에너지를 기준으로 해서, 그 에너지의 10배, 100배, 1,000배의 에너지를 각각 10dB, 20dB, 30dB로 나타낸다. 따라서 귀로 느낀 소리의 느낌과는 무관하게 결정된다.

한편, 음의 크기는 인간의 귀로 듣고 느낀 크기를 나타낸다. 그러나 인간이 소리를 느끼는 방법은 주파수에 따라서도 다르며, 매우 복잡하다. 이러한 귀의 특성을 고려하여 귀에 느껴지는 소리의 최소 에너지가 10배, 20배, 30배가 되는 경우, 각각 10dB(A) (데시벨 · 에이 라고 읽음), 20dB(A), 30dB(A)라고 나타내고, 소음레벨이라고 부른다. 귀에 들리는 최소의 소리의 크기를 0dB(A), 귀가 아파질 정도의 소리는 약 130dB(A), 이야기 소리는 약 40dB(A)이다. 소음레벨은 소음계로 측정하여 구한다.

(4) 음의 3요소

음의 심리특성으로, 음의 크기(라우드니스; loudness), 음의 높이(피치; pitch), 음색의 3가지가 있다. 그들의 차이를 간단히 설명하면, 피아노의 건반을 칠 때의 강도가 소리의 크기와 관계되며, 각각의 건반에서 나오는 소리의 차이가 소리의 높이와 관계된다. 그리고 같은 크기, 같은 높이라도 피아노와 바이올린에서 나오는 소리의 차이가 음색이다.

(5) 소음의 방지

소리는 장애물에 닿으면 반사한다. 장애물의 재료에 따라서도 다르지만, 딱딱하고 평평한 면일수록 더욱 잘 반사된다. 런던의 세인트폴 대성당에는 '속삭임의 회랑'이라고 불리는 공간이 있어 벽을 향해 속삭이는 사람의 목소리가 36m 떨어진 반대편까지 잘 들린다. 이것도 소리의 반사에 의한 현상이다.

빛을 크기가 큰 벽에 비추면 벽의 맞은편에는 그림자가 생긴다. 같은 방법으로 벽에 대고 소리를 내면, 그 벽이 전혀 소리를 통과시키지 않는 재료로 만들어져 있어도 벽의 뒤쪽에서 그 소리를 들을 수 있다. 소리는 장애물이나 틈새를 통과할 때에 멀리 퍼지면서 스며드는 성질이 있으며, 이를 '회절'이라고 한다. 높은 소리보다 낮은 소리가 더욱 잘 회절하게 된다. 아파트 등에서 벽을 통한 목소리는 들리지 않는데, 서로 창을 열어놓고 있으면 창문 쪽에서부터 이야기 소리가 들려오는 경우가 있다. 이는 회절에 의한 것이다.

소음을 줄이는 것을 방음이라고 한다. 방음은 음원을 줄이는 방법과 소리가 전달되는 도중에 줄이는 방법이 있지만, 가능하면 소음 자체를 발생시키지 않는 것이 중요하다. 때문에 우선은 텔레비전의 음량을 줄이며 큰소리로 이야기 하지 않도록 해야 한다. 문을 닫는 소리나 의자의 다리가 바닥에 닿을 때와 같은 고체음을 방지하기 위해서는 일단 부딪히는 부분에 고무와 같은 쿠션을 끼워서 충격음을 줄이도록 한다.

다음으로, 소리가 전달되는 경로에서 소리를 줄이는 방법으로는 주로 벽을 설치하는 등의 건축적인 대응이 있다. 소리가 벽의 반대쪽으로 나가기 어렵게 하는 벽의 기능을 차음이라고 하며, 일반적으로는 콘크리트와 같은 무거운 재료일수록 차음성능이 높아진다. 또, 벽 등에 부딪힌 음파를 원래의 방향으로 되돌리지 않고 흡수해 버리는 기능을 흡음이라고 한다. 흡음의 성능은 부드럽고 가벼운 재료일수록 커진다. 따라서 콘크리트의 벽은 옆방에 소리를 전달되기 어렵게 하지만, 실내로 나온 소리는 반사해버려 마치 메아리가 울리는 것과 같은 현상이 일어난다. 내부에 커튼을 달거나 카펫을 깔아서 소리 에너지가 이들에 흡수되어 불쾌한 울림을 없애도록 한다.

아래층의 바닥 충격음에 대해서도 일단은 방 안에서 뛰는 것을 삼가야겠지만, 바닥에 부드러운 흡음성이 좋은 물건을 깔거나 바닥재 자체를 방음성능이 우수한 재료로 하는 것에 의해 고체음의 전파를 방지할 수 있다.

생각해보기

1 냉난방의 도입에 따른 인류의 쾌적온도의 변화를 생각해 보고, 이와 지구온난화와의 관계에 대해서 토론해보자.

2 자연환기를 촉진시킬 수 있는 공간계획에 관하여 생각해 보자.

3 공동주택의 소음을 저감할 수 있는 방안에는 어떠한 것이 있는지 생각해보자.

참고문헌

1. 대한건축학회 편, 건축환경계획, 기문당, 2000.
2. 안옥희, 주거환경학, 기문당, 1999.
3. 윤정숙, 주거환경학, 문운당, 1995.
4. 이마이 토모조우 저, 윤혜림 외 역, 건축환경공학, 성안당, 2001.
5. 임만택, 주거환경계획, 기문당, 2004.
6. 카토 신스케 외 저, 이화철 외 역, 건축실내환경, 기문당, 2005.

11장 친환경 주거

인간이 환경을 배려하지 못할 때 그 환경에의 영향은 인간에게 피드백 작용을 한다. 이러한 관점에서 친환경 주거는 주거공간이 가져야 할 기본적인 역할과 더불어 계획구상 단계에서부터 주거생활을 영위하는 과정과 건축물이 폐기되는 전 과정에 거쳐 활동의 주체인 인간뿐 아니라 이를 둘러싼 환경에 미치는 영향이 적어야 한다.

이에 본 장에서는 친환경 주거가 등장하게 된 사회적 배경을 이해하고 어떠한 과정으로 발전하였는지를 알아본다. 또한 건축 및 단지차원에서 적용 가능한 기법들을 살펴보면서 다음 세대를 고려한 현재의 주거발전 방향을 모색해 본다.

11-1 친환경 주거의 개념

(1) 친환경 주거단지의 등장 배경

환경문제가 심각하게 거론되기 이전의 사회에서는 자연환경의 불변성 및 무한성에 대한 믿음이 전제가 되었고, 또한 인간활동 자체도 자연의 수용력을 크게 벗어나지는 않았다. 그러나 폭발적으로 일어나는 산업활동으로 인해 자연의 한계를 벗어나자 환경문제는 점차 확대되었고 환경에 대한 태도에 있어서도 변화를 가져오게 되었다. 즉, 자연의 유한성에 대한 인식이 전 세계적으로 확산되면서 이것이 생태주의로 확립되기에 이른 것이다.

오늘날 환경문제가 지구 사막화, 열대림 파괴, 지구온난화, 오존층 파괴, 도시의 열섬현상 등과 같이 그 규모가 공간적으로 더욱 확대되고 있다. 이러한 현상은 지구생태계 자체의 거시적 교란으로 발전하게 되는 양상을 띠고 있으나, 실상 국지적으로 일어나고 있는 건축활동과 무관하지 않은 것으로 밝혀지고 있다.

자연생태계가 가지는 자정능력의 한계를 넘는 인간활동, 특히 건축 및 대단위 단지개발로 인해 발생하는 문제점들은 앞으로 기존의 일반적이며 에너지 및 물질 소모적인 행위에서 생태계의 일부로서 자연순환체계 속에 다양하게 연계되는 건축행위로 전환함으로써 극복될 수 있을 것이다. 이러한 상황에서 지난 수십 년 간 주요한 흐름이었던 성장 위주의 개발에 대해 자성의 목소리가 커짐에 따라 그에 대한 해결방안을 모색하고 있으며, 생태개념을 건축 및 개발계획상에 접목시키고자 하는 노력이 진행되고 있다.

(2) 친환경주거단지 개념 및 발전과정

1) 친환경주거단지 개념

① **생태건축** : 생태건축[1]은 “건축으로 인한 생태학적 문제들”을 깊이 인식하고 자연생태계의 구성원칙을 좇아 자연과 건축환경이 공존공생할 수 있는 새로운 대안을 강구하는 최근의 건축 패러다임이다. 친환경 건축이 추구하는 바는 인간의 주 생활무대인 건축환경, 예를 들어 주택, 주거단지 또는 도시를 하나의 인위적 생태계로 구축하여 자연생태계에 유기적으로 통합시키려는 것이다. 그러기 위해서는 자연에의 순응과 자연의 잠재력 활용, 순환체계의 구성, 다양성과 연계, 자립성과 적절한 밀도 등 기본적인 생태계의 구성원칙에 대한 통찰이 요구된다.

---

1) 본 서에서는 친환경 건축을 생태건축의 개념과 유사한 개념으로 보며, 이에 생태건축에 대한 개념을 소개한다. ‘생태건축’은 1979년에 P. Krusche 등이 독일 연방환경부에 제출한 연구 보고서의 제목을 결정하는 자리에서 자연과 인간의 상호관계 및 생태계를 고려한 다양한 건축적 시도와 개념들을 종합하여 ‘생태건축, Oekologisches Bauen’이라는 새로운 이름을 부여하면서 처음 사용하게 되었다.

1980년대에 이르러 독일을 중심으로 건축의 각 분야에서 생태건축 사례들이 실현되어졌다. 마을단위, 소규모 주거단지, 학교, 기숙사, 공공건물 등 건축의 모든 분야에 생태학적 지식과 개념들이 적용되기에 이르렀다. 특히 주거건축 분야에 많은 시도가 이루어져 수많은 생태주거단지들이 생겨났다. 이런 생태건축 사례는 몇 가지 경향으로 나타나는데, 그 중의 하나가 전통적 자연재료인 흙이나 나무 등의 시공방법을 현대기술에 접목시켜 미래지향적으로 개선하려는 건축경향이다. 또한 재생 가능하며 에너지 소비가 적고 무독성인 생태건축 소재를 적극적으로 활용한 건축시스템을 개발하려는 움직임이다. 이외에 건축물의 공급처리시스템을 자연의 순환체계를 닮은 인공순환시스템으로 구축하려는 경향과 건축환경을 '생물서식이 가능한 공간(biotop)으로 조성하고 이를 유기적으로 연계시키려는 시도로 나타난다. 또한 내·외부 공간구성 및 건축과정에 사회생태학적 개념을 적용하려는 움직임 등이 나타나게 되었다.

② **친환경 주거단지** : 친환경 주거단지는 생태건축에서 조금 더 인간을 고려한 개념으로서, 개개의 건축물뿐만 아니라 단지 전체 또는 도시를 대상으로 생태 및 에너지 순환체계를 유기적으로 연계하여 환경문제가 발생되지 않도록 하는 주거형태를 의미한다. 이러한 단지는 하나의 유기체로서 생태계 속성인 다양성, 자립성, 순환성, 안정성 등을 포함한 인간과 자연이 공존할 수 있는 구조를 갖는다. 사상적 측면에서 보면 환경과 생태윤리에 대한 개념의 재정립과 더불어 토지이용 윤리 및 원칙들을 정립하여 공간계획상에 실현화하는 것이다.

또한 인간과 자연, 인간과 인간의 유기적·공동체적 관계를 회복하고 새로운 삶의 방식을 모색하는 등 사회적 측면에서도 고려해야 할 부분이 있다. 이외에 가장 현실적으로 물적계획을 통해 인간을 포함한 도시 생태계의 통합성 및 안정성, 영속성, 심미성, 완전성 등을 구현하는 것이다. 이는 저엔트로피 생산형 설계방식이나 지역적·경제적·사회적 자족성을 확보하는 방안이기도 하다.

기존의 주거단지가 개발에 투입된 많은 자연자원들이 재활용, 재생 등의 과정 없이 오염된 상태를 감소시키지 못하고 바로 배출되는 선형의 일방향적 신진대사 작용(linear metabolism)이 이루어지는 것에 반해, 친환경 주거단지는 자연자원(input)을 절약하고 재생하여 오염을 억제시켜 순환적인 신진대사작용(circular metabolism)을 유지하는 주거단지이다.

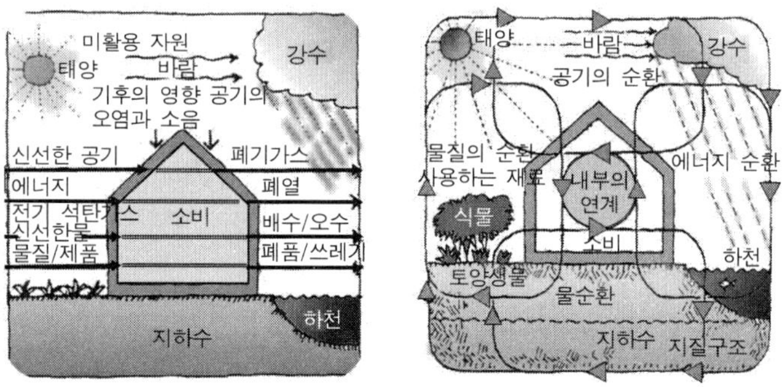

그림 11-1 | 일반건축과 생태건축의 개념도

2) 친환경주거단지 발전과정

친환경 개념의 주거단지는 독일이 가장 앞서 발전하여 왔다. 독일은 높은 환경의식과 생태적 개념을 바탕으로 일찍이 개발에 의한 환경오염의 심각성을 인식하여 1970년대 초부터 지속적으로 건축기법, 건축시스템, 재료 및 제품을 개발하고 실질적으로 적용을 시도해 왔다. 이 시기에는 기존 주거단지보다 친환경적 건축특성을 지닌 주거단지를 실험적으로 조성함으로써 친환경 자재의 사용, 생태조경, 자연지형 보존 등 자연형 조절이 가능한 친환경 건축적 요소를 최대한 활용했다는 특징이 있다.

이후 1980년대에는 좀 더 발전된 단계로서 주호 차원에 머무르던 주거단지가 점차 단지적 특성으로 범위를 확대하기 시작하였다. 즉, 토지의 이용, 단지의 밀도 등을 고려하여 외부공간에서도 단지 전체가 하나의 시스템으로 구성될 수 있도록 하였고, 생태적으로도 지붕녹화, 수자원 활용, 하수생태정화시스템, 친환경 자재의 사용, 생태조경 등 다양한 시도가 두드러지게 나타났다. 또한 1970년대의 친환경 주거단지에서 약하게 나타나던 경제적 효과를 극대화시키는 효과가 있었고, 사회문화적 측면에서도 주민참여 프로그램, 다양한 계층의 공존, 주민 삶의 질 향상 등 다양한 시도들이 나타났다.

1990년대에는 친환경주거단지의 개발수법이 성숙해진 단계로서, 지속가능한 개발계획의 개념이 단지 전반에 걸쳐 포함되어 있고, 계획요소 및 실현기술이 보다 기술적이고 복합적으로 적용되고 있는 양상을 보였다. 개발규모 면에서도 주거단지개발에서부터 도시재생을 위한 지역개발에 이르기까지 다양하고, 체계적이고 종합적인 계획에 의해 친환경주거단지가 조성되었다. 친환경적 측면에서는 특별히 도시기후에 초점을 맞추어 단지 및 도시가 계획되었고, 녹지축과 연계된 바람길이 체계적으로 계획되고 수자원의 관리와 친환경 건축자재의 이용에서 매우 높은 효과를 얻게 되었다. 경제적 측면에서는 신 재생에너지를 이용한 건축과 단지의 건물배치, 분산적 집중구조의 에너지 관리 시스템, 우수 및 수자원 관리, 에너지 절감형 건축과 건축방법, 절차간소화 등을 통한 비용절감, 토지재생 및 토지이용의 극대화를 통한 비용절감 등 다양한 기술과 공사기법 등을 이용한 경제적 효율성을 창출하게 되었다. 이러한 경향은 2000년대에 들어서면서 화석연료의 절감 및 CO_2 감축 등을 목표로 하는 국제정세와 맞물려 에너지 절감 중심의 건축 및 단지계획으로 확대되었다.

11-2 친환경단지의 접근방법

(1) 친환경건축의 접근방법

친환경건축이란 자연환경과 에너지 효율을 고려한 입지선정, 건물 기본계획, 건물형태, 배치, 재료선택, 공간구성계획, 건물 내부의 기능연계, 건축기술체계 그리고 수목과의 연계 및 이용을 의미하며 다음과 같은 구체적인 목표를 가진다.

- 건축물 시공과 유지관리에 필요한 에너지와 자원의 수요를 최소화한다.
- 자연의 순환체계와 재생 가능한 자원을 효율적으로 활용한다.
- 물과 공기의 오염, 외부로 방출되는 열, 폐기물, 폐수의 양과 농도 그리고 토양의 포장을 최소화한다.
- 대지 주변에 다양한 종의 동물과 식물이 서식 가능하게 한다.
- 건축물을 주위 경관과 어우러지게 배치하여 건강한 주생활이 가능하게 한다.

이를 바탕으로 친환경 건축상에서 자연요소 및 환경, 즉 대기, 에너지, 물, 재료순환 등을 위한 계획방법은 다음과 같다.

1) 대기순환을 위한 접근방법

건축물을 유기체라고 가정하면 대기순환은 호흡과 비교할 수 있다. 이로부터 건축물 및 그 순환체계를 위한 건축 및 운영상의 일련의 조치들이 제시된다. 자연에서의 유기체들은 낮과 밤, 여름과 겨울, 해와 비 등의 기후리듬에 그들의 생명활동을 적응시킨다. 오늘날의 건물들 또한 그렇게 건축되어 극단적인 기후변화에도 영향을 받지 않고 지탱할 수 있다. 또한 전반적으로 보아 기후가 규칙적인 경우, 건물들은 내부기후를 조성하기 위하여 자연의 기후변동을 최대한 이용할 수 있다. 예를 들어, 야간의 냉각을 주간의 냉각으로, 주간의 가열을 야간의 난방으로 이용할 수 있는데, 이는 하절기에 태양광선을 차단하고 동절기에는 실내기후를 위해서 태양광선을 최대한 활용할 수 있다.

또한 건축물의 배치에 있어서도 미기후를 고려하기 위해서는 풍향의 조건을 고려하여 건물동을 배치하고, 그 외 평면계획 시 자연환기방식의 채용, 공조공간의 단계적 배치에 대한 고려가 있어야 한다.

2) 에너지 순환을 위한 접근방법

건축물에서 에너지 순환을 도모하기 위하여 배치계획 시 다음과 같은 사항들을 고려해야 한다. 우선 입지의 특성에 맞게 일조, 일광, 음지를 고려하여 건물을 배치하고 여러 개의 건물동으로 구성된 단지를 계획할 경우 열 완충공간의 조성기법도 함께 고려한다. 내부공간의 평면 및 단면 계획 시 온도위계를 고려하여 열원 및 실내공간을 배치함으로써 열 완충 공간을 조성하는데, 예를 들어 건물동 내에 온실을 둘 경우 앞마당에 인접시킴으로써 방풍공간 및 열 완충공간으로 활용한다.

건물형태 및 구체결정과 관련하여 집합주거인 경우 동의 모서리 부분에 있는 집, 중간에 있는 집 및 층수 등에 따른 열 수요를 비교할 경우 용적이 큰 건물이 작은 건물에 비해 거주면적당 연간 총에너지 사용이 적게 된다. 이는 외기와 면하는 표면의 면적이 그에 연관되는 용적에 비해 작기 때문이다. 이와 같은 이유에서 동의 가운데 있는 주호들이 건물 모서리부분이나 독립형 주호보다 에너지 효율면에서 더 유리하게 된다. 이와 마찬가지로 건물이 외기와 면하는 외피는 건물의 열 수요에 결정적인 영향을 끼친다. 예로서 북서향의 구석공간이 남동향의 건물 중간공간보다 열 수요면에서 100% 이상 높게 나타난다.

건물의 연면적대 외피면적비가 최소화될 경우 에너지의 소비가 가장 적은 이유는 건물의 외표면이 실내외 기후조건의 경계역으로 열획득과 열손실이 발생하는 가장 큰 부위이기 때문이다. 따라서 에너지 소비 감소를 위해서 건물은 가능한 한 밀집형태로 하여 외표면의 면적비율을 감소시켜야 한다. 그 외 건물형태 및 구체를 결정하는데 있어서 자연채광 및 통풍 유도, 단열 등을 고려하여 계획한다.

그밖에 태양에너지를 이용하기 위해서 건물을 남향으로 하고, 태양열 집열기를 설치할 경우 집열기의 경사각은 대상지의 위도에 10°를 더한 값이 적절하다. 또한, 넓은 창문을 남향으로 하고 북쪽으로는 창문면적을 줄임으로써 가용에너지 사용을 25% 정도 절감할 수 있다.

그림 11-2 | 남향 전면에 유리창문 배치

① **태양에너지 이용을 통한 에너지 절감** : 태양에너지를 이용한 액티브 솔라 시스템은 태양에너지를 흡수하여 분배하는데 별도의 설비를 이용하는 시스템으로 태양집열기 및 태양전지를 주택의 상부 혹은 측면에 부착시켜서 태양에너지를 흡수시키고, 이 흡수된 열 및

그림 11-3 | 온실 조성의 예

전기에너지를 순환유체(물, 부동액)로 순환시켜 저장조에 저장하여 이용하게 된다.

이 중 태양전지시스템은 전기로 변환시켜 공조, 조명, 냉난방을 하기 위해 사용하게 되며, 태양광 발전시스템은 태양전지로 구성된 모듈과 축전지 및 전력변환장치(인버터), 충전지, 보조발전기 등으로 구성되어 있다. 태양집열기시스템은 태양열을 집열기에 모아 난방 및 급탕으로 이용하며, 태양집열판과 축열조로 구성되어 있다.

패시브 솔라 시스템은 특별한 기계장치 없이 태양에너지를 자연적인 방법으로 각 구성부 간의 에너지 전달방법이 자연순환(전도, 대류, 복사현상 등)으로 이루어진다. 아트리움, 온실 등을 이용한 방식이 예이다.

② **단열성능 강화를 통한 에너지 절감** : 건물에서 단열성능을 강화하기 위해 친환경 재료를 사용하고 건물의 에너지 손실을 적게 하기 위한 주택의 각 부를 고단열화하는 것이 요구된다. 이를 위해 기밀성을 높인 재료를 사용하고 건물 외부의 열 차단장치로서 차양, 블라인더, 넝쿨식물 등을 이용한다.

최근 유럽에서는 건물의 에너지 소비를 90% 이상 절감하는 시스템 기술로서 패시브 하우스(Passive House)를 이미 실용화하고 있다. 패시브 하우스의 원리는 건물에서 빠져나가는 열을 줄여 난방에너지를 절약하는 것이다. 건물의 열손실이 일어나는 요인으로는 열전도, 환기, 일사량 등이 있는데, 이들 요소 중에 열전도와 환기에 의한 열손실을 최소화하여 에너지 소모를 줄이게 된다. 패시브 하우스는 건물의 창호부와 벽면부의 고단열 · 고기밀 시공과 전열교환기 및 지열을 접목하여 중요한 난방에너지를 공급한다. 열전도는 건물 외벽의 고단열로, 환기는 전열교환기를 사용하여 난방에너지를 절약하게 된다. 패시브 하우스에서 적용하는 창호는 창호의 맞물림 부분에서 공기의 흐름을 최소화하여 열손실이 발생하는 것을 억제할 뿐만 아니라 삼중단열유리를 사용하여 단열의 효과를 높이고 있다. 고단열 효과를 내기 위하여 건물의 외벽, 바닥, 지붕에 20cm

이상의 단열재를 사용한다. 창호와 외벽과 지붕이 만나는 면에도 고기밀 시공을 통해 열손실을 최소화한다.

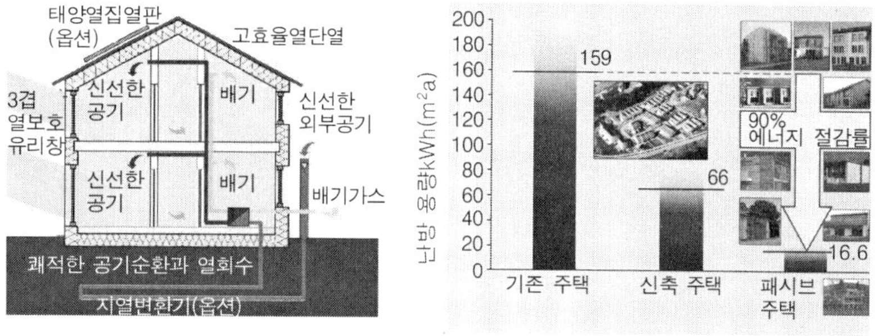

그림 11-4 | 패시브 하우스 에너지 개념 및 절감률

실내공기는 전열교환기를 통해서 환기된다. 이때 차가운 바깥공기는 전열교환기에서 데워져 실내로 유입되고, 실내에서 사용된 공기는 전열교환기를 통해 들어오는 바깥공기에 열을 주고 빠져나가는 원리이다. 이렇게 함으로써 열손실을 최소화하고 실내공기를 쾌적하게 유지한다.

건축자재로 고단열, 고기밀 자재 및 부품을 사용하고 벽과 지붕, 창문의 단열 및 기밀성능을 높이는 구법과 부재를 채용하여 개구부 처리와 함께 환경변화에 대응한 열손실, 열부하의 저감을 도모한다.

그림 11-5 | 넝쿨식물 및 블라인드

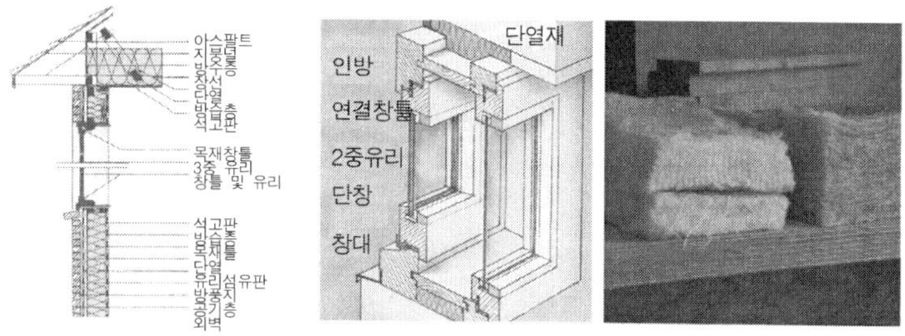

그림 11-6 | 고기밀, 고단열 벽체구성 및 천연 단열재료

3) 물순환을 위한 접근방법

건물 내에서 물의 순환이용과 관련해서는 지붕면에 떨어지는 빗물을 해당 건축물 내에서 재이용하는 시스템을 도입할 수 있다. 일차적으로 개별 대지에서 빗물을 분산식으로 처리하는 방법은 다음과 같다. 건축면에 떨어진 빗물을 일시적으로 침투, 저류하기 위해 지붕녹화를 적용할 수 있으며, 또는 빗물이용을 목적으로 저장조를 설치하고 이곳에서 월류되는 빗물은 연결된 침투·저류시설로 보내지도록 한다.

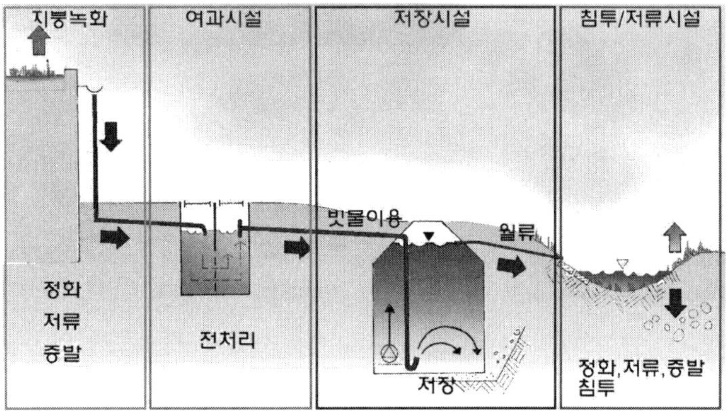

그림 11-7 | 개별 대지에서의 분산식 빗물관리 예

지속가능성을 목표로 하는 친환경주택계획과 연관 지어 단지 차원에서의 외부공간에 대해서도 자연의 순환계에 순응할 수 있는 환경으로 조성하는 것이 바람직하다. 외부환경계획에서는 자연의 순환과정에서 발생하는 다양한 자연현상이 건축환경에서도 균형을 이루도록 유도하고 순환계 자체를 지속적으로 보전하기 위한 대책을 세워야 한다. 이 중 물의 순환에 있어서는 빗물, 오수, 잡배수 등의 순환이용을 도모하고 주변환경의 지표를 투수화하며 외부환경, 시설과 관련된 침투처리시설의 정비를 통해서 자연적인 물순환 체계를 도모한다.

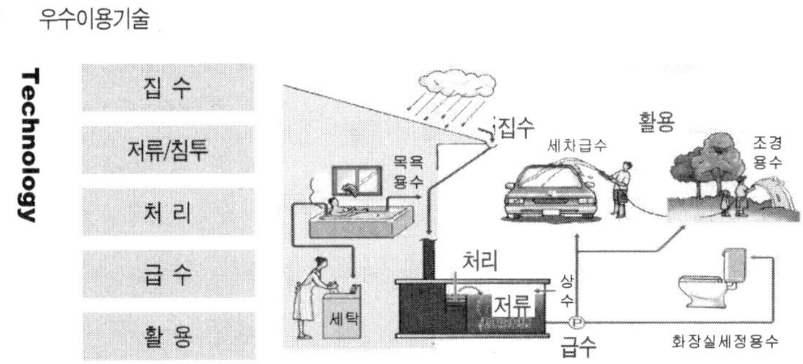

그림 11-8 | 우수이용 순환도

4) 재료순환을 위한 접근방법

건축물을 짓기 위해 사용되는 많은 건축재료와 시공기술들은 인간에게 유해할 수 있으며, 건설 후에도 여러 해 동안 건강에 해로운 가스 및 유해물질을 외부로 내뿜게 된다. 이러한 유해재료와 시공방법들은 대부분 계획과정에서 그 해결방안을 찾을 수 있고 유해물질을 감소시킬 수 있는 방안을 모색할 수 있다. 또한 건축물을 시공하는 과정에 있어서 재료의 선정은 재료의 제조와 수송, 현장가공, 그 기능, 처리방법 등을 고려하여 전체적으로 친환경적이고 유해하지 않은 가공방법의 재료를 선정해야 한다.

그림 11-9 | 목재로 건물외피를 구성하고 천연도료 마감

그림 11-10 | 자연소재로 지은 주방 내부

다음의 사항이 고려되어 건축자재를 선정할 경우 건축물과 거주자는 생태적 안정을 꽤할 수 있다.

첫째, 거주자의 쾌적성과 건강에 유해한 성분을 방출하지 않는 방법으로 제작된 재료를 이용한다.

건축재료는 화학적 영향이나 물리적 영향, 열의 영향을 막아주는 기능과 신선한 공기를 건물 내로 유입하고, 이미 사용된 공기는 외부로 배출하는 환기능력을 보유해야 한다. 따라서 가급적 자연적이고 가공되지 않은 상태의 것이 좋으며, 또한 표면처리에 있어서도 유해한 물질의 발산이나 마모가 일어나지 않아야 한다.

둘째, 재료를 생산, 운송, 사용하는 과정에서 적은 에너지를 소비하며 각각의 과정에서 유해물질을 방출하지 않는 재료를 이용한다.

일반적으로 단독주택 한 채를 짓는데 소비되는 건축재료는 재료 채취에서 가공까지 소요되는 에너지 비용이 전체의 10%에 달한다. 금속이나 합성재료는 자연재료보다 수송과정에서 더 많은 에너지 비용이 발생하며, 10,000km 이상을 운반하기도 한다. 반면에 목재나 흙, 석재 등은 지역적으로 생산이 가능하고 그 지역에서 수백 년 간 이용되어온 재료이므로 사용방법에 있어서도 에너지 소비가 적다. 따라서 지역에서 생산되는 향토재료와 이를 활용한 건축방식은 재료의 수송에서 발생되는 문제를 최소화하며 기존의 방법보다 초기 에너지 투입비용을 절감할 수 있다.

셋째, 재생 가능하고 재활용이 가능한 재료의 이용이다.

재생 가능한 식물 및 동물성 원료를 사용할 경우 자연계로의 물질순환은 거의 완벽하게 이루어진다. 또한 재료 자체가 유해물질이 없고 여러 가지 유해물질을 흡수하는 기능도 하게 된다. 비단 건축물에 사용되는 재료 외에도 주변환경과의 조화를 위해 갈대나 버드나무, 덤불 같은 식물을 건축재료로 이용할 수 있다. 재생이 어려운 건축재료는 재활용을 통해 원료를 획득할 수 있다. 이를테면 덧칠이나 코팅을 하지 않고 가능한 원상태의 자재를 활용할 경우 추후에 재활용을 쉽게 할 수 있다.

(2) 친환경단지의 접근방법

생태주거단지는 기존에 주거단지를 계획하던 과정에서 간과하였던 생태적 원리나 방법들을 보다 구체적으로 실현하는데 목표를 두고 있다. 이를 위하여 지형변화를 최소화하는 토지이용계획이나 물순환, 자연자원을 보전하는 주거지계획, 에너지의 순환 및 자연에너지 이용이 가능하도록 다음과 같은 계획들을 수립하게 된다.

① **지형변화의 최소화 계획** : 계획의 기본방향은 자연지형을 이용한 주거공간의 구성 및 다양한 형태의 공간구조계획, 기존 녹지의 절토 및 성토를 방지하기 위한 구릉지형 주거공간계획, 경사지 내 테라스하우스계획, 생태계 훼손을 최소화하는 계획이 수립되도록 한다.

표 11-1 ● 단지에서의 요소별 친환경적 방안

종류	친환경적 조치	종류	친환경적 조치
토양	• 토지절약형 건축 • 토양의 피복을 제한 • 녹지와 공지의 확보 • 기존 토양부하의 절감	교통	• 직주근접 토지이용을 통한 교통발생 억제 • 자동차 진입이 배제된 주거지 • 친환경적 교통체계 • 교통의 환경영향 고려
물	• 침투형 포장재료의 사용 • 지붕에서 떨어지는 우수활용 • 대지에 떨어지는 우수의 침투 • 식물여과시설 설치 • 자연녹지로 빗물침투 유도 • 수자원 보호를 위한 토양의 보호	에너지	• 대상지 기후조건 고려 • 에너지 저소비형 건물배치 • 건물단열 강화 • 단열을 위한 지붕 및 벽면녹화 • 설비형 태양에너지 이용시설 적용 • CO_2 방출의 억제 • 합리적인 에너지 공급계획
생물서식 공간의 보호	• 동·식물의 서식공간의 창출	쓰레기	• 분리수거가 가능하도록 계획 • 부패를 위한 시설 설치
기후/공기/소음	• 기후조절용 녹지 • 가로의 녹화 • 기후조절용 벽면 및 지붕녹화 • 배기가스정화용 식재 • 기후를 고려한 건물배치	재료	• 친환경적 재료 사용 • 대상지 주변에서 생산되는 재료 사용 • 재활용 재료 사용 • 재활용이 가능한 재료 사용

지형변형 및 토공량 발생을 최소화하여 자연지형의 보전과 공사의 경제성을 도모하고 급경사지형의 변경을 최소화하여 자연지형을 보전, 근린성을 지니는 단지로 조성한다. 다양한 주거공간 및 단지와의 일체감을 조성하여 사생활 보호와 조망이 확보되도록 하며, 인위적인 조경계획을 지양하고 자연과 공존하는 환경을 조성한다. 조망성이 풍부한 경사면에 대지에서의 접근성을 유지하여 구릉지의 위치에 따라 다양한 조망을 가지도록 계획한다.

경사지형 자체가 각 영역을 구획하는 역할을 하며 등고선과 경사도가 중요한 계획요소로 작용할 수 있도록 계획한다. 일조 및 통풍, 조망 등 양호한 환경조건을 수용하는 사적, 공적 외부공간이 다양하고 복합적으로 형성할 수 있도록 계획한다.

② **물순환 확보계획** : 빗물을 단지 내에서 저류, 침투시키는 것은 단지개발로 인한 물의 자연적인 순환현상을 회복시켜주는 조치이며, 빗물을 이용하는 것은 하수이용 및 재이용시스템에 비해 원수의 수질이 양호해서 처리부담이 적다. 침투시설은 조정지를 개선하는 것보다 용지의 고도이용이 가능하고, 빗물저류겸용시설은 이용효과를 향상, 하류 하천유지수 및 하수도 정비에 부담을 줄여 주며 지하수 함양을 촉진시키기 된다.

주거지 내 투수성 포장은 지하침투수량 증가효과를 가져오므로 불필요한 포장을 지양하고 공간의 특성에 맞는 투수성 포장을 도입함으로써 주거지 내 자연투수면적을 늘린다.

물순환을 위한 적용가능 요소 및 기술로는 빗물을 지붕 등으로부터 집수하여 저류조에 저장하였다가 빗물을 사용장소로 급수하는 시설이 필요하다. 빗물저장조에 물이 부족할 때는 수돗물을 자동 공급하도록 하거나 초기 빗물을 자동 제거하여 양호한 수질을 확보하는 기술이 요구된다.

그림 11-11 | 단지 내 빗물저류용 연못 및 수생비오톱 조성공간

첫째, 개별필지에서는 지붕면으로부터 집수된 우수를 포장면으로 유출하지 않고 토양으로 침투하도록 한다. 지붕면에서 모아진 우수는 우수저장탱크에 저장하여 화장실 용수 또는 세차, 관개용수로 사용한다. 저장용량을 초과한 우수는 단지 내의 우수침투시설과 연계하여 외부에서의 물순환이 이루어지도록 한다.

둘째, 단지의 외부공간에 떨어진 빗물은 자갈과 식물로 조성된 저류연못에 저류하였다가 지하로 침투시키도록 하고, 단지 내 저류연못에서 월류되는 우수는 공공수로로 유도함으로써 생태적인 효과와 안정성을 함께 고려한다.

③ **자원 순환계획** : 단지 내에서 쓰레기 발생을 억제하기 위하여 자연발효 화장실 또는 부엌쓰레기의 퇴비화 장치 등이 요구된다. 단지 내·외부의 퇴비화 공간을 설치하여 단지 내에서 나오는 음식물 쓰레기 또는 퇴비화가 가능한 쓰레기를 자연발효하여 퇴비로 재사용하는 방안이다.

그림 11-12 | 자연발효화장실 및 퇴비

또한 단독주거지 내 자연발효 화장실을 설치하여 주거지 내에서 발생되는 화장실 쓰레기를 퇴비로 사용할 수 있다. 음식물 쓰레기도 함께 발효하여 단지 내 채소원의 퇴비로 사용한다. 지하에 설치하는 자연발효 화장실의 부패조와 주거 내 설치하는 변기 및 음식물 분리통을 통하여 부패조 안에서 발효가 진행되어 추후 퇴비로 이용이 가능하다.

건축폐기물을 처리하기 위하여 최종처리장을 확대하는 것도 필요하지만 그것보다도 폐기물을 생기게 하는 것에 대한 근원적인 방지와 폐자재의 재활용도 중요하다. 건축폐기물과 건축재료상의 폐자재 유발을 근본적으로 줄이는 방안으로 리모델링되는 건축물 또는 재건축되는 폐자재의 재료를 신축건물의 포장재나 외부의 조성재료로 사용하거나, 폐타이어와 같은 비건축 폐자재를 바닥재나 친환경 포장재료로 사용할 수 있다. 우드칩과 같은 폐목재의 사용으로 난방연료의 매체로 사용이 가능하여 건축자재 및 비건축자재의 재활용이 가능하다. 재료 재사용은 건축 내부재료 및 구조재로 사용할 수 있다.

그림 11-13 | 목재 및 콘크리트를 이용한 폐자재의 재활용

11-3 | 친환경 주거단지 사례

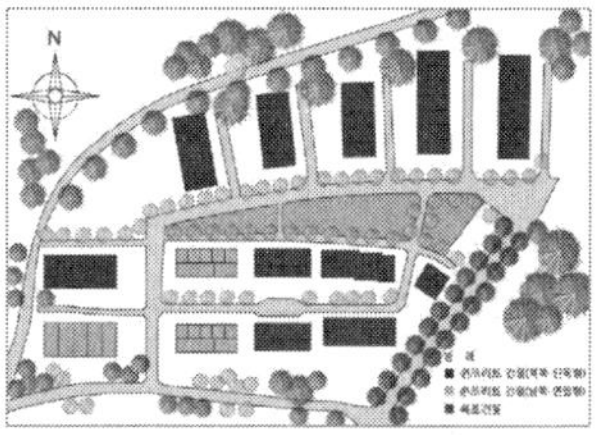

그림 11-14 | 비스마르크 주거단지 배치도

● 비스마르크 태양에너지 주거단지(Bismarck Solarsiedlung)

비스마르크 주거단지는 독일의 노르트라인베스트팔렌(Nordrhein-Westfalen) 주 정부가 1997년부터 추진하고 있는'50개의 태양에너지 주거단지(50 Solarsiedlungen)'라는 프로젝트의 지원을 받아 추진된 첫 번째 사례로 조성된 곳이다.

이 주거단지는 동쪽에는 옛 탄광이 위치하고 있으며, 서쪽에는 1993년 시정부가 도시설계를 통해 '간단하게 건축주가 짓는 건축'이라는 주제로 입주자가 공동체를 구성하여 자체적으로 조성된 곳이다. 또한 단지 내에는 생태적으로 설계된 비스마르크 기독종합고등학교(Evangelische Gesamtschule Bismarck)가 위치하고 있다.

그림 11-15 | 비스마르크 주거단지 전경

단지의 전체면적은 약 4ha 정도이며, 단독주택과 연립주택을 합쳐 총 72세대로 구성되어 있다. 1999년부터 건설되어 2001년에 완공된 이 단지는 겔센키르헨 시와 두 개의 회사(Bau+Grund Immobilen GmbH과 INTERBODEN GmbH & Co.KG)가 주체가 되어 계획되었다.

그림 11-16 | 북쪽의 단독주택단지

이 단지는 겔센키르헨 시 중앙에 위치하고 있으며, 도시철도역과는 약 100m 거리에 위치하고 주변에 유치원, 학교, 상가가 조성되어 있다. 단지계획 시 태양에너지를 이용한 에너지절약형 주거단지로 조성하기 위하여 동-서 축을 중심으로 하여 건축물을 남향으로 배치하였다. 주택형태는 단지 북쪽에 박공지붕형태의 29세대와 남쪽에 5세대는 콘크리트 건축양식으로 건설되었고, 달개지붕형태의 건축물은 콘크리트 양식 16세대와 목재 양식 22세대로 건설되었다. 이 모든 건물은 에너지 절감을 위하여 형태적으로 모두 콤팩트하게 지어졌다.

그림 11-17 | 남쪽의 연립형 단지

이 주거단지에 지어진 모든 건축물은 법적으로 규정된 최소 에너지 건축 규정을 준수하도록 하였다. 즉, 난방으로 사용되는 에너지가 전체에너지의 35~45%를 초과할 수 없도록 계획되었다. 이 단지에 적용된 에너지계획 개념은 북쪽의 단지와 남쪽의 단지가 에너지 이용 효율성에서 근

그림 11-18 | 건축물에서의 태양에너지 이용

본적인 차이점을 고려하여 시설을 설치하였다. 북쪽의 단지는 단독주택으로 각각 가스 및 온수시설과 함께 태양에너지를 연평균 60%를 사용하도록 하고 있다. 이를 위해 각 건물마다 5㎡의 태양전지와 태양열집열판을 설치하였다. 또한 단지계획 시 옥상녹화, 통풍시설, 바람통로 등을 함께 고려하여 단지 전체에서 에너지 절감을 위한 계획을 시도하였다.

단지 전체의 녹지 및 수자원 보호를 위해 단지 내에 빗물침투와 이용시설을 두어 정원 및 화장실 용수로 빗물을 사용할 수 있도록 하였으며, 단지 서쪽에는 우수 저류연못을 두어 빗물유출을 저감하고 생태적으로 빗물을 정화하도록 하였다. 또한 옥상녹화를 통해 도시 미기후와 에너지 절감을 고려하였으며, 단지 중앙 동-서축에 녹지축을 연계한 맑은 공기 바람통로를 두었다.

단지 전체에 적용된 교통계획은 주거단지 내의 교통안전과 교통소음을 고려하여 주차시설은 외곽으로 배치하였다. 이로써 주거단지 내로 차량진입이 없게 하여 보행도로와 놀이시설을 우선으로 하였으며, 단지 밖으로는 승용차 이용을 절감하도록 대중교통과 연계하였다.

그림 11-19 | 단지 중앙의 녹지축과 바람길

그림 11-20 | 단지 외곽의 저류연못

그림 11-21 | 자연재료를 이용한 학교건물

그림 11-22 | 우수저장탱크

그림 11-23 | 자연재료를 이용한 학교건축물

그림 11-24 | 온실이용

이 단지는 기존에 주변에 위치하고 있는 유치원과 학교 등 충분한 교육시설 갖추고 있어 사회적으로도 안정된 단지를 이루고 있으며, 특히 학교건축의 경우 자연재료를 이용한 자연친화 건축물로 조성하였으며, 학교 내 온실, 우수이용 및 저류 등 복합적인 에너지 저감형 건축물을 조성한 것이 특징이다.

11-4 새로운 대안으로서의 친환경단지

친환경단지의 외형은 자연적인 잠재력과 순환에서 비롯된 주거단지를 통한 환경의 균형을 의미한다. 오늘날 한 시대의 사조처럼 되어버린 친환경단지는 합리적인 철학관과 디자인 이론을 배경으로 해서 인간과 환경 사이의 바람직한 질적인 관계를 설정하는 건설방법이다.

친환경단지는 건축 및 외부공간의 형태가 환경과 서로 연관되어 작용한다는 것을 설명하고 있으며, 그 중심적인 사항은 건축이 환경 없이 존재할 수 없다는 것이다. 인간에게 쾌적하고 이상적인 지역환경은 건물 자체의 외형뿐만 아니라 주변자연을 포함하는 전체환경으로 파악되어야 하며, 동시에 자연에 대한 건설 방면에서의 많은 노력이 앞으로도 지속적이어야 할 것이다.

'친환경'이라는 개념은 많은 전문분야에서 종종 두려워하는 것처럼 비생산적이거나 이질적인 대상으로서 작용하는 것이 아니라, 도시 전체나 부분 또는 건축물 하나하나에 그리고 그것들과 연계되는 부분에 새로운 질 향상을 위한 촉매로 작용하게 된다. 이것은 또한 현재 존재하고 있는 것뿐만 아니라 앞으로 개발에 따른 환경변화에 지속성을 부여하는 개념이기도 하다. 이제는 지역의 자연적 특성에로의 적응과 최소한의 개발 및 인간과 자원 사이의 평형 유지, 순환 가능한 잠재자원의 사용, 최대한의 다양화와 포괄적인 견지에서의 개발, 시대상황 안에서의 융통성과 적응능력 향상 등이 보다 절실하게 요구된다.

생각해보기

1 성장 위주의 개발에서 발생하는 환경적 문제점들을 극복하기 위하여 나타난 친환경 주거단지의 시대별 발전과정과 그 특징을 논의해 보자.

2 친환경 주거단지가 기존의 주거단지와 구별되는 가장 특징적인 사항은 자연의 순환과정을 모색한다는 것이다. 개별건축물과 단지 차원에서 에너지의 순환이 이루어질 수 있도록 다양한 방법들을 생각해 보자.

3 주거단지계획 차원에서 접근할 수 있는 친환경적 방안들을 생각해 보고, 이것이 개별건축물 차원에서 구현하게 되는 조치와의 차이점을 논해 보자.

참고문헌

1. Der Bundesministerium für Raumordnung, Bauwesen und Städtebau (1991), Vitalisierung von Groß siedlungen, Expertise Informations -grundlagen zum Forschungsthema Staedte-bauliche Entwicklung von Neubausiedlungen in den fuenf neuen Bundeslaendern, Bonn -Godesberg.
2. Dieter Londong(1999), Annette Nothnagel, Bauen mit dem Regenwa-sser, Muenchen.
3. Ingo B. Hagemann, Gebaeudeintegrierte Photovoltaik, Rudolf Mueller, 2002.
4. Reynaers Aluminium, Reyners Solar System - Photovoltaik in Fassaden und Wintergaerten, Callwey, 2000.
5. Ronald Meyer, Das EnergieEinsparHaus, Blottner Fachverlag · Taunusstein, 2001.
6. Ulrich Timm, Der Wintergarten-Wohnraeume unter Glas, Callwey, 2000.
7. Wolfgang Feist, Passivhaus Vorprojektierung 2002, Passiv Haus Institut, Darmstadt, 2002.

그림출처

그림 11-1 P. Krusch, "Oekologisches Bauen" 1981, Umweltamt

4 부 주거와 경제

12장 주택시장과 산업

주택시장은 일반재화시장과 마찬가지로 수요와 공급에 영향을 받는다. 하지만 주택이라는 재화가 가지는 특수성으로 인해 주택시장만이 가지는 특이성 또한 존재한다. 주택수요와 공급이 주택시장 결정에 미치는 영향을 파악하는 것이 주택시장을 이해하는 지름길이며 주택시장의 주요한 결정요인을 파악하는 기반이 된다. 추가적으로 주택조세와 금융은 주택시장의 거래에 영향을 미치는 주요한 변수가 된다. 주택산업은 생산의 단위로서 주택을 바라보는 것으로서 효율적인 주택생산과 공급을 위한 노력이 지속적으로 이루어져야 할 것이다.

12-1 주택시장의 특성

(1) 주택시장의 의의

주택시장이란 주택이라는 상품의 거래가 이루어지는 추상적인 장소로서 주택에 대한 수요와 공급이라는 두 가지 요인에 의해 주택의 거래가 이루어지고 궁극적으로 주택가격이 결정된다.

주택시장은 주택이 가지는 자연적 특성, 즉 지리적 위치의 고정으로 인하여 국지적 시장의 형태를 이루기 때문에 주택상황과 주거수준은 전국적으로 평준화되지 않으며 지역 하위시장에 따라 다양한 특성을 띤다. 즉, 특정지역에서의 공급은 다른 지역의 수요를 충족시키는데 도움이 되지 못한다. 또한 주택시장은 동일한 자재를 사용하여 동일한 회사에서 건축하였다 하더라도 위치, 방향, 접근성, 주변환경 등이 서로 상이하므로 동일한 상품으로 그 가치를 평가할 수는 없다. 주택은 다른 재화에 비해 반영구적인 내구성을 보유하고 기획에서 생산까지 상당한 시간이 소요되므로 시장의 수요와 공급을 조절하는 것이 어렵다. 이러한 주택시장의 특성은 지역성, 불안정성, 비표준화성, 비신축성, 광범위한 정부규제 등으로 규정할 수 있다.

주택시장은 금융과 결합된 토지, 자재, 노동 등의 투입요소가 주택을 생산하는 주체인 개발자, 시공자 그리고 소유주들과 만나 주택을 소비하는 수요에 맞는 상품을 생산하게 된다. 그리고 이러한 투입, 생산, 수요로 이어지는 각 연결 접점에서 거래가 이루어지면서 가격이 결정된다. 따라서 주택시장의 작동원리는 그림 12-1과 같이 표현할 수 있다.

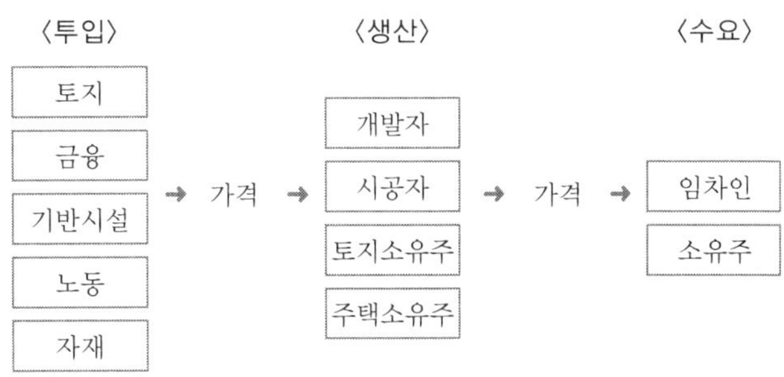

그림 12-1 | 주택시장의 작동원리

(2) 주택시장의 특성

주택시장은 지역성, 불안정성, 비표준화성, 비신축성 그리고 정부규제의 광범위성과 같은 특징을 보인다. 특히 국내 주택시장은 외국과 다른 특성을 보이는데 70년대에는 전체 재고주택에서 단독주택이 차지하는 비중이 95% 이상이었으나 2005년에는 아파트가 차지하는 비중이 52.2%로 주거생활이 편리한 공동주택의 비중이 급격히 증가하고 있다. 주택임대시장의 경우는 선진외국의 월세제도가 국내에는 정착하지 못하고 오랜 시간 관행으로 굳어온 전세제도가 이루어지고 있다. 이렇게 전세제도가 관행화된 점은 과거 전세금(목돈)을 세입자에게 받아 은행에 저축하면 상당한 이자가 나와 월세와 같은 역할을 하였으며, 투자에 필요한 목돈을 조달하기 위한 세입자와 집주인간의 이해가 일치하였던 것으로 알려지고 있다. 또한 국내는 후분양제도이긴 하지만 선분양을 할 수 있는 여건을 갖추면 선분양이 가능하므로 선분양이 보편화되어 있다. 외국에서는 일반화된 후분양제도가 국내에는 정착하기 어려운 현실이다. 그 이유는 후분양제도를 도입하면 주택사업 시행자 입장에서 큰 규모의 자금이 필요하기 때문에 단기적으로 주택공급이 급격히 감소할 가능성이 있기 때문이다. 따라서 주택공급량이 충분하고 주택금융이 발달하게 되면 후분양제도로의 이행이 이루어질 수 있을 것으로 보인다.

1) 지역성

주택은 일반 재화와는 다르게 위치가 고정되어 있어 시장의 범위가 공간적으로 한정되며 지역 고유의 특성과 환경에 의해 그 가치가 결정된다. 이러한 주택의 지역적 특성은 지역에 따른 수요와 공급의 불균형을 초래하게 되어 가격결정의 중요한 요인으로 작용한다.

2) 불안정성

주택시장은 내부요인뿐만이 아니라 사회, 경제적인 변화나 정부의 정책에 따라 민감하게 반응을 보이는 불안정한 특성을 가지고 있다. 이러한 불안정성은 주택시장에 참여하는 주체들의 위험부담을 가중시켜 이를 보상받기 위해 주택공급 가격의 상승을 유발하게 된다.

3) 비표준화성

주택은 표준화를 통해 대량생산이 가능한 일반 재화와는 달리 지역성, 고가성, 자산성 등 다양한 특징을 보이며 상대적 의미에서의 표준화가 곤란한 특성을 지닌다.

4) 비신축성

주택시장은 지역적 특성으로 인해 수요와 공급의 균형이 신속하게 이루어지지 않는 비신축성의 특성을 지닌다. 이는 주택시장의 참여자들이 시장의 변화에 즉각적으로 대응하지 못하기 때문이며, 주로 기획에서 공급에 이르는 시간적 차이가 존재함이 가장 큰 원인으로 지적되고 있다.

5) 정부규제

주택시장은 여타 재화의 시장과는 달리 시장의 실패 가능성과 형평성 보장의 어려움으로 인하여 수급과 가격에 대한 정부의 개입이 광범위하게 이루어진다.

(3) 주택가격의 특성과 유형

주택가격은 주택수요와 공급이 만나서 결정되며 기본적으로 주택이 거래되는 주택시장에서 형성된다. 주택가격은 주로 어떠한 힘에 의해 결정되는가에 따라 시장가격과 규제가격으로 구분할 수 있다.

시장가격은 주택수요와 주택공급이 비인위적인 힘에 의해 결정되는 가격을 말하며, 규제가격은 정부가 특정 목적의 달성을 위하여 직·간접으로 개입하여 결정하는 가격을 말한다. 국내 주택가격 중에는 중고주택가격인 매매가격과 일반적인 분양가격은 시장가격으로 볼 수 있고, 분양가상한제가 적용되는 신축주택의 가격이나 공공임대주택의 임대료 등은 규제가격으로 볼 수 있다.

또한 주택가격은 분양가격과 매매가격으로도 구분할 수 있는데 분양가격은 신축주택의 가격이며 매매가격은 중고주택의 거래가격을 말한다. 분양가격과 매매가격 간에는 차이를 보이는데 전국적으로는 대략 분양가격이 매매가격에 비해 10~20% 정도가 높다. 이는 분양가격은 2~3년 후에는 매매가격으로 전환되기 때문에 기간에 따른 일정한 프리미엄을 적용해야 하기 때문이다. 매매가격에 대한 분양가격 비율은 지역별로는 상당한 차이를 보이는데 수도권에서는 분양가격이 매매가격에 비해 10~20% 정도 높지만 지방에서는 100% 이상 높은 지역도 존재한다. 이는 주택공급업체들의 무리한 가격책정과 더불어 주거수준이 열악한 지방주택시장의 여건 때문이라 분석된다.

주택가격은 전세가격과 매매가격으로 구분할 수도 있는데 전세란 우리나라에만 존재하는 독특한 주택임대차 관행으로서, 이때 결정되는 전세금액은 부채와 함께 자산으로서 복합적인 성향을 가진다. 부동산 경기가 호황일 때는 주택을 구입할 때 대출로 활용할 수 있는 전세금은 자산으로서의 성향을 보이며, 부동산경기가 불황일 때는 전세금 반환의 문제가 제기되므로 부채로서의 성향을 보인다. 또한 전세가격이 오르면 주택의 매매가격이 오르는 경향이 있는데 이렇게 전세가격과 매매가격 간에는 서로 영향을 받는 것으로 나타나지만 최근 이러한 영향은 감소하고 있다.

표 12-1 ● 광역시 분양가격과 매매가격 비율 (단위 : %)

지역	2000년	2001년	2002년	2003년	2004년	2005년	2006년	2007년	2008년
전국	124.6%	124.6%	93.2%	97.3%	105.4%	101.0%	92.7%	112.5%	130.4%
서울특별시	107.5%	104.3%	92.0%	97.7%	111.1%	111.1%	93.6%	103.2%	136.5%
부산광역시	136.3%	123.0%	133.6%	158.4%	189.8%	164.4%	171.2%	213.8%	300.0%
대구광역시	138.2%	116.3%	120.2%	157.3%	143.0%	166.4%	181.3%	177.9%	189.3%
인천광역시	123.9%	106.3%	102.9%	119.3%	135.4%	159.2%	146.8%	168.3%	128.1%
광주광역시	152.9%	142.0%	154.8%	173.4%	175.9%	190.9%	196.8%	223.2%	207.7%
대전광역시	156.8%	153.4%	128.4%	103.5%	116.8%	155.2%	143.6%	180.6%	165.6%
울산광역시	160.9%	179.7%	150.6%	155.1%	187.8%	190.0%	212.1%	191.4%	213.5%

자료 : 부동산114. 2009. 1

12-2 주택시장의 수요와 공급

(1) 주택시장의 수요

주택시장의 수요는 '일정시점에서 주택을 구매하려는 개별 또는 집단적 요구'라고 정의할 수 있고, 주택공급과 만나 주택가격 및 주택 거래량을 결정한다. 따라서 주택수요는 주택관련 문제를 결정하는 가장 중요한 개념 중의 하나이다. 주택수요는 시장에서 거래되는 여타 상품 중의 하나로 보아서는 안 되며 의식(衣食)과 함께 기본적 필수품으로 인식해야 한다.

주택수요의 유형은 수요 추세의 변화에 따라 수요의 양, 질, 구조 등으로 분류할 수 있다.

1) 주택수요의 양

주택수요의 양이란 인구수로 정의될 수 있는데 주택시장을 정확히 파악하기 위해서는 주택 매입의 최소단위인 가구수를 추가할 필요가 있다. 하지만 이렇게 인구와 가구수로 판단한 기초적인 주택수요는 현재 상태의 수요만을 의미하며, 수요의 동향을 파악하기 위해서는 지역 간 인구이동에 따라 발생하는 인구의 순 증감(增減)을 살펴볼 필요가 있다.

2) 주택수요의 질

주택수요의 질이란 소득을 의미하며 여기서의 수요는 유효수요와 잠재수요로 나눌 수도 있는데 이 둘은 구매력의 차이가 구분의 기준이 된다. 유효수요는 구매력이 있는 수요를 의미하며 잠재수요는 유효수요로 개발하기 위한 마케팅적 노력이 필요한 잠재된 수요를 뜻한다. 이렇게 주택수요를 구분하게 되면 주택시장을 다른 각도로 해석할 수 있게 만든다. 즉, 동일한 인구를 가지고 있어도 소득수준이 높은 지역은 주택수요의 질이 좋아 더 많은 공급을 흡수할 수 있는 능력이 있어 공급이 추가되어야 한다는 의미이다.

3) 주택수요의 구조

주택수요의 구조는 계층별 인구구조로 나타나는데 최근 고령화와 자녀를 적게 낳는 소자화(小子化) 추세가 심화되면서 주택시장에 영향을 미치는 큰 수요요인으로 부각되고 있다. 주택수요의 양과 질이 좋더라도 그 지역의 계층별 인구구조가 고령인구가 주가 된다면 주택수요를 다르게 해석해야 된다. 40~50대 인구는 부동산 매입의 주된 계층이지만 나머지 계층은 소득수준의 고저와는 큰 상관없이 부동산 시장에 큰 영향을 미치지 않는 또는 부정적인 영향을 미치는 대상이라고 볼 수 있다. 따라서 수요의 구조는 장기적으로 주택시장에서 가장 중요한 변수가 될 수 있음에 유의해야 한다.

지금까지 언급한 주택수요는 주로 내부수요를 일컫는다. 내부수요란 지역 내의 수요로서 지역이 가지는 특성에 의해 규정지어지며 형성된다. 따라서 인구증가율이 정체상태를 보이는 현재의 내부수요는 상당한 한계를 가진다. 주택시장에 있어 내부수요 못지않게 중요한 변수는 외부수요이다. 지역경제에 대한 다수의 연구에서도 외부수요가 지역의 성장에 미치는 영향이 두드러짐을 증명하고 있다. 이처럼 외부수요가 지역경제에 미치는 영향은 인구가 본격적으로 줄어드는 2020년 이후의 글로벌 경제하에서는 더욱 중요해질 것으로 예측된다.

(2) 주택시장의 공급

주택시장의 공급은 '주택을 판매하려는 요구'로 정의할 수 있다. 주택공급의 개념은 신축 여부에 따라 기존주택 공급과 신규주택 공급으로 구분할 수 있다. 일반적으로 주택공급이란 신규주택의 공급, 즉 분양이라고 인식하고 있지만 기존주택의 공급 또한 적지 않은 공급의 규모라고 할 수 있다. 이러한 기존주택의 공급에서 가장 중요한 것은 다주택자들의 공급이다. 구 행정자치부의 자료에 의하면 전국의 다주택 보유 세대수는 887,180세대이다. 이 세대가 세금 등 정책의 영향으로 주택을 1채씩만 시장에 팔려고 내어놓으면 신규 공급의 2배에 이르는 규모가 공급되어 상당한 시장교란 요인이 될 수 있다. 참여정부의 주택정책의 기조는 이러한 다주택 보유세대의 주택을 시장에 공급하도록 만드는데 있었다. 주택공급의 결정요인은 주택가격, 생산요소의 가격, 대체재의 가격, 기술수준 등이며 이러한 요인들이 주택공급에 긍정적 또는 부정적인 영향을 미친다. 즉, 주택가격은 주택공급에 긍정적인 영향을 미치지만 생산요소의 가격은 부정적인 영향을 미친다고 볼 수 있다.

1) 주택공급의 주체

우리나라의 신규주택의 공급 주체는 크게 공공부문과 민간부문으로 나눌 수 있다. 공공부문은 다시 정부와 정부 대행기관으로 구분할 수 있으며, 정부에는 다시 중앙정부와 지방자치단체가 있다. 정부대행기관에는 대한주택공사, 지방공기업 등과 같이 주택공급에 직접 관여하는 기관과 한국토지공사와 같이 주택공급에 필요한 택지를 조성, 공급함으로써 간접적으로 관여하는 기관이 있다.

주택공급의 주체로서 중앙정부와 대행기관인 주택공사가 중요한 역할을 담당해온 반면, 지방자치제의 정착으로 지방화 추세가 진전되고 있음에도 불구하고 아직까지 지방자치단체와 그 대행기관인 지방공기업이 주택부문에서 차지하는 역할은 상대적으로 낮은 편이다. 이에 반해 민영화 추세에 따라 최근 들어 민간부문의 주택건설 비중이 증가하고 있는데, 신규주택의 60% 이상을 민간부문이 공급해 왔으며 최근 3년간(2005~2007)에는 총주택공급량의 69.5%를 담당하였다.

표 12-2 • 부문별 주택공급 실적 (단위 : 천 호,%)

구분	2001년	2002년	2003년	2004년	2005년	2006년	2007년
계	530	667	585	464	463	470	558
공공	128	124	121	124	141	157	157
민간	402	543	464	340	322	313	401
공공비중	24.2	18.6	20.7	26.7	30.5	33.4	28.1

자료 : 국토해양부, 2008

2) 주택공급방식

주택공급방식으로는 신규주택 공급방식과 재건축 · 재개발 · 리모델링 공급방식으로 나눌 수 있다. 신규주택 공급방식은 나대지나 택지개발지구에 새로이 주택을 공급하는 방식을 이르며, 재건축 · 재개발 · 리모델링 공급방식은 기존주택이 노후 · 불량하여 주거기능을 다할 수 없거나 합리적인 이용과 가치의 증진을 도모하기 곤란한 경우 기존주택이나 건축물을 허물고 새로이 또는 기존주택이나 건축물을 리모델링하여 공급하는 방식을 말한다.

12-3 주택금융과 조세

(1) 주택금융

1) 주택금융의 개념

주택금융이란 주택의 구입, 임차, 건설, 개량 등을 위한 자금이라고 정의할 수 있다. 따라서 주택금융은 자금의 용도가 주택이나 주택서비스에 한정된다는 점이 특징이다. 이러한 주택금융의 수요자와 공급자가 만나는 추상적인 장소를 주택금융시장이라고 할 수 있으며 수요자와 공급자간의 경제적 이득을 극대화하기 위해 자금의 차입과 대출이 이루어진다.

주택금융은 주택의 생산과 거래와 관련된 자금으로서 국민들의 주거복지를 증대시키는 기능을 수행한다. 주택금융의 중개기능은 주택금융기관에 의해 수행되는데 주택금융기관의 자금중개기능으로는 기간중개, 규모중개, 위험중개 그리고 지역 간 자금중개 등 네 가지로 구분된다.

주택금융기관은 단기저축을 장기대출로 연결시켜 주는 기간중개의 기능을 수행한다. 또한 소액저축을 다액대출로 연결시켜 주는 자금규모 중개의 기능도 수행한다. 나아가 주택금융기관은 주택자금차입자의 채무불이행에 따른 투자자의 위험부담을 분산시켜 주는 위험중개의 기능을 수행한다. 더불어 주택금융기관은 지역 간 주택자금의 수급 불균형을 해소해주는 지역 간 자금중개의 기능도 수행한다.

2) 주택금융의 유형

① **공공금융과 민간금융** : 공공금융과 민간금융은 주택자금 대출의 주체가 공공기관이냐 민간회사냐에 따른 분류이다. 공공부문의 주택금융으로 대표적인 것은 한국주택금융공사가 10~30년간 대출금을 나누어 갚도록 설계한 장기주택담보대출(모기지론 : Mortgage Loan)인 보금자리론이 있다. 민간금융으로는 대부분의 민간금융회사에서 주택을 담보로 대출을 하는 주택담보대출을 들 수 있으며 대출한도, 대출기간, 적용금리 등이 대출수요자 및 금융회사별로 상이하게 적용된다.

② **소비자금융과 생산자금융** : 주택금융의 유형으로는 기업을 상대로 한 생산자금융과 가계를 대상으로 한 소비자금융으로 분류할 수 있다. 생산자금융은 생산을 통한 주택공급의 활성화를 목적으로 이루어지며 소비자금융은 주택마련의 지원에 그 목적이 있다.

③ **1차금융과 2차금융** : 국내 주택금융제도는 주택대출시장(1차 시장)과 주택저당채권 유동화시장(2차 시장)으로 분류된다. 주택대출시장은 금융기관의 주택담보대출 및 주택자금대출, 국민주택기금대출, 한국주택금융공사(KHFC) 보금자리론 등으로 구성되며 주택저당채권 유동화시장은 주택금융 대출기관이 장기·고정화될 수 있는 주택저당채권을 직접 유동화하거나 유동화 전문기관인 한국주택금융공사에 매각하여 유동화 하는 시장을 말한다.

표 12-3 ● 주택대출의 종류

주택담보대출	주택자금대출	국민주택기금대출	주택금융공사 보금자리론
주택담보 일반 자금대출	금융기관이 자체자금으로 주택취득·전세자금 등을 지원	국민주택채권 발행, 정부출연금 등으로 재원을 조성하여 국민주택규모(전용면적 85m^2)이하 주택의 취득 및 전세자금을 지원	서민용 주택 취득 지원

3) 주택금융의 문제점과 발전방향

현재 국내 주택금융은 단기·변동금리이면서 일시상환방식 위주의 대출로 이루어지고 있다. 특히 금융회사의 예금이 전체 자금조달에서 차지하는 비중은 하락하는 가운데 CD 등 단기자금조달의 비중이 대폭 늘어나고 있어 자금조달과 운용 만기의 불일치 현상이 확대되고 있다. 또한 주택저당채권 유동화 등 금융하부구조가 미흡하여 금리변동에 따라 금융시스템과 주택가격의 변동성이 확대되는 등 구조적으로 취약한 모습을 보이고 있다.

주택금융상의 문제점을 개선하기 위해 정부는 주택저당채권 유동화제도 도입, 장기·고정금리대출에 대한 우대정책 등을 통하여 장기주택금융 공급기반 확충을 추진하고 있다.

이러한 주택금융 선진화의 방향은 자금조달 비용을 인하하여 자금중개의 효율성을 제고하여 시장접근성을 개선하고 상품을 다양화하여 주택금융 공급기능을 강화하고, 리스크를 최소화하여 금융시스템 및 주택가격 안정성을 제고함으로써 궁극적으로 주택금융 선진화와 주거안정을 도모하여야 할 것이다.

(2) 주택조세

1) 주택조세의 특징 및 유형

주택조세란 주택을 조세의 대상으로 하여 일반적으로는 조세 수입의 일환으로 국가재정을 조달하며, 사회적으로는 주택가격 안정정책을 통한 주택수요와 공급을 적절히 조절하고, 나아가 주택정책을 수립하려는 사회 정책적 목적의 조세를 말한다.

주택조세는 주택건설, 공급, 거래 등에 직접적인 영향을 미치고 있으며 주택자원의 효율적 배분과 소득분배의 형평성에 기여할 수 있다는 측면에서 그 중요성이 크다고 할 수 있다.

우리나라에는 주택에만 과세되는 조세는 따로 없으며 부동산과 관련된 각종 조세들이 부동산의 한 유형으로서 주택에 부과되는 것들이다. 이러한 부동산과 관련된 조세를 순 재정적 조세와 사회 정책적 조세로 구분한다면 주택과 관련된 조세는 사회 정책적 성향이 매우 강한 조세라고 볼 수 있다. 즉, 주택시장의 변화에 따라 주택관련 조세를 완화 또는 강화하여 주택시장을 정부가 원하는 방향으로 변화시켜 궁극적으로는 정부의 정책목표를 달성하고자 한다.

주택과 관련된 조세는 먼저, 취득단계에서는 취득가액의 비례세율로 과세되는 취득세와 등록세가 있으며 이는 광역자치단체가 부과하는 지방세이며, 이에 부과하여 농어촌특별세와 지방교육세가 목적세의 형태로 부과된다.

보유단계에서는 과세기준일(6월1일) 현재 주택 등의 소유에 대한 재산세를 과세하고 이에 부가하여 교육세, 도시계획세, 공동시설세, 등록세 등이 부과되나 지방 재산세 운영에서 보유세의 실질적인 부담은 매우 낮은 상황이다. 보유단계의 세금인 종합부동산세의 경우 특이하게 국세로 징수되고 있다.

표 12-4 ◉ 부동산관련 조세분류

분류	부동산취득 시 조세	부동산 보유이용 시 조세	부동산 양도 시 조세
국세	상속세 증여세 농어촌특별세 부가가치세 인지세	종합소득세(부동산임대소득) 법인세(부동산임대업) 농어촌특별세 인지세 부가가치세(부동산임대업) 종합부동산세	양도소득세 법인세(토지 등 양도차익에 대한 법인세) 농어촌특별세 부가가치세 · 인지세 종합소득세(부동산매매업 · 주택신축판매업)
지방세	취득세 등록세 면허세 지방교육세	재산세 농업소득세 도시계획세 공동시설세 사업소세 주민세 지방교육세	주민세

마지막으로 처분단계에는 양도소득세가 부과되는데 주택의 유상 이전 과정에서 이익이 발생한다면 그 발생된 이익에 대하여 양도소득세가 부과된다. 6억 원 이하의 1세대 1주택 소유에 대해서는 양도소득세가 비과세되는데 증여 및 사망 시에는 상속세가 부과된다.

2) 주택조세의 문제점과 개선과제

주택조세는 국가의 재정수입의 확보 측면과 소득의 재분배, 부동산투기 억제 및 주택공급의 확대를 통한 국민주거 안정이라는 복합적인 기능을 가지고 있다. 국내 주택조세는 외국에 비해 정부의 제도적 개입의 영향이 크며 부동산 투기억제라는 대명제 하에서 이루어지고 있어 세제 전반의 구조적 모순과 불합리한 점이 적지 않다. 이러한 주택조세의 문제점과 개선과제를 요약하면 다음과 같다.

첫째, 과표에 대한 실효세율이 다른 조세와 외국과 비교할 때 낮은 보유세는 상향 조정하고 상대적으로 중과되는 거래세는 하향 조정함이 바람직할 것이다.

둘째, 현재 분양을 목적으로 신축되는 주택에 대한 취득세 · 등록세가 주택건설업자와 수분양자에게 이중으로 부과됨으로써 주택가격의 상승을 초래하고 있다. 따라서 수분양자를 최초 취득자로 하여 관련 세금을 면제하거나 대폭 경감하는 방안을 모색해야 할 것이다.

셋째, 현재 투기억제 수단으로 활용되어온 양도소득세의 체계를 재정비하여 각종 비과세 감면조항을 선진 외국과 같이 과세이연제로 전환하는 방법 등이 고려되어야 할 것이다.

마지막으로 주택금융 및 임대사업관련 조세지원제도도 현재의 적용 대상자수가 적고 세액공제가 낮아 실효성이 떨어진다는 문제점을 극복하기 위해 소득공제 및 세액공제 혜택을 대폭 확대하는 적극적인 조세지원이 이루어져야 할 것으로 기대된다.

12-4 주택산업과 생산

(1) 산업으로서의 주택

주택산업(housing industry)이란 주택과 관련한 모든 산업을 총괄하는 산업군이라고 정의할 수 있다. 주택산업은 주택이 건설되는 과정에서 관련 산업에 많은 파급효과를 미친다. 주택을 건설하기 위해서는 설계, 택지의 조성, 기반시설 구축, 도로개설 및 정비, 기타 생활편익시설 등을 함께 건설하는 과정에서 다양한 고용창출과 소득증대에 따른 경제적 파급효과가 나타나게 된다. 따라서 주택산업을 경기부양산업이라고 일컬으며 경제위기 상황을 맞은 선진외국도 주택경기를 부양하면서 어려움을 헤쳐 나가는 경우가 많다. 주택산업은 일반적인 재화나 서비스와 마찬가지로 주택을 생산, 공급하는 산업으로서의 역할을 수행한다고 볼 수 있다.

주택산업은 주택을 건설하여 주거서비스를 제공하는 단계와 함께 주택의 거래 및 중개, 주택의 관리, 주택금융 및 보증 · 보험 등의 판매, 관리 및 유통 관련분야와 주택건설업 및 건설용 자재 및 설비기기의 생산과 공급 등 주택생산 분야까지를 포함하는 매우 광범위한 개념이라고 이해할 수 있다.

(2) 주택산업의 특징 및 효율화 방안

주택산업은 약 40여 개의 공종으로 이루어져 있다. 이들 전문화된 세부 공종은 일반적으로 영세한 전문건설업체가 담당하는데 인력들은 프로젝트별로 외부자원을 활용하는 것이 일반적이다. 따라서 생산부문간 의사소통이 쉽지 않고 전속 고용관계가 성립하지 않는 근로자에 대한 관리 또한 어렵다. 특히 다단계의 중층 하도급으로 이루어지는 생산의 전 과정은 책임소재가 불명확하고, 건축과정에서 도출되는 정보가 분산·관리되어 주택사업 종료와 함께 이러한 정보도 소멸되는 경우가 많아 효율성 향상을 기대하기 어렵다.

주택건설은 범용기술이 요구되는 시장진입 장벽이 상대적으로 낮은 산업이다. 그 결과 등록된 주택사업자수는 2008년말 현재 6천여 개가 넘고 있다. 대형업체들은 주로 공사규모가 큰 아파트공사에 참여하고, 소형업체들은 지역 연고시장을 기반으로 공사규모가 상대적으로 작은 다세대 및 단독주택 건설에 치중한다. 그런데 대형 주택건설업체들은 현장의 생산성 제고보다는 입지선정과 마케팅에 치중하고 있으며 현장의 시공은 전문업체에게 하도급을 주고 있는 실정이다. 따라서 주택가격이 상승하는 상황에는 생산성 제고보다는 고급화를 통한 수익률 제고에 더욱 치중하게 된다.

표 12-5 ◉ 연도별 주택사업자 현황

연도	'00	'01	'02	'03	'04	'05	'06	'07	'08
계	3,835	3,929	4,848	5,967	6,336	6,794	7,118	6,980	6,175
대한	3,744	3,841	4,757	5,875	6,254	6,714	7,038	6,901	6,092
한국	91	88	91	92	82	80	80	79	79

자료 : 국토해양부, 2009. 1[대한 : 대한주택건설협회, 한국 : 한국주택협회(대형업체)]

일반 건설공사와 같이 주택건설 역시 선계약, 후생산되는 까닭에 일단 금액이 확정된 공사에 대해서는 주택생산을 효율화하려는 노력이 미흡할 수밖에 없다. 또한 일반 공산품과는 다르게 지역에 제한되는 주택은 공급을 탄력적으로 할 수 없어 생산의 효율성을 악화시키고, 이는 곧 공급을 제약하는 요소로 작용한다.

이러한 전근대적인 주택산업의 생산체계를 선진화하기 위해서는 비용 항목의 분류가 포괄적이며 정확성이 떨어지는 점을 개선하기 위해 먼저 공사비 DB구축이 절실하다. 한편, 주택건설 공사기간이 선진외국에 비해 상대적으로 장기인 점을 해결하기 위해서는 자재의 모듈화, 작업의 기계화, 관리의 정교화가 이루어져야 할 것이다. 컨설팅회사인 맥킨지에 의하면 국내 주택건설 생산성은 미국의 69% 수준이라고 한다. 이러한 생산성을 향상시키기 위해서는 부문 간 협업과정을 구축하고 생산의 공업화기법을 적극 도입할 필요가 있을 것이다.

생각해보기

1 주택의 수요와 공급이 만나서 거래를 이루어가는 과정을 생각해보고, 이 과정에서 거래를 결정짓는 가장 주요한 요인을 도출해 보자.

2 국내 주택시장이 외국과 다른 점을 찾아보고 국내 주택시장의 고유한 특성이 생기게 된 배경을 살펴보자.

3 주택조세와 주택금융은 주택의 수요와 공급에 상당한 영향을 미친다. 긍정적인 영향과 부정적인 영향을 나누어서 생각해보고 정책적 시사점을 도출해보자.

참고문헌

1. 국토해양부(www.mltm.go.kr)
2. 권오현, 주택생산체계의 효율화 방안, 한국건설산업연구원, 2003.12
3. 김영곤, 부동산투자론, 형설출판사, 2002.8
4. 김인규 · 권태율, "주택금융의 현황과 발전방향"『한은조사연구 2007-23』, 한국은행, 2007.7
5. 대한주택건설협회(www.khba.or.kr)
6. 부동산114(www.r114.co.kr)
7. 한국주택협회(www.housing.or.kr)

13장

주택사업과 마케팅

주택의 공급은 주로 경제활동 주체들의 주택사업을 통해서 이루어진다. 주택사업에서 수요자인 소비자의 요구를 파악하여 상품에 반영하고 판매하는 마케팅이 필수 기능이라 할 수 있다. 이를 통해 소비자의 요구가 잘 반영된 주택이 시장에서 공급되고 소비되는 것이다. 앞으로 주택의 사업적 관점에서 마케팅의 다양한 활동이 재인식될 것이다.

13-1 주택사업과 경영

그림 13-1 | 다양한 주택이 있는 도시

(1) 주택사업의 정의

자유주의 시장경제 및 사유재산제도의 국가에서 주택의 주된 공급은 개인이나 기업(민간기업과 공기업 모두를 포함)이 주택사업이란 활동을 통해서 이루어진다. 주택사업이란 토지나 건물의 부동산을 소재로 해당 부동산을 가공하여, 부가가치를 부여한 다음 최종소비자에게 제공하는 부동산개발사업의 일종이다.

주택사업은 개인이나 기업이 사업에 필요한 금융의 확보, 주택이 지어지는 토지의 조성 및 확보, 주택의 계획, 설계, 필요자재의 조달, 시공, 판매 및 사후관리에 이르는 총체적 활동을 포함하고 있다. 산업의 관점에서 주택사업은 개발사업, 종합건설업과 부동산업과 연관을 맺고 있으며,

하위산업으로 주택에 소요되는 자재의 생산산업과도 밀접한 관계를 맺고 있다. 이와 같이 다양한 요소의 복합산업의 성격을 가지고 있는 주택사업은 국가경제 활동의 주요한 역할도 담당하고 있다. 많은 국가들이 불황기에 주택건설을 늘려 경기활성화를 꾀하는 경제정책을 취하는 것은 주택산업으로 인한 파급효과가 매우 크기 때문이다.

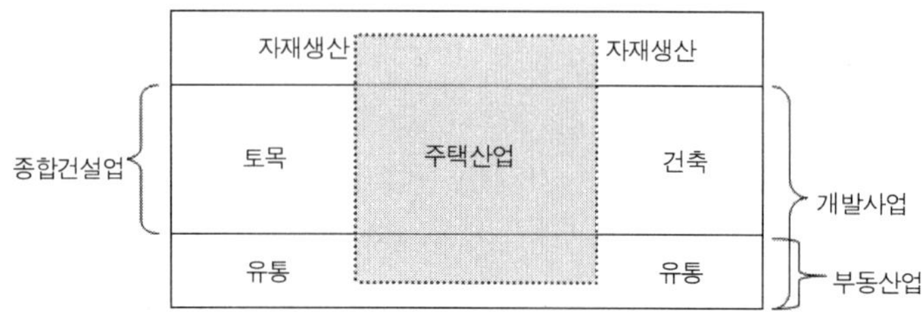

그림 13-2 | 주택산업과 관련산업

(2) 주택사업의 특성

1) 상품으로서의 특성

주택상품은 공간상품으로 정의할 수 있으며 다양한 상품적 특성을 지니고 있다.

우선, 주택은 토지 위에 세워지는 상품으로서 움직이지 않기 때문에 지역적인 한계성을 안고 있다. 주택상품은 현장에서 건설의 과정을 통해서 만들어지기 때문에 건설 중의 가변성이 많으나 완성되고 나면 공간제

그림 13-3 | 주택상품의 여러 가지 특성

약성이 크다. 따라서 보이지 않는 부분이 많고 여러 요소가 결합되어 확인이 어려운 부분이 많다.

주택은 가계에서 소비하는 상품 중 초고액이며 장기에 걸쳐 사용된다. 또한 사용자가 남녀노소, 가족전원이며 개별 상품으로서 이질적인 요소를 지니고 있다. 역사적, 지역적, 풍토적 가치관이 반영되기도 한다.

다른 한편으로 주택은 실물 부동산 자산으로서의 기능도 하기 때문에 사용가치에 더해 투자가치의 면에서 인식되는 경우가 많다. 특히 우리나라는 아파트 위주의 주택시장으로 형성되어 비교적 안전한 투자자산으로 선호되고 있다.

2) 기업적 측면에서의 특성

기업적 측면에서 주택사업의 특성 또한 다양한 요소를 지니고 있다. 주택사업은 우선 초기에 토지비 등의 고정비용의 투입이 필요하며, 사업기간 중에는 금융, 세제, 설계, 시공, 유통 등 여러 전문분야의 참여가 필요한 사업이다.

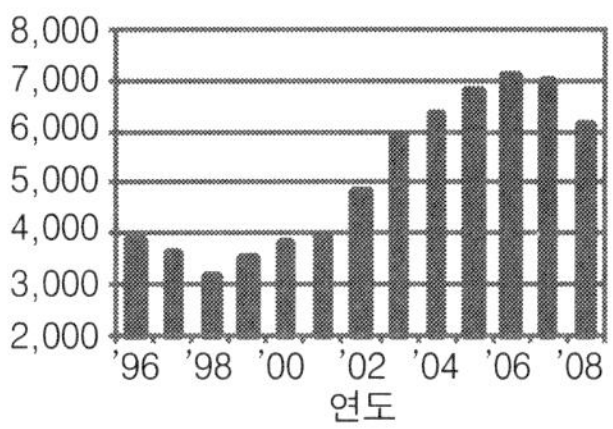

그림 13-4 | 주택사업체수의 변화

주택사업은 일반적으로 사업규모에 비해 적은 자본과 낮은 기술수준으로 시장참여가 가능하여 적은 규모의 사업자가 많고 1위 업체의 시장점유율이 10%에도 못 미치는 등 집중도가 낮은 사업영역이다. 다만 우리나라의 경우 대규모 단지형 공동주택 위주의 사업환경이 지속되어 다른 나라에 비교하여 대규모 자본과 대형사업자의 점유비중이 높은 편이다.

(3) 주택사업의 내용

1) 주택사업의 분류

표 13-1 • 다양한 주택사업의 방식

구분	내 용
사업주체	공공, 민간, 제3섹터
공급방식	임대, 분양, 분양조건부 임대
사업방식	자체사업, 지주공동사업, 신탁사업, 대행 위탁사업

주택사업은 공급방식, 공급주체, 사업주체와 사업방식에 따라가지 다양하게 나누어진다.

개별사업은 위의 분류방식에 따라 "공공 · 임대 · 자체사업", "민간 · 분양 · 신탁사업" 등으로 나뉘어 볼 수 있다.

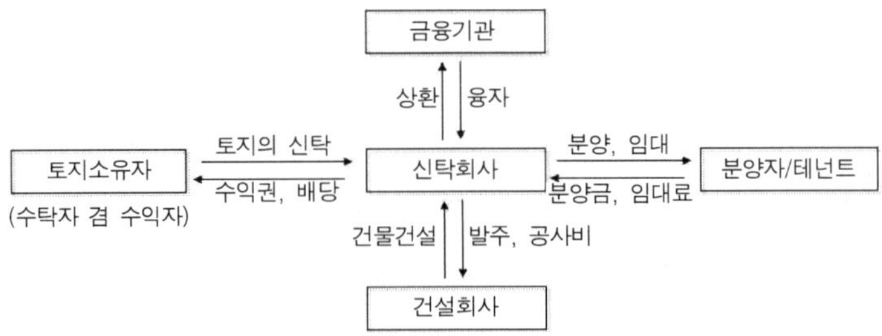

그림 13-5 | 사업방식의 예(신탁방식)

2) 주택사업의 단계

주택사업은 입지선정 및 사업기획에서 타당성 검토를 거쳐, 설계, 인 · 허가, 시공 및 분양, 운영 및 사후관리까지 여러 단계를 거쳐 이루어진다.

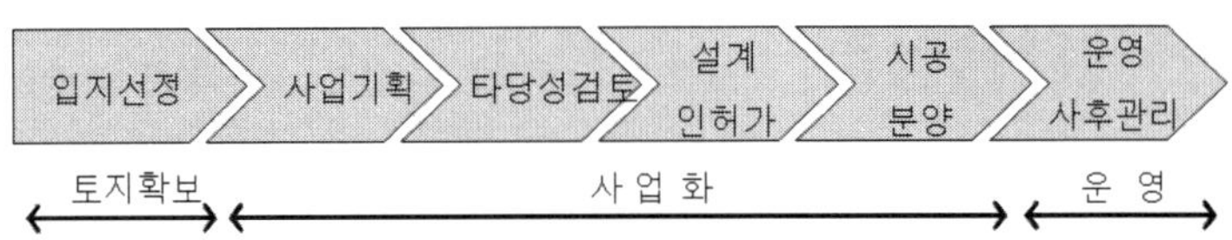

그림 13-6 | 주택개발 사업의 단계

각 단계별로 필요로 하는 전문분야의 전문가의 참여와 협조로 진행된다. 입지 선정-타당성검토의 결과 사업 착수 여부를 결정하는데 위험도가 많은 개발사업의 특성상 타당성 검토가 매우 중요하다.

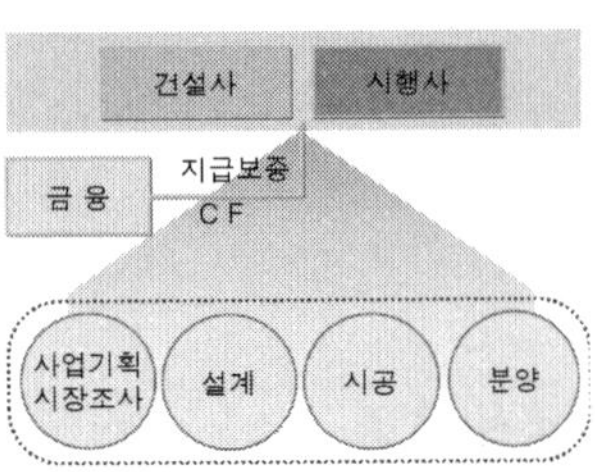

그림 13-7 | 일반적인 주택사업구조

3) 민간주택사업의 구조

민간주택사업의 구조는 시대의 변화와 사업 · 금융환경의 변화에 따라 다양하게 변화하였다. 지금까지 가장 널리 이루어진 사업구조는 주택사업

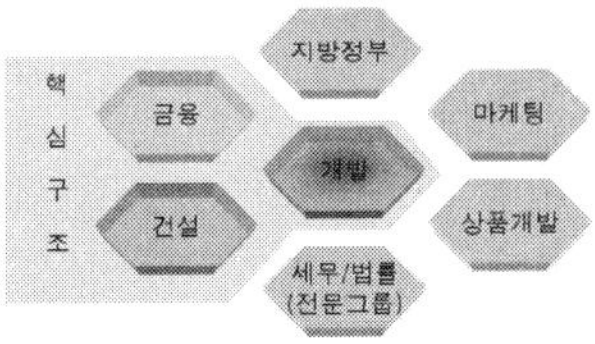

그림 13-8 | 사업구조의 변화 전망

자인 시행사와 건설사, 금융사가 지급보증 등의 방법으로 프로젝트 금융을 통해 사업을 진행하는 것이다. 최근에는 금융환경이 변화함에 따라 새로운 방식의 사업구조로 바뀌어 갈 것으로 전망된다. 주택개발사업의 핵심이 되는 금융과 개발 및 건설의 기능이 상호협력 · 경쟁하며, 사업에 필요로 하는 지방정부(공공), 마케팅, 세무 · 법률 전문가 등이 참여하게 된다. 이 경우 모든 참여자는 부담하게 되는 위험도에 상응하는 수익을 기대하게 된다.

(4) 주택경영

1) 경영적 측면에서의 주택사업

기업단위로 주택사업을 하는 경우 경영적 활동이 중요하다. 주택사업은 부동산 개발사업의 단면을 가지고 있어 최근 대두되는 개발사업 관점의 사업적 특성을 이해할 필요가 있다. 즉, 개발사업은 기본적으로 모험자본(venture capital)을 기반으로 한다는 점과, 개별사업을 하나의 기업으로 인식하여(enterprise concept) 사업 전 과정을 운영할 필요성이 있다는 점이다. 따라서 경영적 관점에서 주택사업을 수행하는 것이 바람직하다고 하겠다.

2) 금융의 중요성과 리스크 관리

주택사업에서 금융은 사업자금융과 소비자금융이 있다. 사업자는 총사업비의 일부를 자기자본으로 투자하며 사업에 필요로 하는 비용의 많은 부분을 금융기관으로부터 투자, 대출 등의 형태로 조달하게 된다. 이 과정에서 참여자의 역할과 위험부담 및 담보제공 여부 등에 따라 위험을 지고 이익금을 취하게 된다.

소비자는 고가의 주택을 구입하기 위하여 소비자 주택금융을 이용한다. 많은 나라들이 경제적 부담능력 범위 내에서 주택취득이 가능하도록 다양한 주택금융지원제도를 마련하고 있다. 우리나라는 국민주택기금을 조성하여 주택구입자금, 전세자금, 건설자금 등으로 운용하고 있다(그림 13-9).

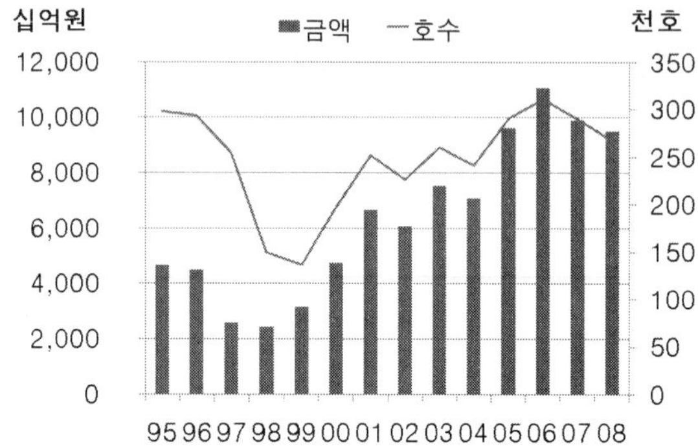

그림 13-9 | 국민주택기금대출 추이

3) 주택경영의 환경변화

경제환경의 변화에 따라 주택사업의 방법과 내용에 많은 변화가 필요하게 되었다.

우선, 기획과 마케팅을 중시하여 소비자의 마음을 읽고 시장이 원하는 것을 만들어 파는 자세가 중요하다. 원가계획(cost planning)을 철저하게 하여 공급가격을 낮추어 분양리스크를 줄여야 하며, 주택의 총생애비용(total life cycle cost)을 줄여 소비자가 부담하는 관리, 유지 및 수선 비용을 최소화해야 한다. 종합적으로 살펴보면 공급자인 사업자와 구매자 및 사용자가 공동의 이익을 취할 수 있는 다양한 대응방안이 마련되어야 한다.

13-2 | 주택사업기획

(1) 사업기획의 개요

1) 사업기획의 목적과 내용

사업기획은 토지의 잠재가치를 발견하여 효용을 최대한 올리는 작업을 말하며 사업환경이 복잡해지고 변화의 속도가 빨라지는 상황에서 기획은 사업의 성패에 가장 큰 영향을 미치게 된다.

사업기획에는 어떤 고객에게 어떠한 이익을 줄 수 있는 어떤 사업 상품을 가지고, 어떻게 비용을 조달해서 투자하고 조합해서, 마케팅 믹스 등의 방법을 통해 얼마만큼 판매를 할 수 있을 것이며, 이를 통해 회사는 어느 정도의 수익을 남길 수 있다는 구체적인 계획의 전개내용을 담게 된다.

2) 사업기획의 요소

사업기획의 각 요소를 담은 사업기획서는 사업의 추진 여부를 결정하는 주요한 자료가 되며, 또한 참여하게 되는 참여자가 참여 여부를 결정하게 되는 기본자료가 되므로 충실하고 면밀하게 작성되어야 한다.

표 13-2 ● 사업기획의 요소

요소	내 용
고객분석	목표로 하는 고객의 특성과 향후의 변화 등을 구체적으로 분석하여 명확하게 정의
제품·구체화	대상제품의 특성과 경쟁상품과의 차별성 등 세부사항을 자세히 분석
마케팅 전략	해당제품을 고객에 전달하는 가장 유효한 방법에 대하여 충분한 분석과 검토를 통해 사업의 성공가능성을 짐작
재무분석	사업을 통해 창출되는 수익과 사업에 필요한 지출의 내용을 망라하여 시간의 흐름에 따라, 상황의 변화에 따라 사업의 손/익을 계산하고 분석하여 사업의 타당성을 검증
실행계획	역할분담, 자금 동원계획, 프로젝트 진행 일정 등 구체적으로 실행할 수 있는 상세한 내용

(2) 주택사업기획의 내용

1) 주택사업기획의 과정

주택사업은 시장분석 자료를 바탕으로 사업계획을 수립하게 된다. 이 과정에서 시장분석의 자료가 중요한 역할을 하게 되며 시장경쟁 구도의 파악과 시장조사는 사업지역에서 이루어진다(그림 13-10).

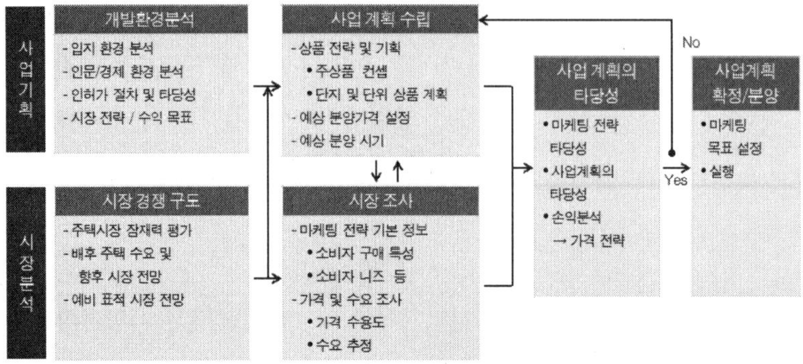

그림 13-10 | 사업기획의 과정

2) 주택사업기획의 방향

최근 주택사업기획의 지향점으로는 소비자의 니즈를 빠른 시간에 파악하고 사업에 반영하고, 끊임없이 변화하는 시장에서 틈새시장으로 진입하며 상품의 본질적 가치에 더해서 부가적인 서비스를 제공하려고 한다. 예를 들면 단지 내 원어민 영어교실을 운영하거나 다양한 주민공동시설을 설치하는 경우가 많아지고 있다. 또한, 브랜드의 가치 차별화를 통해서 지속적인 사업을 목표로 하기도 한다.

3) 특화상품 사업기획

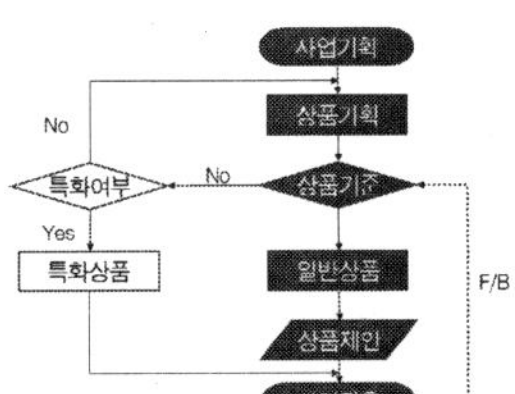

그림 13-11 | 특화상품 사업기획 프로세스

사업기획의 과정에서 특화상품을 제안하게 되며, 이는 사업기획의 중요한 부분이다. 상품기획에서는 지속적으로 제품의 차별화와 다양화를 추구하는 경향도 나타나고 있다. 제품의 차별화를 위해 특화상품을 기획하여 공급하거나 다양한 평면이나 선택사양을 제공하는 주택사업자가 늘어나고 있으며, 이에 따라 소량 다품종 개성화시대에 맞는 상품개발, 마케팅 및 생산시스템이 확산될 것으로 보인다.

(3) 주택시장분석

1) 시장분석의 목적

시장분석이란 사업기획을 위해 시장에서 얻은 정보로 주택수요의 내용과 시장 잠재력을 평가하고 표적수요를 파악하여 마케팅 전략 수립의 기초가 되는 핵심요소를 발견하는 것을 말한다.

2) 시장분석의 내용

시장분석은 다양한 분석틀이 있으며 거시적-미시적, 현재-미래의 관점에서 분석의 틀을 사용하기도 한다.

표 13-3 ◉ 시장분석의 내용

구분	현재	미래
거시적	지역시장분석 • 인구통계학적 • 경제적, 사회문화적 수요 및 공급분석	시장전망 수요전망 공급전망 제도변화의 전망
미시적	• 부지 및 상품의 특성 • 인허가 절차의 타당성 • 가격 변동 • 경쟁상품의 공급 및 분양	해당사업의 성과 및 목표 새로운 경쟁환경 전망

3) 시장조사 및 분석의 방법

시장조사는 통계자료의 활용과 현장조사, 설문조사의 방법을 사용한다. 통계자료는 각종 기관에서 발간하는 자료를 중심으로 인터넷 홈페이지에서 쉽게 구할 수 있다. 조사의 방법에 따른 오류를 최소화 하는 것이 중요하다.

표 13-4 ◉ 통계자료를 활용한 세부항목 분석의 예

구분	세부항목
인구현황	가구당 인구수/일반가구 증가율/전년 대비 인구 증가율/5년 평균 인구증가율/주택구매 연령층 구성비율(30~54세)
주택환경	주택 보급률/아파트의 주택 점유비율/자가주택 보급률
거래환경	신규공급 아파트(현재시점) 공급 여부/수요 대비 미분양율/수요 대비 공급량
기타 현황	고등학교수/대학교수/종합병원수/금융기관수/지방세 1인당 부담액

13-3 주택상품 개발

(1) 주택상품 개발의 과정

주택상품은 일반제조업에 의한 소비재 상품과는 구별되는 특성을 가진 내구성 소비재 상품으로 그 개발 절차도 독특한 과정을 거치게 된다(그림 13-12).

1) 소비자 니즈 파악 및 방향설정

주택소비자와 관련된 다양한 자료의 수집 · 분석, 소비자분석, 주택상품분석의 과정을 통하여 파악한 자료를 바탕으로 사업적 특성을 고려하여 니즈를 설정한다.

2) 개념 설정 및 상품개발

소비자 니즈를 구체적으로 만족시킬 수 있는 성품요소별 개념을 설정하여 설계 · 개발을 하고 모델링과 소비자 평가를 거친 후 상품내용을 확정한다.

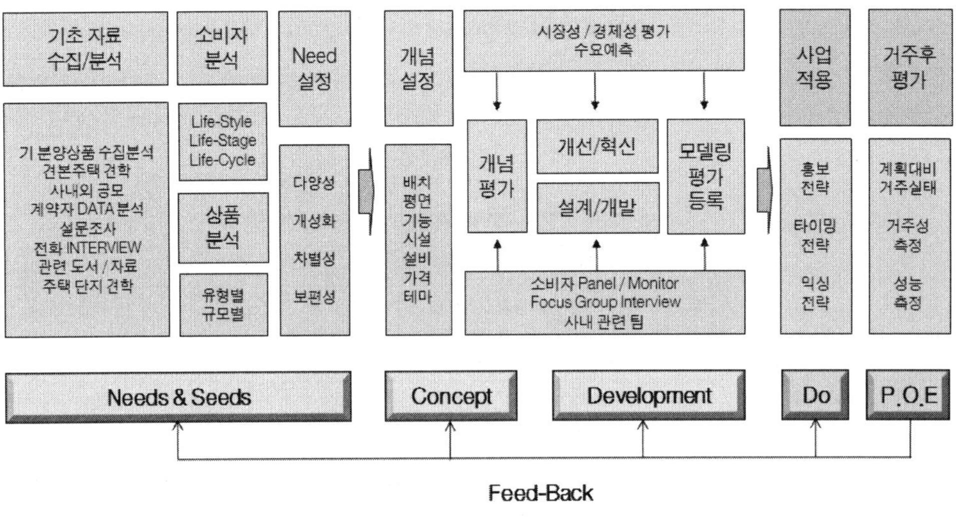

그림 13-12 | 주택상품개발 프로세스

3) 사업 적용 및 평가

사업 적용 시 소비자에게 상품개발의 내용을 충실하게 전달할 수 있도록 마케팅 전략을 수립하며, 사후평가를 통해 새로운 개발활동 과정의 기초자료를 확보한다.

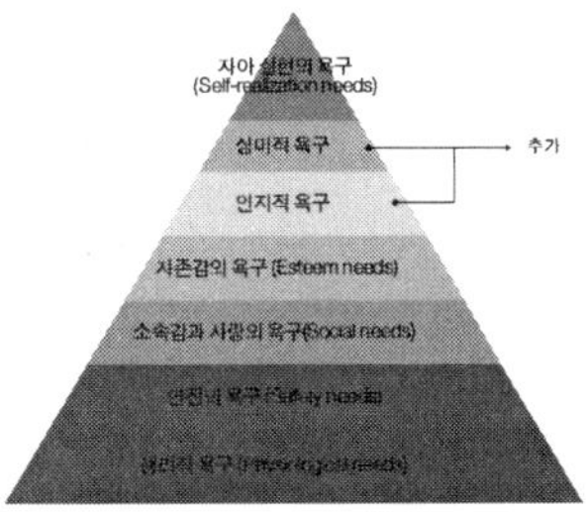

그림 13-13 | 매슬로의 욕구 분류

그림 13-14 | 소비자 조사 중인 모습

소비자가 주택의 내부구조를 쉽게 이해할 수 있도록 모형을 이용하여 조사하고 있다.

(2) 주택 소비자 조사

1) 소비자 조사의 목적

소비자의 욕구를 정확하게 파악하여 최적의 상품을 개발하기 위하여 소비자 조사를 하게 된다. 인간의 욕구의 단계별 분류(그림 13-13)에서 주택소비자의 욕구는 생리적 욕구와 안전의 욕구를 충족시키는 기본적인 기능이 이외에, 최근 주택이 인지적 욕구, 심미적 욕구와 자아실현의 욕구를 실현하는 상품으로 중요한 위치를 차지하게 된 점에서 소비자 조사의 중요성이 커지게 되었다.

2) 조사방법의 종류

조사방법의 선정은 조사의 목적과 조사대상의 특성, 사업의 내용에 따라 적절히 선택하고, 다양한 방법을 사용하는 것이 필요하다. 과거에는 조사의 용이성과 객관적 설명력을 고려한 정량조사를 주로 하였으나 최근에는 소비자의 개성화, 다양화 추세에 따라 정성조사와 관측조사의 유용성에 비중이 높아지고 있다. 정성조사의 경우 조사자의 전문성이 조사결과의 신뢰성을 좌우하는 경우가 많다.

표 13-5 • 조사방법의 종류

구분	내용	특징
정량조사	설문조사	조사의 결과를 통계적으로 계량화
정성조사	비주얼조사/인터뷰조사/심층인터뷰/그룹인터뷰	조사의 빈도가 적어 계량화가 어렵고 서술적으로 표현
정점조사	정점관측	일정한 시점의 관측값 추이 비교

그림 13-15 | 거주후 평가(F.G.I)모습

3) 거주후 평가(P.O.E. Post Occupancy Evaluation)

주택은 공간상품으로 소비자가 주거서비스에 대해 충분한 기간 동안 사용, 즉 거주 후에 평가해야 한다. 따라서 거주 후 평가 결과는 중요한 의미를 지니며 여러 가지 소비자 조사 중에서 가장 필요하고 의미 있는 조사라 할 수 있다.

구체적인 조사방법으로는 설문조사, 그룹인터뷰(Focus Group Interview=F.G.I.) 및 구매게임[1] 등의 방법으로 진행하며 일반적으로 1년 이상 거주한 거주자를 상대로 실시한다.

조사결과 개별 상품의 필요도와 만족도의 관점에서 효과를 판단하여 새로운 상품개발 요소 선정의 자료로 활용하기도 한다. 즉, 필요도가 높고 만족도가 높은 경우 지속적으로 상품요소로 유지하고, 필요도가 높고 만족도가 낮은 요소는 개선활동을, 필요도와 만족도 모두 낮을 경우 요소에서 배제하고 대체 요소를 찾는 기준으로 활용한다.

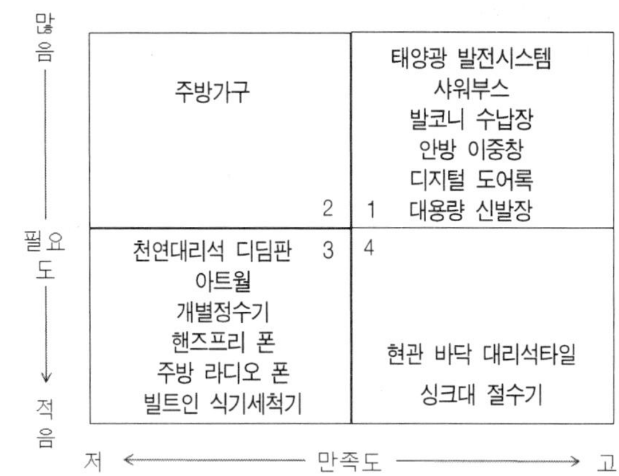

그림 13-16 | 주택상품 요소별 소비자 평가사례

1) 구매게임 : 실제 사용경험을 기반으로 한 상품평가조사의 한 방법으로 제한된 금액 내에서 고객의 만족도를 최대로 하는 상품구성을 파악하는 것으로, 상품구성 요소를 결정하는 기초자료로 활용한다.

(3) 주택 소비자 요구의 특성과 내용

1) 생애주기(라이프 스테이지)별 특성

주택상품은 가족의 생애주기에 절대적인 영향을 받게 되는데 생애주기와 특성은 다양한 관점으로 구분할 수 있다.

	발육기	자립기	신혼기	확대기	안정기	축소기	노년기
연령	~17	18~24	25~34	35~49	50~59	60~74	75~
세대	뉴 키즈		약관 세대	베이비붐 세대	뉴그레이 세대	실버 세대	
특성	성장왕성 기초교육 사회화	자립준비 직업교육 훈련수행	사회활동왕성 결혼/출산 육아시작	사회적 성장 사회 주역화 자녀교육 중점시기	사회적 지위 결정시기 생활안정 자녀독립시작 정년퇴직시작	퇴직 제 2인생 자유로운 생활	신체쇠퇴 사회적 보호
리더그룹	신세대 알파걸	미혼 OL 미혼남성 코쿤족	DINK 싱글, 코쿤족, 그루밍, 스완 트렌트세터	DEWKS 나오미족 프로슈머 트렌드워쳐/헌터	TONK 나우족 노무족	TONK 우피족 하하족	싱글 3세대 친족
주거수요	-	원룸 기숙사	소형분양 중형임대	4 침실형	부가가치형 웰빙형	2 침실 중형 리조트형	유료 실버

그림 13-17 | 가족생애주기에 따른 주택소비자의 특성

각 생애주기별 리더그룹과 주거수요 유형은 상품개발과 사업기획의 중요한 관점이 된다.

2) 라이프스타일에 따른 특성

소비자의 주거의식과 주생활양식에 따른 주거수요 특성도 주택상품 개발에 주요한 요소이며, 특히 디자인이나 인테리어 분위기의 개념설정에 기준이 된다.

주생활 의식과 생활방식을 현대적-전통적, 감각파-실용파로 나누어 그 구체적인 내용과 주택상품(아파트)에 적용하여 분류하여 보면 차별성을 파악할 수 있다(표 13-6, 그림 13-18).

표 13-6 ● 주택소비자의 의식 및 주생활양식 특성 분류의 예

현대적	전통적	감각파	실용파
합리적 성향	보수적 성향	선도적 성향	기능적 성향
• 남향에 덜 민감 • 공간기능 충실 • 개방공간 • 가족단란 중시 • 주방 · 식당 강화 • 입식에 익숙	• 남향 우선 • 침실 다수 • 프라이버시 중시 • 주방보다 거실 • 다기능 공간 • 좌식에 익숙	• 남과 다른 개성적 공간 • 새로운 공간에 대한 높은 수용도 • 자아표현 욕구 • 아파트 같지 않은 공간 분위기	• 튀지 않는 무난한 분위기 • 넓은 실내공간 • 수납공간 확보 • 편리한 작업동선

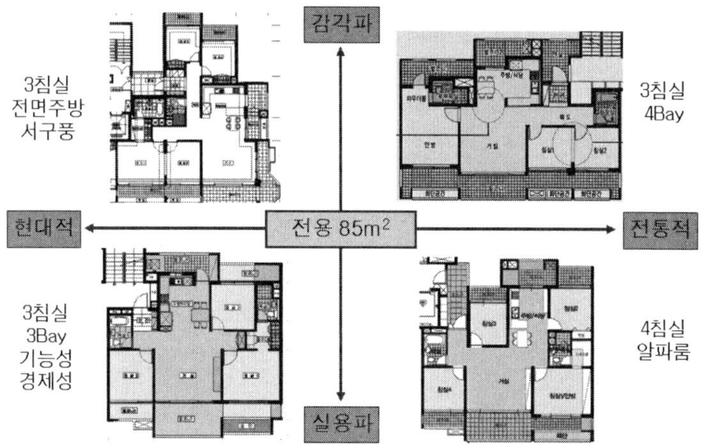

그림 13-18 | 주택수요자의 포지셔닝 맵의 사례
서로 다른 평면구조는 소비자의 주거의식에 따른 선호도를 반영하고 있다.

(4) 주택상품의 변화

트렌드 변화는 주택시장에 영향을 미치고 다양한 상품의 개발을 요구하게 된다. 인구 · 사회 · 문화적 변화, 기술의 발전과 가치관 · 라이프스타일의 다양화가 주택시장에 미치는 영향은 지대하다(그림 13-19).

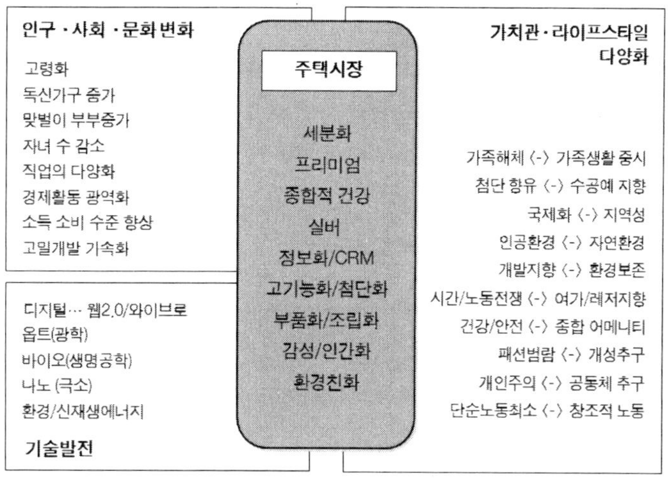

그림 13-19 | 미래 트렌드 변화와 주택시장의 변화전망

1) 인구구조의 장기변화

장기적으로 변화하는 인구구조는 연령그룹별 감소되는 부분의 시장축소와 증가되는 부분에서 새로운 시장의 가능성을 찾게 된다. 우리나라의 경우

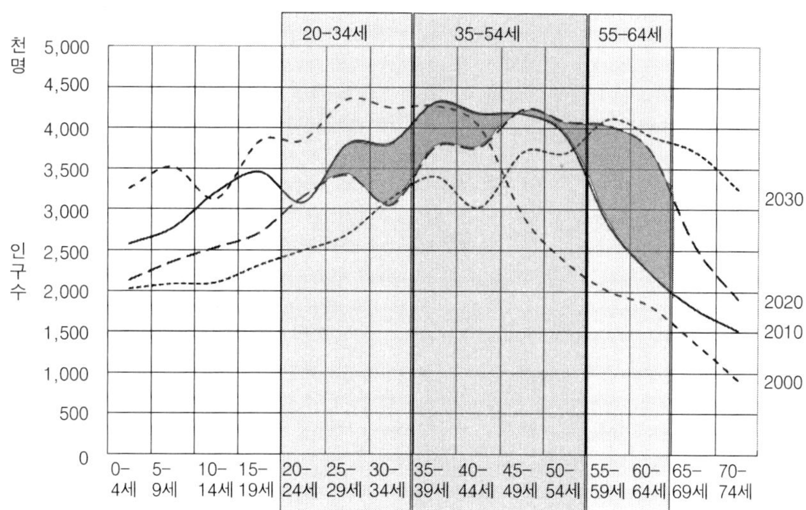

그림 13-20 | 인구구조 장기변화

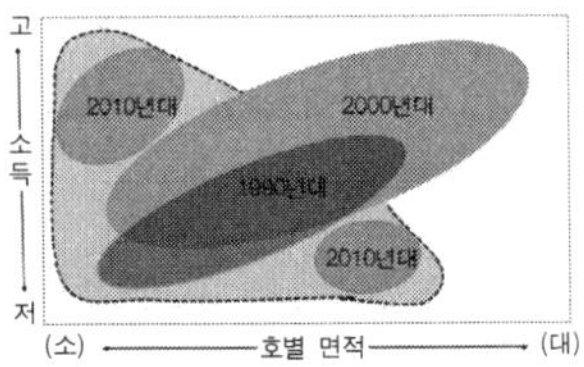

그림 13-21 | 소득별 규모별 분류

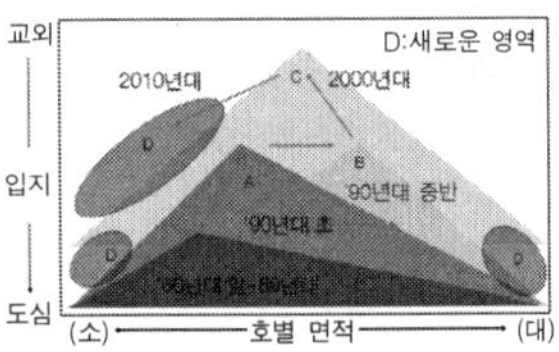

그림 13-22 | 소득별 입지별 분류

2020년까지 30,40대 인구의 감소와 50,60대 인구의 증가가 전망된다(그림 10-20). 이에 따라 가족중심의 주택(family house)의 수요 감퇴와 시니어하우스, 세컨드하우스 등 새로운 주거수요가 늘어나게 된다.

2) 소득과 입지에 따른 새로운 수요

주택수요자 소득과 입지에 따라 다양한 수요가 나타나고 새로운 사업지와 상품의 가능성을 찾아 볼 수 있다.

3) 다양한 중소형 주택수요에 대응

대도시권역에 소규모 소형의 다양한 유형의 주택 수요가 발생하고 관련 제도의 정비로 공급이 활성화 될 것이다.

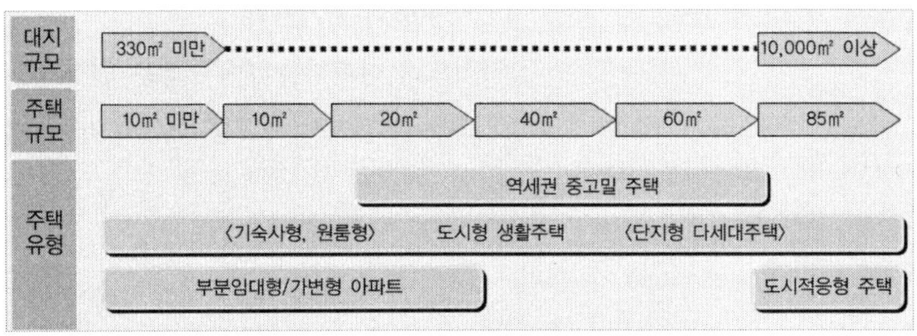

그림 13-23 | 주택규모에 따른 새로운 주거유형

4) 멀티해비테이션의 가능성

도심, 교외 및 지방의 입지와 부모세대와 자녀세대 간의 관계에서 다양한 형태의 주택이 상호 의존성을 지니면서 주거생활을 하게 되며, 이에 필요한 새로운 주택시장의 가능성을 전망할 수 있다.

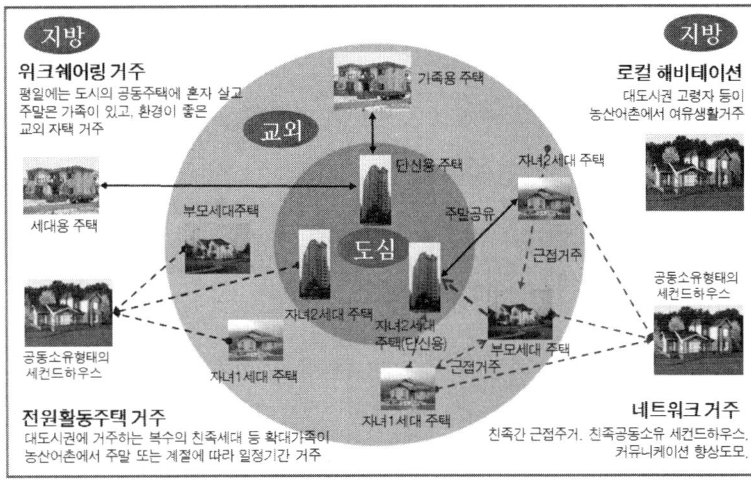

그림 13-24 | 멀티해비테이션 개념도

그림 13-25 | 한옥마을

새로운 주택시장으로 창출이 기대되는 한옥마을의 수요가 늘고 있다.(주택공사)

(5) 전통주택의 확산

한옥의 가치에 대한 재인식과 수요의 확대에 따른 전통한옥의 현대화를 통한 수요와 공급의 확대가 예상된다.

13-4 주택 마케팅

(1) 마케팅이란

마케팅이란 '교환과정을 통하여 욕구와 필요를 충족시키려는 인간활동'으로 필립 코틀러(P. Kotler)는 정의하고 있다. 또 미국 마케팅학회는 "마케팅이란 상품과 서비스를 생산자로부터 소비자, 또는 사용자에게 흐르도록 하는 기업활동의 수행이며, 그들은 개인과 조직의 목표를 충족시킬 교환을 일으키기 위하여 아이디어 및 상품, 서비스의 개념화와 가격결정, 촉진, 유통을 계획하고 수행하는 과정이다"라고 정의하고 있다. 이러한 정의를 통해서 마케팅이란 단순하게 상품을 판매하는 활동뿐만 아니라 소비자와 기업이 시장에서 만나는 과정에서 기업이 하는 모든 활동이라는 것을 알 수 있다.

(2) 마케팅의 일반이론

소비자시장에서 공급자의 마케팅 활동의 요소에 대하여 일반적으로 활용되는 방법과 요소는 다음과 같다.

1) 마케팅 믹스 - 4P, 4C

표 13-7 • 마케팅 믹스의 두 가지 관점

공급자 관점 (4P)	소비자 관점 (4C)
product 상품	customer value 고객가치
price 가격	cost 고객 지불 비용
place 유통	convenience 편리성
promotion 촉진	communication 소통

마케팅 전략을 수립하는 기업은 어떤 특성을 가진 상품(product)을, 어디(place)에다 팔 것이고, 어떻게 판촉(promotion)하고 어떤 가격(price)에 팔아야 하는가를 결정해야 한다. 마케팅에서 이 기본요소를 4P라 하고 이 4가지 요소를 적절하게 섞어서 최적의 조합을 만드는 것을 마케팅 믹스라고 한다.

최근에는 소비자의 관점에서 4가지 요소를 정의한 4C의 개념도 도입되어 기존의 4P와 함께 복합적으로 고려하여 마케팅 믹스를 하는 경향으로 변하고 있다. 시장에서 고객의 구매활동을 하도록 하는 것이 마케팅의 궁극적인 목표인 이상 고객이 지불한 비용보다 고객이 느끼는 가치가 커야 한다는 사실이 마케팅의 핵심이라 할 수 있다.

2) 시장세분화 STP

시장경쟁에서 성공적인 마케팅 결과를 얻기 위해 시장 내에 작동되는 원칙(principle) 중 시장세분화 작업이 있다. 이 과정을 stp라 하며 세분화(segmentation), 표적시장 선정(targeting), 포지셔닝(positioning)을 말한다. 시장조사를 통해 시장은 서로 다른 욕구와 필요를 가진 소비자 집단으로 구성된 서로 다른 작은 시장(S)으로 구성되어 있다는 것을 알게 된다. 공급자는 경쟁자보다 우위에 있다고 생각되는 소비자 집단의 시장을 목표로 하여(T), 자신의 상품을 포지셔닝하여(P) 경쟁자와 어떻게 다르게 만들고 알릴 것인가를 정하게 된다.

3) 시장창출 EERC

새로운 상품을 만들어 새로운 시장을 창출하는 마케팅 활동을 위한 기본요소를 ERRC로 정의하기도 한다. 이것은 제품이 가지고 있는 기능과 속성에서 제거(eliminate), 감소(reduce), 증가(raise), 창출(create)을 통해 새로운 시장을 만들어 내는 것이다. 이를 통해 기업은 경쟁자가 없는 새로운 시장(블루오션 blue ocean)을 만들어 경쟁을 무의미하게 하고 마케팅 목적을 달성하게 된다.

(3) 주택 마케팅의 특성과 내용

주택 마케팅은 시장에 잠재되어 있는 수요를 마케팅 활동을 통해 찾아내고 구매결정을 유도하는 활동이다. 자동차나 가전제품 등 일반상품과 현저하게 다른 상품적 특성을 가지고 있어 구체적인 마케팅의 방법은 다르다. 성공적인 마케팅을 위해서는 마케팅의 일반 이론과 원칙이 바탕으로 하여 주택상품이 가진 특성을 고려한 다양한 활동을 찾아야 한다.

1) 주택수요의 종류

그림 13-26 | 분양 견본주택 내부의 모습

주택수요는 유효수요, 가능수요와 분양수요로 나누어 생각할 수 있다. 유효수요란 주어진 시장환경 하에서 일정기간 동안 특정지역에 발생되는 주택수요를 말하며, 가능수요는 유효수요 중에서 특정한 마케팅 활동을 통해 일정기간 동안 특정지역에 발생되는 수요이며, 분양수요란 마케팅 활동의 결과 구매로 이어진 수요이다. 주택사업자는 유효수요를 최대한 분양수요화 하기 위해 다양한 전략을 수립하고 마케팅 활동을 하게 된다.

2) 주택 마케팅 전략의 요소

일정 시장에서 성공적인 주택 마케팅을 위하여 수립하는 전략에서 4P의 요소별 세부사항을 정리하면 다음과 같다.

표 13-8 ● 요소별 주택상품 내용 및 마케팅 요소-1

요소	내 용
입지(place)	부지선정, 부지조건 활용
제품(product)	주택구조, 내부시설, 주택형태, 단지구조
가격(price)	주택가격, 납부시기, 금융조건, 유지관리비용
판촉(promotion)	광고, 홍보, 견본주택, 인적판매

한편, 4C의 요소별 마케팅 전략의 요소를 정리하면 다음과 같다.

표 13-9 ● 요소별 주택상품 내용 및 마케팅 요소-2

요소	내 용
customer value 고객가치	부지위치, 주택구조, 내부시설, 주택형태, 단지구조
cost 고객 지불비용	주택가격, 부대비용, 유지관리비용
convenience 편리성	견본주택, 납부시기, 금융조건,
communication 소통	광고, 홍보, 인적판매, CRM(고객관계 마케팅)

3) 주택 마케팅 전략과 상품개발 전략

마케팅 전략의 내용에 따라 상품개발의 전략이 설정되기도 한다. 즉, 시장창조가 필요할 경우 목표가격을 설정하여 가격 문턱을 극복하고, 타깃 소비자를 분석하여 소비자 맞춤형 상품을 개발하여 마케팅의 효율을 꾀한다. 한편, 경쟁시장에서는 상품 포지셔닝을 적절하게 취하는 전략으로 차별화되고 특화된 상품을 개발하여 시장에 진입하는 것이 경쟁력을 을 확보할 수 있다.

표 13-10 ● 마케팅전략과 상품개발 목표 간 대응요소

마케팅 전략	상품개발 목표
시장 창조적 마케팅 • 평면구조/인테리어/시스템	목표가격 지향 • 평면구조/인테리어/시스템
소비자 분석 마케팅 • 평형/평면 믹싱 전략	타깃 소비자 지향 • 평면구조/인테리어/시스템
타사 경쟁적 마케팅 • 시장 세분화/시장 확대 • 판매전략/홍보전략	경쟁상품 포지션 대응 • 차별화/특화요소 선정 • 브랜드/상품 포지션 전략

(4) 주택 마케팅의 변화 전망

공급자 중심의 시장환경이 수요자 중심으로 변화하면서 새로운 주거 마케팅 활동이 나타나고 있다. 주택설계, 상품개발 과정에 소비자가 직접 참여하는 프로슈머 마케팅이 최근 새롭게 등장하였으며 향후 확대될 전

망이다. 주거를 포함한 전 분야에서 일어나고 있는 마케팅의 주요 변화를 정리해보면 다음과 같다.

그림 13-27 | 다양한 주택 브랜드와 로고

1) 새로운 가치의 창조

고객의 라이프스타일과 감성적 측면 등을 바탕으로 하는 가치를 창조하며, 브랜드를 중심으로 고객과 정체성을 공유하고 브랜드 충성도를 높이는 활동을 통해 브랜드 가치를 창조한다.

2) 관계형성의 중시

판매의 대상으로 소비자를 보는 것이 아닌 기업의 동반으로 고객을 인식하며, 상품 · 서비스의 판매보다는 고객의 만족도를 중심으로 고객과의 관계를 형성 · 관리한다. 이를 통해 기존고객이 새로운 고객을 창출하는 효과를 보게 된다. 나아가 소비자와 고객뿐만 아니라 이해에 관련된 모든 관계자들과 보다 효과적이고 효율적인 의사소통을 통해 관계를 형성하고 유지함으로써 기업의 목적을 달성하려 한다. 마케팅이 개발사업에서 사업지 인근의 주민의 불만을 줄이는 활동이 되기도 하며, 이 경우 관계형성의 중요성이 더욱 커지게 된다.

그림 13-28 | 주택판매광고의 사례
80년대 초의 광고(오른쪽)와 2000년대의 광고의 차이에서 소비자의 변화를 짐작할 수 있다.

3) 다양한 소통도구의 활용

현대 마케팅은 기존의 광고 중심의 일방향식 의미전달보다는 다양한 접점을 통해 쌍방향식 의사소통을 추구한다. 인터넷과 같은 각종 IT시스템을 활용하여 데이터베이스를 구축하고, 효율적인 의사소통을 함으로써 마케팅의 최종목표를 달성하는 새로운 시스템을 활용하여 효과를 보게 된다. 앞으로는 매우 다양한 마케팅 도구들이 등장하여 소비자와 공급자 간의 소통을 도울 것으로 전망된다.

생각해보기

1 주택의 수요와 공급의 측면에서 내가 살고 있는 지역의 주택시장을 인구분석을 통해 소비자의 특성을 분석해보고 선호 상품의 요소를 찾아보자.

2 실제 진행 중인 주택사업의 계획서를 입수하고 자신이 사업주체가 되어 새로운 관점에서 사업기획 및 상품개발 대안을 찾아보자.

3 주택 마케팅 현장을 견학하고 공급자가 소비자의 구매욕구를 일으키려는 다양한 활동을 관찰하고, 실제 소비자가 느끼는 효과를 설문조사나 인터뷰를 통해서 조사해 보자.

참고문헌

1. 갤럽, “아파트상품 최적화를 위한 입주민 조사결과 보고서”, 한국갤럽, 2008. 11.
2. 국토해양부(http://www.mltm.go.kr)
3. 대한주택건설협회(http://www.khba.or.kr)
4. 도해 주거학 편찬위원회, 주거와 사회(住まいと社會), 창국사, 2005.
5. 문영기 · 장희순 공역, 부동산 사업의 기획과 경영전략, 2002.1.
6. 정용식, 부동산개발 계획과 실무, 부연사, 2009.4.
7. 조주현, 부동산학원론, 건국대학교 출판부, 2004.3.
8. 통계청(http://www.nso.go.kr)
9. 한국주택협회(http://www.housing.or.kr)

그림출처

그림 13-2 주택산업과 마케팅, 1977.

그림 13-3 도해 주거학 주거와 사회, p.50에서 응용

그림 13-4 국토해양부 정보마당

그림 13-9 국토해양부 통계누리/http://stat.mltm.go.kr

그림 13-23 국토해양부, 2009.

그림 13-24 일본 경제기획청 종합계획국 인용 재구성

그림 13-27 각 건설사 홈페이지에서 수집, 2007.

14장 주택정책

정책이란 어떤 특별한 문제와 관련하여 목표를 두고 이를 해결하거나 개선하기 위한 활동을 말한다. 그러므로 주택정책은 주택과 관련한 문제를 해결하거나 개선하기 위한 모든 활동이라고 할 수 있다. 그러나 통상적으로 주택정책을 공공의 주택문제를 해결하거나 개선하기 위하여 정부가 입안하고 집행하는 활동을 일컫는 협의적인 의미에서 사용하고 있다. 본 장에서는 협의적인 의미에서인 주택정책, 즉 정부의 주택정책에 대해 살펴보기로 하겠다. 이를 위해 우선 주택문제와 주택정책이 등장한 역사적 배경을 살펴보고 주택정책의 목표와 함께 정부가 주택시장에 개입하게 되는 당위성과 필요성 그리고 그 정책수단을 이해해보고자 한다. 이어 이러한 기초적 이해를 토대로 우리나라의 구체적인 주택문제와 과거 그리고 현재의 주택정책을 살피면서 향후 정책방향을 모색해 보고자 한다.

14-1 주택문제와 주택정책의 등장

(1) 주택문제의 본질

주택은 인간이 생존과 일상적인 생활을 영위하기 위한 필수적인 요소이다. 아울러 풍요로운 삶의 질을 보장하기 위한 재화이다. 그러므로 인간의 기본적인 요구를 충족하기 위한 측면에서 주택문제는 충분한 주택이 있는가? 그리고 그것은 만족스러운 수준인가?에 따라 정의되어진다고 볼 수 있다. Malpass와 Murie(1994)는 주택문제는 주택의 양(quantity)과 질(quality)에서 발생한다고 보았다. 그러나 주택의 배분이 시장 메커니즘에 의해 이루어지고 나라에서는 주택의 가격과 함께 주택을 구입하거나 임대할 수 있는가가 또 하나의 중요한 주택문제의 요소가 된다. 따라서 양, 질 그리고 구입능력(affordability)이 주택문제 출발의 핵심요소들이라고 볼 수 있다. 나아가 주택의 기능이 사용자 가치(user value)에서 점차 교환가치 혹은 투자가치로서도 인식이 높아지게 됨에 따라 주택문제는 더욱 복잡한 양상을 띠게 된다.

(2) 주택문제와 주택정책의 등장

그림 14-1 | 산업화와 환경오염

주택문제를 심각하게 인식하고 주택정책을 고려하기 시작하게 된 시기는 그 나라의 산업화와 도시화 시기와 관련이 깊다. 영국 등 유럽국가에서는 19세기에 산업화와 함께 도시로 인구가 집중되면서 심각한 주택문제와 환경위생문제를 경험하게 되었다. 도시로의 인구집중은 주택부족과 함께 열악한 주거지를 양산하였고 상수도 공급과 쓰레기처리 등 도시 기본서비스의 한계를 넘게 만들었으며, 산업공장에서 발생하는 연기, 폐수 등은 대기오염과 수질오염을 유발하였다.[1] 주택을 공급하는 시장은 실패하였고, 신규주택도 열악할 뿐만 아니라 임대료는 서민들의 봉급에 비해 너무 비싸 과밀하게 지낼 수밖에 없었다. 주택시장에 공공이 개입하기 위해 새로운 제도가 도입되었고 새로운 메커니즘이 발달되었다. 따라서 실질적인 주택정책은 산업화에 따른 주택문제를 해결하기 위해 시작되었다.

14-2 주택정책의 목표

주택정책의 기본 목표는 모든 국민이 거주하고자 하는 지역에서 적절한 가격으로 쾌적하고 편리하게 주거생활을 할 수 있도록 하는 것이다.[2]

1) Merrett(1979)는 이 시기의 영국의 주택문제를 상징적으로 표현하여 "도시화와 슬럼"이라 하고 있다.

적절한 가격으로 이루어진 쾌적하고 편리한 주거생활은 가족생활을 안정시키고 건강하게 할 뿐만 아니라 사회적 환경적 경제적으로도 좀 더 나은 공동체를 창조하게 된다. 따라서 주택정책의 궁극적 목표는 국민의 기본적인 주거욕구를 충족시켜 가구 및 국가전체의 주거복지수준을 향상시키고 이를 통해 사회통합을 이루는 데 있다고 볼 수 있다. 국민의 기본적인 주거욕구를 충족시킨다는 것은 "모든 국민이 적절한 주거비 부담으로 쾌적한 주거생활을 영위하도록 선택과 기회를 제공"한다는 것을 의미한다. 이를 위해서는 지역별, 계층별 주거비 부담능력에 맞는 충분한 주택이 있어야 하고, 주거환경에 대한 선택의 폭이 넓어져야 한다.

헌법 제35조제1항에서는 "모든 국민은 건강하고 쾌적한 환경에서 생활할 권리를 가지며, 인간다운 생활을 할 권리를 갖는다"고 규정함으로써 선언적인 국민의 주거권보장을 선언하고 있다. 또한 제35조제3항에서 "국가는 주택개발정책을 통하여 모든 국민이 쾌적한 주거생활을 할 수 있도록 노력하여야 한다"고 규정해 두고 있다. 주택법에서는 국가 및 지방자치단체는 주택정책을 수립 · 시행할 때에는 '국민의 쾌적하고 살기 좋은 주거생활이 가능하도록 할 것', '주택시장의 원활한 기능 발휘와 주택산업의 건전한 발전을 기할 수 있도록 할 것' '주택이 공평하고 효율적으로 공급되며 쾌적하고 안전하게 관리될 수 있도록 할 것', 그리고 '저소득자 · 무주택자 등 주거복지 차원에서 지원이 필요한 계층에게는 국민주택규모의 주택이 우선적으로 공급될 수 있도록 할 것'을 노력하도록 규정하고 있다.

그림 14-2 | 정책의 방향성

한편, 주택정책의 기본 목표를 달성하기 위한 하위수단이 단기적으로 그 시점에서는 새로운 주택정책의 목표가 되기도 한다. 따라서 한 시점에서 볼 때 궁극적 목표와 하위의 수단적인 그 시점의 목표는 추구하는 정책의 방향성이 다르게 나타나기도 한다. 이러한 점에서 정책은 현재의 문제점에 대응하여 궁극적인 목적(end)에 맞게 변화를 유도해나가는 과정

2) 영국의 Housing Green Paper에서는 주택정책의 기본목표를 "We want everyone to have access a decent home at a price they can afford, in a place where they want to live and work."라고 제시하고 있다.

(process)을 의미한다고 볼 수 있다.

14-3 주택시장과 정부 개입

(1) 주택시장

시장은 상품을 사고팔고 하는 곳이다. 시장경제를 기초로 하고 있는 국가에서는 주택은 기본적으로 수요와 공급의 원리[3]에 의한 시장 메커니즘을 통해 배분이 이루어지고 있다. 시장경제 지지자들은 모든 시장이 완전 경쟁적이고 외부성이나 공공재가 없다면 원칙적으로 시장에 의한 자원배분은 효율적이라고 믿고 있다.[4] 그러나 현실적으로는 외부성, 공공재, 정보의 비대칭성 등의 요인에 의해 시장에 의한 자원배분이 효율적이지 못한 경우가 많다.

주택시장은 주택이라는 상품을 사고팔고 하는 시장이다. 주택은 다른 재화와는 독특한 특성을 가지고 있다. 주택은 인간이 생존과 일상적인 생활을 영위하기 위한 필수적인 재화일 뿐만 아니라 토지를 기반으로 하여 위치가 고정되어 있고, 하나하나 모두가 이질적인 특성을 가지며 장기적인 생산과정이 필요한 재화이다. 또한, 주택은 가구소비의 가장 큰 부분을 차지하는 고가의 자산으로서 국가경제에도 중요한 역할을 담당하고 있는 투자재인 경제적 재화이다. 이러한 주택의 특성으로 인해 시장 메커니즘에 의한 공급과 배분이 효율적으로 이루어지기가 어려울 뿐만 아니라 다른 정치경제적 목적에 의해 다른 재화에 비해 좀 더 국가가 개입하게 된다.

---

3) 특히 주택시장에 있어서 주택순환과정(filtering process)의 원리는 새로운 주택이 공급됨에 따라 발생되는 주택의 질적 변화와 가구의 이동과의 관계를 설명해 주는 주택시장 경제이론이다. 소득이 높은 계층의 가구가 신규주택으로 이동함으로써 생긴 공가(vacancies)를 소득이 낮은 계층의 가구가 저렴한 비용으로 구매할 수 있을 때 발생한다.

4) 자원배분의 효율성과 관련하여 파레토 효율적이라 함은 교환의 효율성, 생산의 효율성, 그리고 생산과 교환의 종합적 효율성을 달성했다는 의미이다.

(2) 주택시장에 대한 정부 개입

정부는 모든 재화와 생산의 배분이 시장을 통해서 자율적으로 조절되지 않기 때문에 정부가 시장에 개입을 해야 한다는 당위성을 주장하고, 이것이 정부의 정책으로 나타나게 된다. 따라서 주택정책은 인간과 주택과의 관계에 있어서 형성되는 문제를 해결하고 개선하여 모든 국민의 복리를 증진시키고자하는데 있다고 할 수 있다. 하성규(2006)는 주택시장에 나타난 문제와 이에 따른 정부 개입의 이유를 다음 세 가지로 설명하고 있다. 첫째, 배분상의 문제이다. 주택은 그 사회의 생산적 자원으로서 배분적 형평성을 유지해야 한다는 점이다. 시장기능에만 의존할 경우 주택이라는 희소자원이 불공평하게 배분될 수밖에 없고, 이는 지역 간, 계층간, 산업부문 간의 갈등을 유발하는 중요한 요인이 될 수도 있다. 둘째, 경제안정 및 성장에 관련된 문제다. 주택의 생산과 배분이 장·단기적으로 안정되어 있지 못한 경우 국민경제에 큰 영향을 미치게 된다. 셋째, 보다 나은 주거환경에서 인간다운 삶을 영위할 수 있도록 하려는 국가의 노력으로 이해된다. 주택은 인간의 기본적 권리요 삶의 조건이기 때문에 국가가 개입하여 최소한의 주거수준을 영위할 수 있도록 하고 이를 보장하는 정책수단을 강구하는 것이다.

Malpass and Murie(1982)는 두 가지 이론적 틀 위에서 주택정책을 설명하고 있다. 첫째, 기능주의적 접근으로서 사회는 균형상태로 이행된다는 전제하에 사회 전체의 건전한 발전을 기하기 위하여 주택정책은 산업사회가 지닌 과밀과 공중보건위생문제 등 역기능을 제거하는데 초점을 맞추어야 한다는 것이다. 즉, 국가는 사회 전체를 대표하여 인간정주환경 전반을 개선하기 위한 목적으로 주택부문에 개입하여 주택정책을 수행하게 된다는 것이다. 둘째, 마르크스주의적 접근인데 이는 계급간의 갈등에 기초하여 주택정책을 계급투쟁의 산물로 보고 있다는 것이다. 즉, 지배계급의 이익을 확보하는데 국가가 개입하는 것이지 모든 사람들의 복지적 주거환경개선을 추구하기 위하여 개입하는 것은 아니라는 관점이다. 예를 들어 서유럽 선진국의 사회주택 공급은 노동자 계급의 주거환경개선을 위한 끊임없는 투쟁의 산물로 보고 있다. 물론 기능주의적 접근과 마르크

스주의적 접근 둘 다 국가가 주택부문에 개입하는 이유는 시장 메커니즘 실패에 기인한다는 것에는 의견을 같이하고 있다. 따라서 정부 개입은 시장 메커니즘에 의해 발생된 문제와 연관되고 주택정책은 이러한 문제발생을 사전에 조정, 예방하기 위한 것으로 볼 수 있다.

그러나 주택시장에 대한 정부 개입의 정도는 국가의 정치이념과 경제수준에 따라 많은 차이가 있으며, 한 국가 내에서도 정치적 정당에 따라 차이가 있다. 좌(the left-wing), 즉 사회주의적 접근에서는 시장 메커니즘을 통해 특히 저소득계층에 대해 충분하고 만족할만한 수준의 주택을 공급을 하기는 근본적으로 불가능하다고 보고 있다. 시장은 가난과 열악한 주택을 더 밀접하게 만들기 때문에 저소득계층이 적절한 주택을 얻을 수 있도록 보장하기 위해 국가가 개입해야 한다고 지적하고 있다. 반면에 우(the right-wing), 즉 시장 지향적 접근에서는 주택문제를 해결하기 위한 국가 개입이 오히려 주택문제의 원인이 되고 있다고 주장한다. 민간부문에 대한 임대규제가 공급 위축을 불러일으켰음을 비난하면서, 공공이 주택을 소유하고 있는 것도 풀어야 할 주택문제 중의 한 부분으로 보고 있다. 그러나 주택정책의 기조가 시장 지향적이건 아니면 사회주의적 접근방법이건 간에, 그 궁극적인 목표는 주택부문의 가용자원을 국민 모두의 주거복지를 극대화하는 데 사용하기 위한 효율성을 추구하는 한편, 주거복지의 분배에 있어서 사회적 형평성을 도모하는 데 있다고 볼 수 있다.

(3) 정부 개입의 방법 및 수단

정부가 주택문제를 해결하거나 개선하기 위기 위한 정부 개입 수단은 다양하게 나타나고 있다. 정부 개입은 주택정책의 수단으로 나타나고 있다. 주택정책의 수단(프로그램) 또는 지원방법은 보조금(subsidies) 지급, 세제(taxation) 및 금융(financing) 지원, 토지공급(land supply), 임대료 및 분양주택 가격 규제, 공공주택의 직접공급 등 여러 가지가 있으며 이를 크게 공급 측면과 수요 측면으로 구분할 수 있다. 우리나라는 그동안 주로 신규주택을 건설 · 공급하는 공급정책 위주로 추진되었다.

주택의 절대량 부족으로 대물보조 위주의 정책이 수행됨으로써 주택의 적정배분 문제와 한계계층의 지불능력 부족으로 이들이 소외되는 문제가 대두되었다. 따라서 현금보조(임대료보조), 조세 · 금융지원 등의 정책수단이 보완 또는 대체됨으로써 사회적 또는 경제적 소외계층이 정책 수혜 대상에서 제외되지 않도록 노력하고 있다. 특히 저소득층 또는 소외계층에게는 소형 임대주택이나 소형 공공분양주택이 공급되는 정책을 수행하였으나 이를 수혜할 수 있는 계층 역시 극히 한정되어 있다. 우리나라에서 시행하고 있는 저소득층을 위한 주택정책수단을 공급 측면과 수요 측면으로 구분하면 다음과 같다.

표 14-1 • 저소득층을 위한 주택정책 수단 예시

구분	내 용
공급 측면	• 소형분양(국민주택, 소형 주택건설 의무제 등) • 영구임대, 5년제/50년제 공공임대, 국민임대 • 재개발/재건축/주거환경개선사업에 의한 임대주택 • 매입임대, 전세임대, 장기전세임대, 사원임대 등 • 공공임대주택의 재건축 · 리모델링 지원 등 • 기타(주거환경개선 프로그램 등)
수요 측면	• 저소득영세민 전세자금대출 • 근로자서민 전세자금대출 • 기초수급자에 대한 주거비 지원 • 공공임대주택에 대한 임대료 차등제 • 주택바우처, 임대료 규제 등

14-4 우리나라 주택정책의 시대적 변천

우리나라의 주택정책은 1960년대에 정부의 경제개발계획에 의해 산업화가 추진되고 이에 따른 도시화가 진전되면서 본격화되기 시작했다. 1950년대까지는 6.25 전후의 긴급주택수요대책으로 구호주택건설이 거의 대부분이었다고 볼 수 있다. 주택정책은 시기별 주택문제의 양상에 따라 약간씩 그 기조를 달리하여 왔다.

1962년의 1차 경제개발 5개년계획부터 본격적으로 주택문제를 정부의 계획하에 다루기 시작했다. 대한주택공사를 설립('62)하여 불량주택 개량과 신규주택 공급을 정부차원에서 실시하였다. 건축법('62), 토지구획정리사업법('66), 국토이용관리법('72), 주택건설촉진법('72), 도시재개발법('76) 등 법률제정을 통해 급격한 산업화와 도시화에 따라 발생되는 주택문제를 해결해 나갔다.[5)]

1980년대 초 주택세제 인하 등을 통한 경기부양대책이 투기과열로 이어지자 종합토지세를 신설('83)하였다. 이어 올림픽 개최, 3저 호황 등으로 유발된 주택가격 폭등으로 계층 간 갈등이 심화되자 1989년에 토지공개념에 입각한 법률들을 제정하였고, 소득계층별 주택공급을 차등화하는 정책 추진과 더불어 주택 200만 호를 위한 수도권 5개 신도시를 건설하게 되었다. 이 후 집값 안정이 상당기간 유지되었다.

1997년 말 외환위기 이후 경기침체에 따른 주택경기 활성화와 저금리 그리고 주택건설 감소가 집값 상승을 지속 유발하면서 주택시장 안정을 위해 수요억제에 초점을 둔 대책들이 줄줄이 이어졌다. 최근에는 다시 2008년 세계적 금융위기와 더불어 시장규제 완화와 주택공급을 활성화하는 정책이 추진되고 있다.

표 14-2 ● 시기별 주택정책의 기조 및 정책

시 기	주택정책의 기조	주택정책 수단
'62~'71	저소득층 공영주택, 표준화	주택공사 설립, 개발법, 표준화
'72~'86	공급확대, 주택산업육성	외자도입, 신도시, 주택업등록
'87~'92	물량확대, 택지공급 원활화	5개 신도시, 저렴 택지공급 확대
'93~'97	안정적 공급, 민간주도	연 5~60만 호, 택지공급 다양화
'98~'02	규제완화, 저소득 주거지원	분양가자율화, 주택기금 지원 확대
'03~	가격안정, 저소득 주거안정	규제강화, 공공임대주택 건설 확대

5) 1978년 과열된 주택시장을 안정시키기 위해 청약예금·부금제, 전매규제, 양도소득세 등을 강화하는'8.8 부동산투기억제대책"을 실시하기 이전까지는 정부는 주택시장을 원활하게 운영하기 위해 극히 최소한의 개입만을 하여 온 것으로 평가되고 있다.

14-5 | 우리나라의 주거수준과 주택정책

앞서 살펴본 바와 같이 주택정책은 주택의 양, 질, 가격 그리고 소유권과 관리를 적절히 조정하는 것이라 할 수 있다.[6] 이러한 측면에서 우리나라의 현행 주거수준에 대한 문제와 이를 해결하거나 개선하기 위한 주택정책을 살펴본다.

(1) 양(quantity)적 주거수준과 주택정책

1) 양적 주거수준

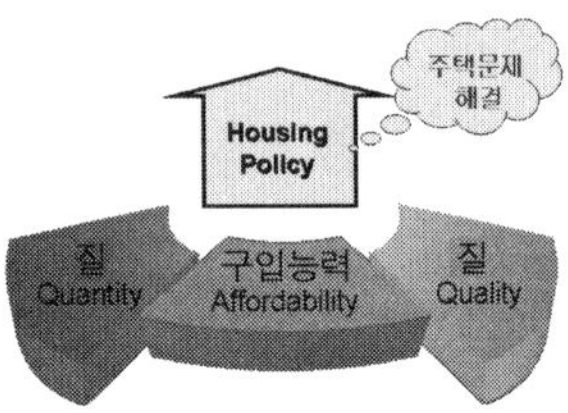

그림 14-3 | 주택문제 요소와 주택정책

주택은 최소한 한 가구가 원하는 지역에 1개는 있어야 할 것이다. 아울러 주택을 매매하고 이사하는 과정에서 머물 수 있는 여유주택도 준비되어야 하며, 소득이 높아 여유가 있다면 풍요로운 삶을 위해 또 다른 주택이 필요하다. 2005년 통계청 인구주택 총조사에 따르면 전국의 총인구는 47,278천 명이고 총주택수는 13,223천 호(다가구의 개별 구분거처 산정 시 15,620천 호)로서 인구 천 명당 주택수는 208호(다가구의 개별 구분 거처 산정 시 330호)이다. 수도권의 경우 인구는 22,766천 명이고 주택수는 5,782천 호(다가구의 개별 구분거처 산정 시 7,165천 호)로서 인구 천 명당 주택수는 254호(다가구의 개별 구분거처 산정 시 315호)이다. 이는 주요국가의 평균 440호(미국 424호, 일본 425호, 영국 418호, 프랑스 491호)[7]에 비해 전국이 63.6%(다가구의 개별 구분거처 산정 시 75%), 수도권은 57.7%(다가구의 개별 구분거처 산정 시 71.6%)에 불과하다. 지금까지 주택보급률 지표는 주택수를 가구수로 나누어 사용하여 왔으나 최근 급격히 증가하여온 1인 가구를 가구수에서 제외하는 등으로 주택수급 판단 지표로서는 현실성이 떨어진다. 따라서 그동안 현실성이 결여된 주택보급률 사용으로 인해 2002년에 이미 주택수가 가구수를 넘

---

6) Malpass와 Murie(1994)는 "Housing policy can be defined in terms of measures designed to modify the quality, quantity, price and ownership and control of housing."라고 하였다.

7) 주요국가의 천 명당 주택수에서 미국 2005년, 일본 2003년, 영국 2004년, 프랑스 2002년 기준 적용

어선 것으로 오해하도록 만들어 주택정책은 물론 주택시장에서까지 상당히 혼란과 왜곡을 불러 일으켜 왔다.

2) 양적 측면 주택정책

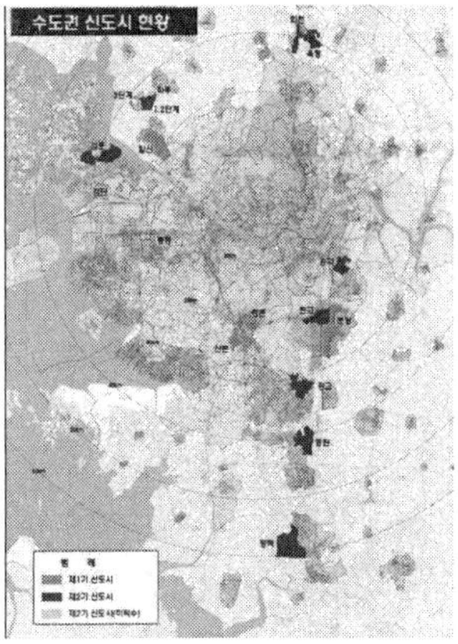

그림 14-4 | 수도권 신도시 현황

주택공급을 촉진하기 위해서는 토지공급(land supply)과 함께 건설규제 완화와 금융세제 지원을 위한 정책이 수반되어야 한다. 정부는 지금까지 주로 기존도시의 외곽에 신도시를 건설하여 택지를 마련해 왔다. 1990년대 초 분당, 일산, 평촌, 산본, 중동 등 수도권에서 5개의 1기 신도시가 건설되었고, 2000년대 초부터 주택 53만 호 규모의 10개의 2기 신도시를 건설하고 있다.

표 14-3 • 수도권 2기 신도시 건설현황

구 분	판교	위례	동탄1	동탄2	광교	김포	파주	양주	검단	평택
면적(㎢)	9.3	6.8	9.0	21.8	11.3	10.9	16.5	11.4	11.2	17.5
주택(천)	29	49	41	105	31	53	80	58	66	63
인구(천)	88	123	124	263	78	145	217	156	177	157
지구지정	'01.12	'06.7	'01.4	'07.12	'04.6	'05.12	'03.12	'04.12	'07.6	'06.9

그러나 신도시 건설은 실제 수요와 괴리가 있고 새로운 교통난을 유발하고 기반시설 설치부담이 가중되는 등 문제점이 제기되면서, 정부는 신도시보다는 기존도시의 노후지역 재개발을 통해 주택공급을 확대하는 방향으로 주택정책의 패러다임을 바꾸기 시작했다. 도시재정비 촉진을 위한 특별법이 제정(2005.12)되면서 이전까지 단순한 주거환경개선 차원에서 머물렀던 주택재개발과 재건축 등이 도시차원에서 광역적으로 도로, 공원, 문화시설 등 도시기반시설을 제대로 갖추면서 신도시 건설과 함께 주택공급 확대를 위한 양대 축의 하나로 역할하게 되었다.[8] 2008년에 이명박 정부가 들어서면서부터 기존도시를 중심으로 한 주택공급 확대정책

8) 2005년 8·31부동산정책의 일환으로 기존 도시내 주택공급 확대를 위해 특별법이 제정되었으며, 향후 10년간 60만호의 주택공급을 목표로 2008년 말 현재 전국에서 66곳이 특별법에 따른 기존도시 내 신도시라 할 재정비촉진지구로 지정되어 사업이 추진되고 있다.

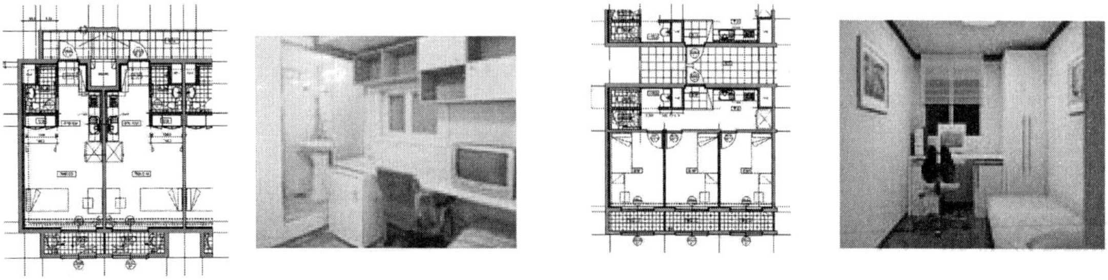

원룸형　　　　　　　　　　　　　　기숙사형

그림 14-5 | 도시형 생활주택

은 한층 가속화되기 시작했다. 더 이상 기존도시에서 멀리 떨어진 곳에 신도시를 건설하여 주택공급을 확대하려는 정책은 선택되지 않고 있다. 대신에 종전의 국민임대건설특별법을 개정하여 보금자리주택특별법을 마련('09.2)하면서 공공이 직접 도심 인근에 그린벨트 해제 등을 통해 영구임대, 전세형, 지분형 등 다양한 유형의 저렴한 임대주택과 분양주택을 공급하게 되었다.[9]

아울러 절차나 규제를 완화를 통해 주택공급을 활성화하기 위한 정책이 함께 추진되고 있다. 역세권 고밀개발이 가능하도록 주상복합 건설 시 용적률을 상향할 수 있도록 하고 증가되는 용적률의 30~60% 범위 내에서 임대주택으로 건설하도록 하였다. 또한 시설기준과 공급방법 등에 대한 규제완화를 통해 다세대 주택 건설을 촉진하고 1~2인 가구를 위한 주택공급을 기숙사형과 원룸형 주택을 법제화하는 등 도시형 생활주택 제도를 도입하였다. 이명박 정부에서 주택건설 촉진과 공급기반 확충을 위해 추진 중인 주요정책들을 표 14-4에서 볼 수 있다.

향후 전국인구는 2018년 4,934만 명을 정점으로 감소세로 반전되나 수도권은 인구비중이 2008년 49.2%에서 2030년 54.1%로 늘어나 인구가 지속적으로 늘어날 것으로 전망되고 있다.[10] 아울러 가구분화와 소득증가 등의 수요변화 요인을 고려하면 수도권 등 지역별로 주택부족 문제

9) 정부는 2009년 5월 시범지구를 비롯하여 2010년 4월 현재까지 3차례에 걸쳐 도심 20km 이내의 15개 지구에 보금자리주택 18.7만호의 건설계획을 발표한 바 있다.

10) 통계청 2007.5 시도별 장래인구 추계 결과

표 14-4 • 주택건설 촉진 및 공급기반 확충 정책 예시(2009)

• 주택공급을 저해하는 불합리한 규제 개선
  - 임대주택 의무비율 폐지, 용적률 상향 등 재건축 · 재개발 활성화

• 도심 주택공급 활성화
  - 도시 재정비 사업지구 신규 확보 및 기반시설 설치비용에 대한 재정 지원 등을 통해 사업을 활성화
  - 역세권 개발사업 유형 신설 및 요건 완화, 용적률 상향 등 추진
    · 교통이 편리한 철도부지도 복합개발을 통해 소형 · 임대주택 집중공급
  - 도심 서민주거공간 확충을 위해 단지형 다세대 본격 공급
  - 1~2인 가구를 위한 기숙형 · 원룸형 주택유형을 신설하고 신속한 공급
  - 리모델링 동의기준 완화, 시공사 선정시기 · 방법 등의 법적근거 마련 등 노후주택 리모델링 활성화

• 민간주택건설 위축에 대비한 공공부문 공급역량 강화
  - 2018년 서민주거 안정을 위해 보금자리 주택 150만 호 건설
    · 특별법 제정('08) 등으로 사업기간을 단축(개발 · 실시계획 통합 등 절차 간소화)하여 첫 분양을 추진('09말)
  - 경기 위축에 따른 민간공급의 변동성을 보완하기 위해 旣개발 중인 공공택지 내 주택건설 조기추진
  - 기존 신도시 주택공급 계획을 차질 없이 추진
  - 자족성 · 교통여건 등의 개선을 위한 신도시 기능개편 방안을 마련하고 수도권 권역별 종합교통대책 수립
  - 도시 근교의 저렴한 택지 확보를 위해 산지 · 구릉지의 계획적인 활용을 통한 주택공급 착수

는 한동안 지속될 것으로 보인다. 물론 주택시장에 있어서 실제 구매수요는 금리, 거시경제 변수의 변화 등에 따라 시기적으로 다르게 나타날 것이다. 그럼에도 불구하고 주택가격 안정 등 국민의 근본적인 주거안정을 위해서는 경제성장과 소득증가에 따라 나타나는 다양한 요구에 부응하는 주택공급 확대정책을 지속적으로 추진해 나가야 할 것이다.

(2) 질(quality)적 주거수준과 주택정책

1) 질적 주거수준

주택의 질적 지표는 주거밀도(1인당 주거면적, 가구원수, 방당 거주인원), 노후도(건축 경과연수), 편익시설(입식부엌, 수세식화장실, 목욕시

설, 상수도, 난방방식) 등으로 나타낼 수 있다.

우리나라 주택의 1인당 주거면적은 1980년 10.1m^{2}에서 2005년에는 22.9m^{2}로 많이 개선되었으나, 미국('03) 68m^2, 영국('02) 38m^2, 일본('03) 36m^2, 프랑스('02) 37m^2 등에 비해서는 아직 낮은 수준이다. 주택당 평균 거주인원은 2005년에 3.76명이나 주택수에 빈집(728천호)을 포함하고 다가구주택수(759천 호)를 개별 구분거처별(3,160천 호)로 계산할 경우 고려할 경우 3.01명이 된다. 방당 거주 가구원수는 1980년 2.1명에서 2005년 0.8명으로 개선되었다. 건축 경과연수가 20년 이상인 주택의 비중은 1980년 41.9%에서 2005년 20.5%로 크게 낮아졌다. 편익시설 측면에서는 대부분의 주택이 건강한 주거생활 요건을 확보하고 있는 것으로 나타났다. 2005년 기준으로 전국의 98% 가구가 입식부엌 구조에서 거주하고 있고 상수도는 96% 정도 보급되었으며 목욕시설도 94%가 갖추어져 있는 것으로 조사되었다. 그러나 최저주거기준[11] 미달 가구는 2005년 기준으로 전체 1,599만 가구의 13%인 206만 가구로 추

표 14-5 ● 주택의 질적 지표 추이(통계청 인구주택 총조사)

년도	1980년	1985년	1990년	1995년	2000년	2005년
인구(천명)	37,407	40,420	43,390	44,553	45,985	47,041
주택(천호)	5,319	6,104	7,160	9,205	10,959	12,494
1인당주거면적(m^2)	10.1	11.3	13.8	17.2	20.2	22.9
주택당 거주인원	7.03	6.62	6.06	4.84	4.20	3.76
방당 거주인원	2.1	1.9	1.5	1.1	0.9	0.8
20년경과주택(%)	41.9	-	32.5	-	29.7	20.5
입식부엌(%)	18.2	34.6	52.4	84.1	93.9	97.9
수세식화장실(%)	18.4	33.1	51.3	75.1	86.9	89.3
목욕시설(%)	10.0	20.0	34.1	74.8	87.4	94.0
상수도(%)	51.2	-	76.6	-	87.0	95.8
보일러난방(%)	5.3	7.2	31.4	-	97.0	94.2

11) 거주인원수별 최소주거면적(1인 경우 12.m^2) 및 방수와 기타 필수시설과 설비기준 등을 설정

정되고 있다. 이들 가구는 많이 줄어들고 있으나, 쪽방 · 비닐하우스 거주자[12] 등 일부 극빈층의 주거는 여전히 열악한 수준이다.

한편, 주거환경에 만족하는 비율은 전반적으로 높게 나타나고 있다. 불만족스러운 주거환경은 공원녹지, 상업시설, 의료시설, 대중교통, 교육환경, 주차시설 순으로 조사되었으며, 이는 국민들의 주거생활공간에 대한욕구가 주택내부 뿐 아니라 바깥활동으로 확산되는데 기인한 것으로 보인다.

표 14-6 ● 지역별 주거환경 만족도(건교부 2006)

매우 불만족	약간 불만족	대체로 만족	매우 만족	모름/무응답
2.62%	17.89%	70.22%	9.15%	0.12%

2) 질적 측면 주택정책

그림 14-6 | 주택성능등급표시제

생활수준과 소득이 향상되고 첨단기술의 발전, 고령화 등 사회변화가 가속화됨에 따라 주거의 질에 대한 섬세한 욕구가 점차 높아지고 있다. 주거면적의 확대는 주로 신규주택의 공급확대정책을 통해서 이루어지게 될 것이다. 주택의 질적 향상은 비교적으로 시장 메커니즘에 의존하는 경향이 높은 편이다. 그러나 주택은 구입 당시에는 품질에 대한 확인이 곤란하여 소비자는 공급자보다 불리한 지위에 있게 된다. 이러한 문제를 해소하기 위해 대부분의 국가에서는 주택건설기준, 사업계획승인, 감리, 사용승인, 하자보수책임 등의 제도를 통해 최소한의 주택품질을 확보하도록 개입하고 있다.

최근에 주거의 질적 향상을 유도하기 위한 좀 더 적극적인 정책들이 시도되고 있다. 예를 들면 주택성능등급표시제('06)[13], 소비자만족도평가제도('08)[14], 단계적 후분양 로드맵('08). 마이너스옵션제('08), 홈네트워

12) 쪽방에 거주자는 6,600여 명, 주로 그린벨트 · 공공용지 등을 무허가 · 무단점유한 비닐하우스 거주가구는 5,000여 가구에 달함(건교부 · 주공, 쪽방 · 비닐하우스촌 주거실태조사, '07.5)

13) 2006년부터 시행된 제도로서 일정규모 이상의 공동주택을 건설하는 경우 소음, 구조, 환경, 생활환경, 화재 · 소방 등 분야별로 등급을 평가받아 표시하도록 하고 있다.

14) 소비자만족도 평가로 우수업체로 선정될 경우 인센티브를 부여함으로써 주택품질 향

크 설치기준('08), 저에너지 친환경 주택인 그린홈 보급확대('08) 등이다. 한편으로는 재개발, 재건축, 리모델링, 재정비촉진 등 노후주택의 개선을 위한 정책이 지속적으로 이루어지고 있으며, 앞으로 1990년을 전후해 5개 신도시 등 대량 공급된 주택의 노후화에 따른 효율적인 개보수 지원 정책의 필요성이 증가하고 있다. 한편, 2001년부터 소위 달동네라고 일컫는 도시 저소득 계층의 주거지를 대상으로 한 주거환경개선사업[15]을 시행하고 있으며, 2006년부터 지속가능하고 효과적인 사업 추진을 위해 거점확산형 개발방식[16]을 도입하기 시작했다. 앞으로 주거의 질적 향상은 기본적으로는 시장 메커니즘에 의존하여 이루어지기를 기대하지만, 다른 상품과는 확연이 다른 주택의 생산과 배분의 특성과 우리의 주거현실을 고려할 때 정부는 다양하고 급속한 미래변화에 대응하여 주거의 질적 향상을 위한 선제적인 정책적 지원은 지속되어져야 할 것이다.

(3) 주택구입능력(affordability) 수준과 주택정책

1) 주택구입능력 수준

주택구입능력을 나타내는 지표로 소득 대비 주택가격 비율(PIR : Price to Income Ratio)과 소득 대비 임대료 비율(RIR : Rent to Income Ratio)을 이용한다. 우리나라의 PIR은 2006년 기준으로 전국 4.2배, 수도권이 5.7배이다. 특히 수도권의 경우 미국('03) 2.7배, 캐나다('01) 2.3배, 영국('03) 4.1배에 비해 상당히 높다. 한편, RIR은 전국 18.7%, 수도권 19.9%로 나타나 미국('03) 33%, 캐나다('01) 21%에 비해서는 낮고 일본('04) 10.6%에 비해 높은 편이다. 저소득층의 경우 주택의 구입이나 임대를 위한 주거비 부담이 상당히 과다한 것으로 나타나고 있다.

상을 유도하는 제도이다.

15) 주거환경개선사업은 2001년부터 2010년까지 국고지원 1.8조원을 투입하여 시행(870구역)되고 있다.

16) 2007년부터 광주 동명 등 12개 구역에서 시범사업을 추진 중이다.

표 14-7 ◉ 지역별 · 소득계층별 PIR과 RIR 현황(건교부 2006년 주거실태조사)

구분	전국	수도권	저소득층	중소득층	고소득층
PIR	4.2	5.7	6.3	3.4	3.6
RIR	18.7	19.9	27.6	18.9	16.1

① 주택구입능력 측면 주택정책

지금까지 주택이 양적으로 절대 부족한 상황에서 70년대 말 중동특수, 80년대 말 3저 호황, 2000년대 초 저금리 및 유동성 증가 등 10년 주기로 주택가격이 급등양상이 반복되면서 서민의 주거불안을 야기해 왔다. 특히, 1997년 말 외환위기 이후에는 국내경기가 급변하면서 주택시장 또한 단기간 동안에 침체기와 활황기가 반복되고 있는 상황에서 2000년까지는 경기침체에 따른 주택경기 활성화, 2001년부터는 저금리 기조하에서 상대적으로 투자가치가 높은 부동산에 시중 부동자금이 과다하게 유입되면서 집값이 상승하여 주택시장 안정이 주요 과제로 대두되었다.

참여정부에서는 서민주거 안정, 투명성 제고, 투기억제, 공급확대라는 정책기조 아래 5번의 중요한 시장안정화 대책('03.10.29, '05.8.31, '06.3.30, '06.11.15, '07.1.11)을 추진했다. 수요 측면에서는 실거래가 신고 의무화('06.1), 주택 공시가격과 과표적용률 인상에 따른 단계적 종부세 부담 강화('06.12), 2주택자에 대한 양도세 중과조치('07.1), 대출금융에서 담보인정비율(LTV : Loan To Value ratio)은 40~50%로, 총부채상환비율(DTI : Debt To Income ratio)은 40~60%로 제한, 재건축 초과이익 환수제('06.9), 분양가상한제 적용 확대('07.9), 무주택 기간, 부양가족수, 청약통장 가입기간을 고려하는 청약가점제 등이 도입 시행되었다. 공급 측면에서는 도시재정비촉진특별법령 제정(06.7), 신도시 등 공공택지 확대, 개발기간의 단축, 민간택지 규제 개선, 분양가상한제, 택지비, 기본형건축비, 가산비 등 분양가 내역공시제도 등이 도입 시행되었다.

세제강화, 대출규제, 주택공급 확대 등 정책의 영향으로 주택가격 상승률이 2007년부터 크게 둔화되었고, 2008년 들어서는 美 금융위기로 촉발된 전 세계적 경제위기로 주택수요가 둔화[17]되면서 하향세를 지속하였다. 그러나 이러한 대책들은 장기적 주택시장에서의 공급부족, 즉 주택부족문제를 해결해 나가기보다는 총량의 연 5~8%가 거래되는 단기적 시장에서의 수요억제와 공급가격 제한 등 규제에 치중함으로써 일시적으로 시장안정에는 효과를 얻을지는 모르지만 주택공급 위축과 주택의 질적 저하를 가져다줌으로써 중장기적으로는 주택시장을 더욱 불안하게 만드는 요인으로 작용하게 될 것이다. 2008년에 이명박 정부가 들어서면서 수요지역 중심으로 주택공급을 활성화하고 시장규제를 완화하는 방향으로 주택정책을 전환하고 있다. 다만 일시적이라도 주택자산 격차 발생은 주거형평성 문제뿐 아니라 사회통합의 저해요인으로 작용할 소지가 있으므로, 때에 따라 자산 격차 최소화 등을 위한 일시적 수요억제 등 단기적 주택시장의 안정대책도 병행이 필요하다. 다만, 신규주택의 공급이 충분히 이루어질 때까지는 단기적 매매시장의 수급불일치에 의한 가격급등으로 인한 극심한 주택자산 격차 발생으로 주거형평성 문제뿐 아니라 사회통합의 저해요인으로 작용하는 상황이 발생되지 않도록 적절한 수준의 시장규제는 필요하다. 한편, 청약가점제와 함께 공공주택의 공급[18]과 국민주택기금[19] 등을 통해 상대적으로 주거불안이 심한 저소득층에 대한 주거 지원을 보완해 나가고 있다. 이들 지원은 「주거복지 지원 로드맵」에 따라 소득수준별로 차별화하고 있다.

---

17) 2006년 연간 아파트 거래량은 약 113만 호에서 2007~2008년에는 8~90만 호로 감소하였다.

18) 참여정부에서는 국민임대주택 100만호, 이명박 정부에서는 보금자리주택 150만 호를 추진

19) '07년 기준, 총 24.4조원을 조성(자산은 약 63.7조원, '09년 24조원 조성계획)하여 사업자 지원(분양 · 임대주택건설 · 개량)에 약 6.4조원(26.2%), 수요자 지원(주택구입 · 전세)에 4.9조원(20.0%), 기타 차입금 상환 등에 약 13.1조원(53.6%)을 운용. 수요자 지원 특히 저소득층을 위한 주택전세 및 구입자금이 늘어나는 추세

표 14-8 ● 주거복지 지원 로드맵

계층(분위)	특 징	주요 지원 내용
1	임대료 지불능력 취약계층	• 다가구매입임대, 전세임대 • 소형 국민임대주택 • 주거급여 지원 확대
2~4	자가 구입능력 취약계층	• 국민임대주택 집중공급 • 불량주택정비 활성화 • 저리의 전월세자금 지원 확대
5~6	지원시 자가가능 계층	• 중소형주택 저가공급 • 주택구입자금 지원 강화
7~10	자력 자가가능 계층	• 시장기능에 일임 • 모기지론 등 금융 지원

(4) 기타

1) 국가경제와 주택투자

주택투자는 국민경제에 지대한 영향을 미친다. 주요국가의 주택투자는 국내총생산의 3~8%를 차지하고 있으며, 주택으로부터 유발되는 서비스가 소비자들의 소비 중 15~20%에 이르고 있다(Bourne, 1981). 그러므로 정부는 주택투자를 통해 경제운용과 경기조절의 수단으로 이용하게 된다.[20] 따라서 주택정책도 이를 고려해야 한다.

2) 주택소유(housing tenure)

소유권 문제는 인간의 선천적인 재산소유권의 욕망을 반영하고 책임있는 이용관리를 보장하는 것으로 중요한 이슈 중의 하나이다. 영국은 특히 1979년 대처총리 이후부터 주택소유권(homeownership)을 확대는 정책을 추진하여 오고 있다. 우리나라의 자가점유율은 2005년 55.6%로서 스웨덴('05)은 46%, 독일('03) 45% 등 사회주택 공급이 많은 국가에 비해 다소 높은 편이나, 미국 68%, 영국 70%, 일본 61%에 비해 상당히 낮은 수준이다. 저소득층을 위한 최소한의 공공임대주택은 보장하되, 비효율성에 따른 사회적 부담 가중을 경험한 외국사례를 거울삼아 주택소

20) 우리나라의 경우 대표적으로 1977년 말 외환위기와 2008년 금융위기로 인해 침체된 국가경제를 회생시키는 수단으로 주택투자를 촉진하는 정책을 추진.

유권을 확대해 나가야 할 것으로 보인다.

그림 14-7 | 한옥과 공동주택 주거문화

3) 주거문화

우리나라의 주택은 2005년 기준으로 66.2%가 20세대 이상이 공동으로 거주하는 공동주택이다. 5층 이상인 아파트만 52.7%(696만 호)이다. 최근 신규 건설주택 중 아파트 비중이 80%를 상회하고 있다. 우리 국민들은 세계적으로 독특한 공동주거를 경험하고 있다. 이러한 공동주거를 위한 주택건설기술과 주택관리체계 그리고 생활문화를 창조적이고 성공적으로 발전시켜 나갈 수 있도록 정책적 지원을 적극 추진할 필요가 있다고 생각한다. 한편으로 이러한 공동주택은 대규모의 단지개발[21]을 수반하기 때문에 주택정책은 도시계획, 환경계획, 교통정책 그리고 사회정책 등과도 선후와 관계없이 상호보완적으로 밀접하게 병행하여 추진되어야 한다.

14-6 향후 주택정책 방향

수도권 등 지역적으로는 주택부족[22]으로 인해 높은 주택가격이 지속되고 있고 주기적으로 집값 폭등이 상황이 반복되어 오고 있다. 이로 인해 서민의 주거불안이 계속되고 있고 자산가치의 격차심화[23]로 인해 사회통합을 저해하고 있다. 이러한 주택문제 등과 관련하여 유럽 선진국들과의 비교연구에서도 우리나라의 주택정책이 이들 선진국들의 주택정책을 10~20년 정도의 뒤를 밟고 있는 것으로 나타났다(서명교, 1996). 따라서 앞으로도 정부는 기본적으로는 시장의 원리에 따라 주택의 수요와 공급이 이루어지도록 하되 주택건설 확대를 통해 근본적으로 주택시장을 안정시켜 나가는 정책을 지속적으로 추진해야 할 것이다. 아울러, 주택가격

21) 2007년 말 기준으로 20세대 이상 공동주택단지는 24,644개임.

22) 2004년 이후 4~5년 동안 수도권에서 연간 주택건설계획은 30만 호이나 실제 20만 호 내외에 머물고 있다.

23) 2006년도 주택자산 지니계수 0.568.

상승에 따라 상대적으로 주거불안이 높은 저소득층의 주거안정을 위협하고 있고 서민들의 주택구입 능력과 기회가 저하될 우려가 높으므로 무주택 서민들을 위한 공공임대주택 공급, 전세자금 지원 등 주거안정 지원을 강화하고, 저가의 소형 분양주택 공급을 확대를 통해 무주택 서민들이 적은 부담으로 자기집을 마련할 수 있도록 해 나갈 필요가 있다.

미래 주거환경의 예상되는 변화는 저출산과 고령화, IT기술의 발달, 빈부격차 심화, 지구환경보전 강화, 삶 가치에 대한 의식변화 등으로 요약된다(주거학회, 2007). 현재 소위 G10에 속하는 국가에서는 저소득층 지원, 공공주택, 주택구입능력 제고를 위한 주택금융 등 주거복지정책과 함께 주택품질, 주택관리, 실버주거, 주거지재정비, 주거문화 등 주거환경정책을 비중 있게 추진하고 있다. 따라서 우리나라도 앞으로 주거의 질적 향상을 위한 정책에도 무게의 중심을 충분히 두는 방향으로 나아가야 할 것이다.

정책은 현재의 문제에 대응하여 궁극적인 목적에 맞게 변화를 유도해 나가는 과정이라고 하였다. 주택부문에서 새로 공급되는 주택은 기존 주택의 3~4%에 불과하고 시장에서 거래되는 주택도 매년 전체주택의 10%를 넘지 못한다. 따라서 정책에 의해 단기간에 극적인 변화를 유도할 수 있는 사회서비스, 교육, 건강, 사회 안전 등 분야에 비해 주택정책의 효과는 매우 느리고 일정한 한계가 있다. 그러므로 직면한 문제해결을 위한 단기적 효과를 노린 정책도 필요하지만 근원적인 문제를 해결해 나가는 중장기적인 주택정책이 반드시 꾸준히 실행되어 나가도록 하여야 할 것이다.

생각해보기

1 주택시장에 대해 정부가 왜 개입해야 되는지를 생각해 보자

2 우리나라의 현재 주택가격이 과연 적정한 수준인지를 생각해보고 적정하지 않다면 어떠한 주택정책을 통해서 이를 안정시킬 수 있을 것인지를 생각해보자

3 미래의 사회는 어떻게 변화할 것이고 그러한 변화에 부응하기 위해서는 어떠한 주택정책이 필요할 것인지를 생각해보자

참고문헌

1. 서명교, Housing in Korea in an International Perspective. 1996.
2. 주거학회, 미래주거환경비전 및 전략 연구, 2007.
3. 하성규, 주택정책론, 박영사, 2006.
4. L. S. Bourne, the Gography of Housing, Edward Arnold, 1981.
5. Malpass and Murie, Housing Policy and Practice, Palgrave, 1982.
6. Malpass and Murie, Housing Policy and Practice, 4th edn, Palgrave, 1994.
7. Mullins and Murie Housing Policy in the UK, Macmillan. 2006.
8. Merrett, S. Stat Housing in Britain, Routledge & Kegan Paul, 1979.

15장 주거관리

우리는 현재 매우 다양한 주거유형에서 살고 있다. 단기간에 공급된 공동주택은 우리 삶의 변화뿐만 아니라 관리의 문제를 제기하였다. 더욱이 우리가 공동주택건설에 전념하는 동안 단독주택 또한 노후화가 진행되어 공동주택단지와는 또 다른 관리문제가 진행되고 있다. 본 장에서는 단독주택과 공동주택의 관리와 리모델링, 마을만들기로서의 거주지관리에 대하여 개략적인 방향을 모색한다.

그림 15-1 | 주상복합건물

그림 15-2 | 벽화 그리기 사업의 예
충북청주수암골

15-1 주거관리의 배경

(1) 다양한 주거형태

현재 우리나라에는 단독주택과 아파트 등 다양한 주거형태가 분포되어 있다. 1990년 이후 지금까지 단독주택수는 감소하고 있으나 아파트 등 집합주택은 지속적으로 증가하여 전체적으로 주택수는 매년 증가하고 있다(표 15-1). 이에 따라 우리의 공동주택은 1979년 공동주택관리령이 제정되어 관리의 기초를 만들어 법적으로 관리를 시행하고 있다. 현재는 2002년 5월 주택건설촉진법을 주택법으로 개정하면서 제5장 제46조에 주택관리를 명시하고 있으며 시행령과 시행규칙에 의해 관리가 이루어지고 있다.

단독주택의 관리는 1990년대 중반까지 가장 많은 분포를 보인 단독주택이 차차 감소하고 있지만 이들 중 다수는 노후화가 상당부분 진행되어

그림 15-3 ┃ 우리나라 최초의 담장허물기 사업현장(대구 삼덕동)

이들에 대한 노후주택관리 차원에서의 방안을 모색하고 있어 노후주거지를 대상으로 현지개량이나 거점확산형 또는 공동주택건설, 환지방식 등 다양한 방법으로 주거환경개선사업을 진행하고 있다. 마을만들기, 벽화그리기, 담장허물기 등의 거주지관리사업이 민관협력 또는 주민 자력으로 이루어지기도 한다(그림 15-2, 3).

표 15-1 ● 전국의 다양한 주거형태별 분포호수 단위 : 호(%)

주택 \ 유형	1990	1995	2000	2005
	주택수	주택수	주택수	주택수
총계	7,160,386 (100.0)	9,204,929 (100.0)	10,959,342 (100.0)	12,494,827 (100.0)
단독주택	4,726,933 (66.0)	4,337,105 (47.1)	4,069,463 (37.1)	3,984,954 (31.9)
아파트	1,628,117 (22.7)	3,454,508 (37.5)	5,231,319 (47.4)	6,626,957 (53.0)
연립주택	487,506 (6.8)	734,172 (8.0)	812,872 (7.4)	520,312 (4.2)
다세대주택	115,349 (1.6)	336,356 (3.7)	453,117 (4.1)	1,164,251 (9.3)
주상복합주택	202,481 (2.8)	342,788 (3.7)	392,571 (3.6)	198,353 (1.6)

자료 : 통계청 인구주택 총조사

(2) 주택의 노후화 · 주거지의 불량화

그림 15-4 ┃ 노후화가 상당부분 진행되어 관리가 시급한 아파트의 예로, 현재 우리나라 주택의 노후화는 중요한 사회문제이다(대전시 S아파트).

재고주택의 노후 정도를 통해 주택의 관리뿐만 아니라 주거지관리의 필요성을 추정해볼 수 있다. 각 도시의 20년 이상 기존 노후주택의 비율은 비수도권 도시가 수도권에 비해 압도적으로 높다. 이들은 특정한 곳에 모여 있는 경우가 대부분이어서 주택의 노후화는 주거지의 불량화로 연결된다(표 15-2). 이는 주택뿐만 아니라 주거지까지를 관리하는 것이 필요함을 뜻한다. 지금까지 주거관리를 공동주택과 그 주택에 부수되는 공유시설 및 복리시설을 효율적으로 관리하여 주택의 기능을 최대한 장기간 발휘하도록 함으로써 주택의 재고량을 유지 · 보존하는 업무로 이해해

왔다. 그러나 건전한 주택과 더불어 지역환경 조성을 위한 주거지 차원에서의 관리에 대한 필요성을 인식하여 자기중심적이며 부정적이기 쉬운 주민의식을 참여와 협동으로 유도하며 긍정적인 생활관을 갖도록 노력하는 일이 중요하게 부각되고 있다. 더 나아가 주거관리는 주민 각자의 어려운 일을 이해하고 그 해결을 돕는 적극적인 생활관리의 개념으로 발전하고 있다.

표 15-2 • 수도권과 비수도권 도시의 노후주택 비율 현황(2005년 기준)

20년 이상 노후주택 비율	도시수	수도권	비수도권
계	84	27	57
0~10%	16	13	3
11~20%	29	13	16
21~30%	21	0	21
31~40%	15	0	15
41% 이상	3	1	2

자료 : 통계청 2005년 주택 총조사자료(주관수, 2008 재인용)

(3) 주거관리의 내용

주거관리의 일부인 공동주택의 관리는 점차 전문화되고 관련제도의 개선이 꾸준히 이루어지고 있음에도 불구하고 입주민의 잦은 이동, 공동주거공간에 대한 인식부족, 개인주의 팽배 등으로 관리주체에 의한 관리가 갈수록 어려워지고 있으며 대규모 수선을 위한 계획의 수립이나 집행이 어려워 적절한 유지관리가 이루어지지 않고 있다. 이러한 현상이 지속될 경우 관리부실로 인한 내구수명의 단축과 보수로 인해 국가적인 낭비를 초래하게 되고 입주민들의 안전을 위협한다는 측면에서 단순한 문제가 아니다. 또한 공동주택은 사유재산이라는 이유로 정부나 지방자치단체가 문제해결에 있어 다소 방임적인 태도를 보이고 있다.

주거관리의 물적 대상인 주거란 주택과 주변환경, 생활을 포함하는 것이며, 관리란 주거의 형성에서부터 소멸까지의 과정 중 발생하는 행위이므로 협의의 주택관리와 광의의 주거관리로 구분해야 한다. 주택관리란 물리적인 주택의 관리이며, 후자는 주택과 더불어 주거지관리까지 포함해야 한다.

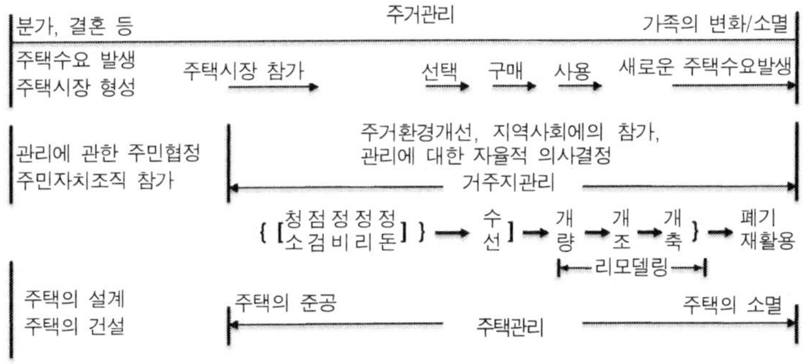

그림 15-5 | 주거관리의 개념

표 15-3 • 주거관리의 범위 예시

유형 / 차원	소프트웨어관리 (운영관리)	하드웨어관리 (유지관리)	휴먼웨어관리 (생활관리)
거주환경 정책	주택의 수요예측	재개발사업, 도시환경 정비정책 수립	새로운 주거환경의 생활방법, 시설의 이용법에 관한 사회적 교육
공공	경관협정, 건축협정, 주민협정 지원, 입주자 모집 결정, 퇴거 시 처치, 사회적 약자 주거복지지원	범죄예방을 위한 시설에 투자, 벽화그리기, 꽃길 가꾸기 등 주거환경개선사업 진행	주민자력 참여 지원, 주민의 법적 서류처리, 주차통제, 지역내 사회적 약자 보호
공동생활 (관리 사무소)	모임참석, 의뢰 및 시공시 입회, 일지 문서작성, 세미나, 관리능력의 육성, 인사관리, 관리비 등의 결정 · 징수	건물의 정기적인 손상도의 진단, 보수, 복리시설의 관리, 경비, 순찰업무, 자산관리, 리모델링 진행	거주자 의견 검토, 표지판, 간판, 광고물의 게시 및 전시, 거주자 상담, 보수방법 홍보
주민 협의체	주민공동작업 결정 · 홍보, 사회경제적 기반마련 프로그램 개발 및 운영, 공동체 규범 유지발전	주민공동이용시설관리 쓰레기 관리	휴먼네트워크 관리, 주민공동체 활성프로그램 진행, 소식지 발간
개인생활	세대내 주생활의 문제 파악 → 분석 → 해결방안 모색 → 계획 → 결정 → 평가	각 세대내 시설 설비에 대한 수시점검 진단 수리 보수	물건의 보관, 각 세대별 연락업무, 대주민서비스

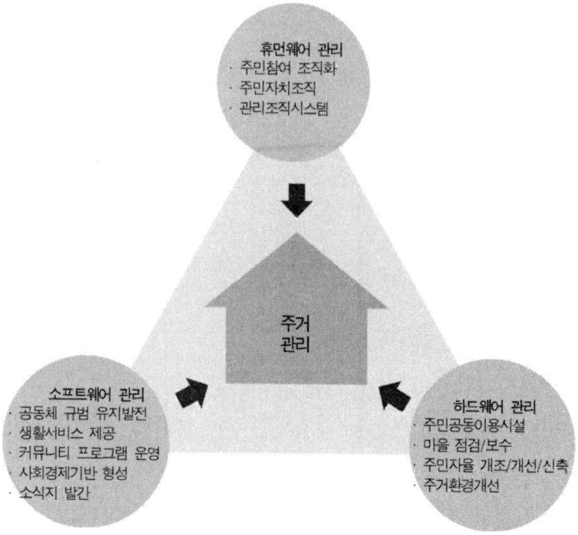

그림 15-6 | 주거관리의 내용

15-2 공동주거의 관리

(1) 공동주거관리의 개념

공동주택은 아파트, 연립주택, 다세대주택 등으로 분류되며 구분 소유하는 특징을 갖는다. 우리의 주택정책은 공동주택을 대량으로 공급하는데 집중하여 공동주택 내의 노후화, 각종 안전사고, 운영상의 비리 등 각종 문제에 대한 대비가 부족하여 이에 대비하기 위한 체계적인 주거관리가 요구되었다. 이에 따라 1972년 주택건설촉진법에서 증가일로에 있는 공동주택에 초점을 맞추어 관리에 관한 규정을 만들었고, 제도적으로 주거관리가 시작되었다. 초기 공동주택의 관리는 주택과 단지를 대상으로 입주자로 하여금 편리한 주생활을 영위하게 하고 입주자의 재산을 적극적으로 보전 · 유지하며, 각종 안전사고를 사전에 예방함으로써 공동주택의 장수명화와 주민생활의 질적 향상을 도모하고자 하였다. 이제는 주거환경 정비를 목표로 하여 양질의 공동주택과 원활한 공동체 생활을 위한 여러 방안이 강구되어야 할 것이다. 오늘날의 공동주거관리는 공동주택의 장수명화를 위한 유지관리는 물론 거주자들의 다양한 생활변화와 요구에 대응하는 공간으로 개선하거나 주민의 삶의 질을 향상할 수 있는 적극적인 관리를 포함한다. 앞으로의 공동주거관리는 아파트, 연립주택, 다세대주택, 기숙사 등의 인간 네트워크나 커뮤니케이션 등의 휴먼웨어; 공동체의 삶과 문화인 소프트웨어; 공동주택과 단지 공동시설 등의 하드웨어의 총합적인 관리로 진행되어야 할 것이다.

(2) 공동주거관리제도

우리나라에서 주택건설의 많은 부분을 차지하는 공동주택의 효율적 관리를 위하여 1972년 주택건설촉진법에 공동주택관리에 관한 법률이 제정되었고, 1977년 12월에 전문 개정되며[1] 1979년에 이르러 주택건설촉진법 시행령의 규정을 보완하여 별도의 공동주택관리령과 공동주택관리규칙을 제정함으로써 체계적이고 효율적인 관리체계를 모색할 수 있었

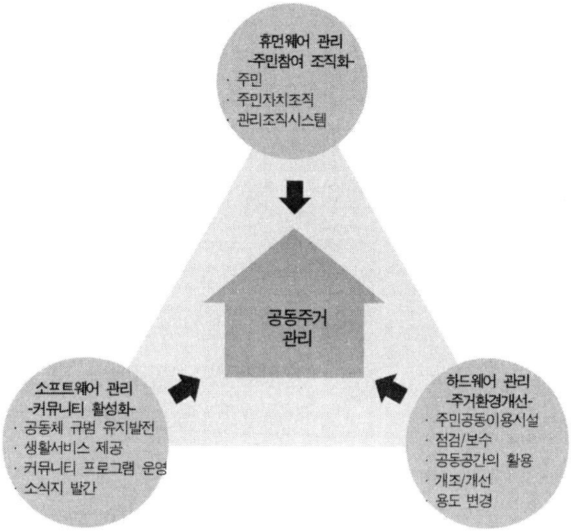

그림 15-7 | 공동주거의 관리

1) 주택관리인 제도를 신설하고 관리규약의 제정을 의무화하였다.

다[2]. 1987년에는 의무관리 대상 공동주택에서는 자격을 갖춘 주택관리사(보)를 관리책임자로 두어 관리를 하도록 하는 주택관리사제도를 도입하였다. 또한 공동주택 노후와 방지와 주거생활 향상을 위해 2002년 5월 주택건설촉진법과 공동주택관리령, 관리규칙의 내용 등을 보완한 주택법으로 개정하면서 제5장에 주택관리를 명시하고 주택법시행령과 시행규칙으로 2003년 12월 30일부터 시행하고 있다(표 15-4).

표 15-4 • 공동주택관련제도 변화

제정시기	관련제도	주 요 내 용
1963. 11	공영주택법 제정	• 공영주택 및 복지시설의 관리기준 • 입주자의 관리의무
1972. 12	주택건설촉진법 제정	• 공영주택 및 복지시설의 관리기준 • 입주자의 관리의무
1979. 11	공동주택관리령 제정	• 사업주체의 의무관리기간 신설 • 용도변경 등 행위제한 • 특별수선충당금 적립 의무화 • 자영회 구성
1984. 4	집합건물의 소유 및 관리에 관한 법률 제정	• 건물의 구분소유관계 설정 • 관리단의 설립 및 관리인의 선정
1984.12	표준공동주택관리규약제정	• 규약대상물의 범위 • 입주자 등의 권리의무 • 공동부분의 범위와 관리책임 • 계획수선 특별수선 충당금
2003. 12	주택법 제정	• 리모델링 구정 • 분쟁조정위원회 시설

표 15-5 • 공동주택관리 관련 법령 왼쪽 이동

관련 법령	목 적
공영주택법	대한주택공사와 지방자치단체가 공영주택에 대한 건설 및 관리를 목적으로 제정
공영주택법 시행령	공영주택 관리조합의 조직에 관하여 규정
주택건설 촉진법	민간건설업체의 참여를 염두에 두고 공영주택법에 대체법
공동주택 관리령	주택건설촉진법에 규정한 공동주택관리에 관한 법령
주택법	주택건설촉진법이 주택공급에는 기여하였으나, 주거생활의 질적 수준을 높이는 데는 한계가 있다는 지적에 따라 주택건설촉진법을 전면 개편하여 개정. 공동주택관리령은 주택법시행령으로 단일화

따라서 현행법상 공동주택의 관리에 관하여 직접적으로 규정하고 있는 것은 주택법과 주택법시행령 및 동 시행규칙으로, 주택의 건설 공급 및 관리에 관한 규정에 의하여 관리되고 있다. 간접적으로 이들의 법령에 정하고 있지 않는 사항에 대하여는 민법과 집합건물의 소유 및 관리에 관한 법률의 적용을 받고 있으며, 그밖에 각 단지별로 주민들이 합의한 관리규약을 가지고 있다.

2) 종전에는 건설사업주체와 관리조합이 공동주택관리를 담당하였으나 이때부터 사업주체관리, 자치관리, 위탁관리로 3원화 되었다.

집합건물의 소유 및 관리에 관한 법률은 집합건물의 소유 관리와 이들 사이에 일어나는 분쟁은 방지·해결하기 위함이며, 민법에 대한 특별법으로 제정하였으며 공동주택뿐만 아니라 2인 이상이 구분하여 소유하는 모든 건축물에 적용된다.

건축법 중 관리에 관한 규정과 시설물 안전관리에 관한 특별법과도 관련이 있다. 오염방지, 화재방지, 오물수거 등 주거환경개선 및 16층 이상의 공동주택은 시설물 안전관리에 관한 특별법에 의하여 안전진단 실시 등 안전사고 방지를 위한 관련 규정이 적용된다.

그러나 공동주택관리에 관한 현행 주택법은 주택건설, 공급 및 관리 등이 혼재돼 있고 공동주택관리에 관한 규정이 여러 법령에 산재해 통일적이고 체계적인 행정지원과 육성이 미흡한 실정이다. 주택법 등에 의한 사업계획승인 등을 거쳐 건설된 공동주택 중 일정규모 이상에 한해 주택법상 관리방법을 적용하고 이외의 공동주택은 '집합건물의 소유 및 관리에 관한 법률'을 기초로 사적자치영역에서 관리하도록 해 관리의 투명성과 효율성이 확보되지 않고 있다.

또 비전문인의 부당한 관여가 빈발하고 의결과 집행의 업무적 혼선이 발생되고 있는 것이 현실임에 비춰 본다면 권한행사에 따른 조정과 책임한계규정을 확실히 해둘 필요가 있다.

표 15-6 • 주택법의 주요 관리규정 내용

관련법 및 조항	주요 내용
주택법시행령 제57조 제3항	입주자 · 사용자가 관리주체 동의 없이 할 수 없는 행위 확대
주택법시행령 제52조 제5항	관리비 예치금 징수 신설
주택법시행령 제50조 제6항	입주자대표회의 변경내용 신고 및 교육 신설
주택법시행령 제52조 제1,4	관리방법 및 위탁관리업자 변경방법 신설
주택법시행령 제54조 제1항	관리업무의 인수 · 인계 시 투명성 확보
주택법시행령 제56조	관리업무 전산화 신설
주택법시행령 제57조	공동주택관리규약에 정할 내용 개정 및 신설

주택법시행령 제58조 제1항	관리비 구성내역 개정
주택법시행령 제63조	장기수선계획 수립대상 확대
주택법 제51조	장기수선충당금 용어와 사용절차 개정
주택법 제52조	분쟁조정위원회 신설
주택법 제55조 제4항	관리사무소장의 배치신고 신설
주택법시행령 제74조 제6항	주택관리사보 자격시험과목 내용 변경
주택법 제48조	리모델링 조항 신설
주택법 제43조 제8항	공동주택관리 비용 지원

(3) 주거개선과 리모델링

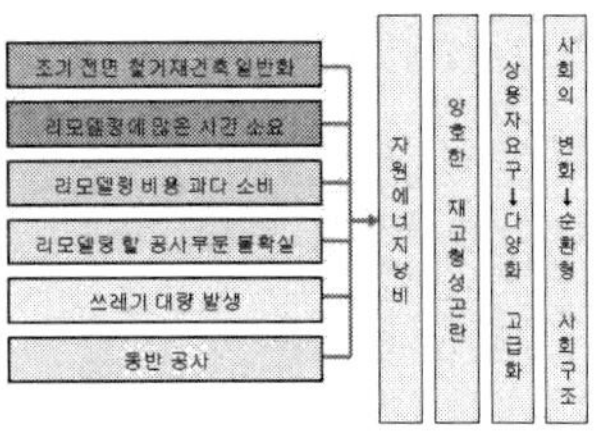

그림 15-8 | 리모델링에 대한 사용자 요구 다양화

우리나라 리모델링 제도는 도입된 지 7년이 지났지만 규제가 까다로워 건축주들이 꺼리고, 건설사도 재건축, 재개발에 비해 뚜렷한 수익성이 없어 시장형성이 제대로 이뤄지지 못했다. 그러나 서울시에서 준공 20년이 경과된 6층 이상 건물 5%만 리모델링해도 1조 8000억 원의 생산유발효과를 가져올 수 있다고 할 만큼 시장의 성장 가능성은 크다. 윤영선(2003)은 신축 후 21~25년이 경과한 아파트 중에서 서울 및 수도권은 20% 이상, 지방은 15%가 리모델링을 실시할 것이며, 그 양은 지속적으로 증가할 것으로 전망하였다. 그에 따라 리모델링 시장규모도 매우 커질 것으로 예측하였다.

표 15-7 • 리모델링 시장규모 예측

	2005~2009			2010~2014			2015~2019			2020~2024		
	전국	서울	수도권	전국	서울	수도권	전국	서울	수도권	전국	서울	수도권
총 대상호수 (천호)	664	243	130	1,377	440	337	3,127	657	861	5,231	974	1,495
리모델링 예상호수 (천호)	119	49	26	287	98	78	608	128	189	1,150	210	361
연평균 시장규모 (천억원)	10.5	4.3	2.3	25.2	8.6	6.8	53.5	11.3	16.6	101.3	18.5	31.8

특히 건물의 LCC개념이 보편화되어 주거소비자들은 재활용에 대한 관심이 높아졌다. 또한 주변이 쾌적하고 편리한 환경 등의 사회적 자본을 살려 리모델링을 하였을 경우 경제적, 사회적 가치가 상승됨을 인식하게 되었다. 전 지구적인 자연환경 파괴에 맞서 그린환경 또는 생태환경을 살리기 위한 노력으로 소비형 사회구조에서 순환형 사회구조로 변환되는 시대를 맞이하였다. 주로 소유에 의한 주택을 사용 후 내구연수가 지나면 폐기하였으나 앞으로는 리모델링을 통해 물리적 장수명화뿐만 아니라 부품의 갱신, 가변적 공간구조를 통해 기능적·사회적 장수명화를 꾀해야 할 것이다.

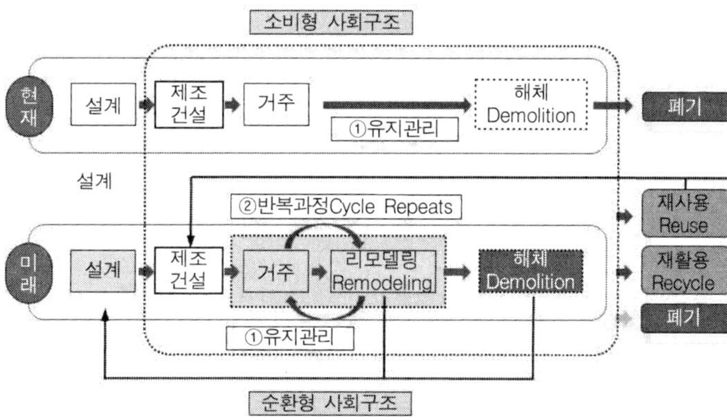

그림 15-9 | LCC개념의 보편화

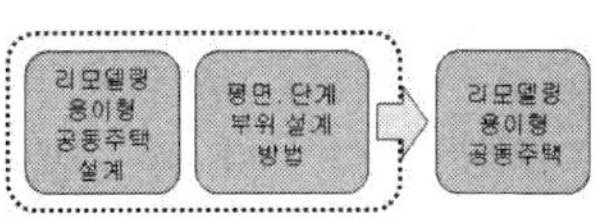

그림 15-10 | 리모델링을 고려한 설계 변화

건축법 제8조 (리모델링에 대비한 특례 등)[3]과 건축법시행령 제 6조의 3 (리모델링이 쉬운 구조 등)[4] 등에 신축 시 리모델링이 용이한 평면, 마감재, 구조로 하였을 경우 용적률이나 건폐율에 인센티브를 제공함으로써 리모델링을 촉진하고 있다.

---

3) 리모델링이 쉬운 구조의 공동주택의 건축을 촉진하기 위하여 공동주택을 대통령령으로 정하는 구조로 하여 건축허가를 신청하면 대통령령으로 정하는 비율로 완화하여 적용할 수 있다.

4) 1. 각 세대는 인접한 세대와 수직 및 수평으로 전체 또는 부분통합을 할 수 있을 것
2. 구조체와 건축설비, 내부 마감재료와 외부 마감재료는 분리할 수 있을 것
3. 개별 세대 안에서 구획된 실(室)의 크기에 변화를 줄 수 있어야 하고, 마감재료 · 창호 등의 구성재는 교체할 수 있을 것.

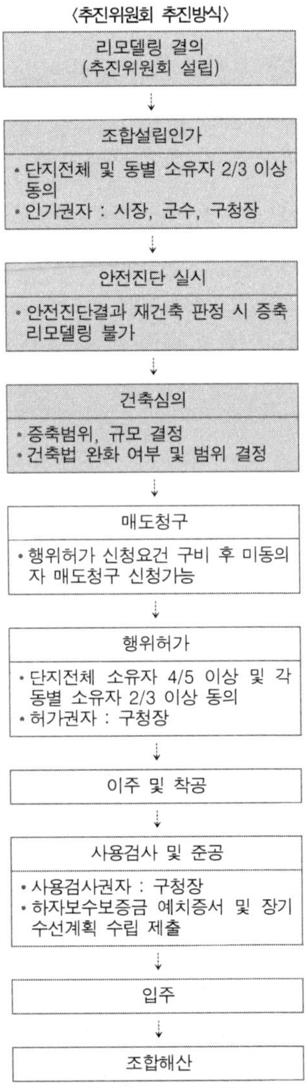

그림 15-11 | 추진위원회에 의한 리모델링 추진방식

최근 서울시에서 2009년 발표한 리모델링 활성화 방안에 따르면 아파트 등 공동주택이나 건축물은 리모델링 가능연한을 준공 후 20년에서 15년으로 단축하고(건축법시행령 6조 5항), 증축규모는 전용면적 10% 이내에서 30% 이내로 확대했다. 전용면적의 증가가 없는 경우는 현행대로 사용검사 후 10년만 경과해도 리모델링을 할 수 있다. 주상복합 아파트의 경우 상가 주인도 조합원으로 간주돼 집주인들과 공동으로 리모델링 사업을 할 수 있다. 증축을 할 경우 기존에는 승강기나 계단 설치를 위해서만 가능했으나 앞으로는 주거건물뿐만 아니라 사무실 등도 증축이 가능해지고, 층수를 늘리는 것도 허용된다. 주차장도 반드시 추가 설치하도록 했던 것을 설치를 면제해주거나 완화해주는 방향으로 추진된다. 특히 건축주가 리모델링 시 건물을 에너지 절약형으로 전환할 수 있도록 지원하는 등[5] 저탄소 녹색성장까지 추구한다. 이밖에 내진설계 없이 지어진 건축물에 대해서는 리모델링 시 지진 안전성까지 확보해 단순한 건물외관이나 정비를 넘어 건물 내·외부를 튼튼하게 점검하고 보강하는 리모델링을 유도한다. 리모델링 촉진을 통해 주거환경개선과 더불어 에너지절약과 건물안전도를 강화한다는 것이다.

표 15-8 ● 아파트 구조변경 시 허용 가능한 정도의 예

구 분	허 용	불 허
거실 날개벽 제거	비내력벽인 경우	내력벽인 경우
발코니 바닥 높임	목재 등 경량재 사용	콘크리트 돌 등 중량재 사용
창문 제거	교체 위한 제거	서비스면적을 주거공간으로 전면 활용 시
발코니 거실로 확장 (건축법 사항)	거실 창문 존치 (교체)시	거실 창 없이 전면 확장
발코니 이중창	구조 튼튼한 아파트 (시공업체 설치분)	기존 아파트는 구조진단 후 안전하다고 판명 시

5) 건물에너지합리화사업(BRP: Building Retrofit Project)과 연계해 건물주가 에너지 절약형 리모델링을 할 경우 최대 10억 원(연리 3%, 8년 분할 상환)까지 융자지원을 해주고 있다.

15-3 주거지관리

(1) 주거지관리의 개념

최근 우리나라의 사회 문화 수준이 성숙되고, 특히 국가가 주도하는 획일적인 주거지관리보다는 주민 스스로가 각각 지역의 특색을 살린 아름답고 쾌적한 경관을 조성하고 관리할 수 있도록 하고 있다(경관법 2007. 5). 흔히 마을 만들기라는 사업으로 진행되고 있으나 주민자치의 경험이 부족한 현실에서 주민 자력관리가 이루어지기 위해서는 관리협정의 구체적 적용방안을 제시해야 한다.

마을 만들기란 주민 스스로가 마을의 주민으로 거듭나고, 주민 간에 마음과 마음을 이어주어 주민들이 더불어 함께 살아가는 지역공동체를 창조하기 위한 모든 활동을 말한다. 단지관리보다 지역적으로 넓은 공간을 포함한다. 협의적으로는 동네에 있는 단지 주거지 거리 등을 의미하며 광의적으로는 동·구까지 포함하는 공간적 개념과 공동체 문화 등과 같은 사회적 개념까지 포함한다.

그림 15-12 | 지역자생단체를 중심으로 주민협의회를 구성한 후, 주거환경 개선의 방향에 대해 논의하고 있다(울산시 산전 지구)

주민들이 공동체를 이루어 마을 만들기가 활발히 전개되는 최근의 현상은 우리사회 변화와 관련이 깊다. 1980년대 후반 경제적 수준이 급속히 향상되고, 정치적으로 민주주의가 정착되면서 주민들은 주인의식과 시민으로서 책임을 자각하였다. 그러나 급격한 산업화와 도시화로 인해 주거환경이 악화되고, 공동체 파괴, 소외문제 등 많은 도시문제가 야기되었다. 이로 인해 주거지를 단지 먹고 자는 장소라는 생각에서 이제는 문화적 욕구를 충족시켜줄 수 있는 장소로 인식하고, 주택을 재산증식의 도구로 여기던 생각에서 벗어나 주거환경의 질을 고려하여 자신의 삶터를 적극적으로 가꾸고 관리하려는 노력을 이어가고 있다.

(2) 주거지관리 규정

주거지관리 규정은 다수가 거주하는 주거지의 주거생활의 질서유지와 주민 등의 권익 보호를 위해 주민 등이 자율적으로 정하는 자치규범이어야 한다. 현재 공동주택은 집합건물의 소유 및 관리에 관한 법률 제42조

그림 15-13 | 서울 암사동 서원마을은 행정주도의 공동주택방식의 주거환경개선사업을 거부하고 주민자율 참여에 의한 마을만들기를 진행하고 있다. (암사동 서원마을)

제1항, 주택법 제44조의 규정에 의거 시 · 도지사가 관리규약 작성 시 참고할 수 있도록 관리규약 준칙을 정해 제시하고, 이를 바탕으로 입주자 등의 과반 동의를 얻어 단지별로 주거환경과 단지 특성 및 단지여건을 감안해 실정에 맞도록 관리 규약을 제정 또는 적합하도록 개정한 다음 이를 관할 구청장에게 신고하도록 하고 있다. 단독주택주거지의 경우에는 경관법이나 국토계획법에 의한 경관협정이나 지구단위계획 등을 통해 주민들이 자율적으로 자치규약을 제정할 수 있다. 경관협정은 주민들이 자치적으로 본인들의 재산권에 대한 규제를 결정하는 것이다. 포괄적인 협정내용이 가능하기 때문에 수립내용의 범위가 넓으며, 해당 지역에 필요한 내용 위주로 구성할 수 있다. 효력발생 기간은 주민들에 의해 정해지며, 지속적으로 일관된 주거지관리가 가능하다(표 15-9).

표 15-9 • 주거지관리 관련 제도

구분	근거법	주체	운영	적용기간	강제 여부	주 적용 지역	특 징
경관협정	경관법	토지 소유자	주민 위원회	협정기간	자율	기존시가지 신개발지	주민 자율 규정 수립내용의 범위 넓음 협정기간 내 지속적
지구단위 계획	국토 계획법	지자체	–	건축 인허가시	강제	신개발지 중 일부	규제내용이 한정적 건축인허가시에만 적용 기존시가지에 대한 적용 가능성 낮음

주거지관리의 필요성이 부각되는 이 시점에서 주거지관리 규정의 내용은 주민 등이 자신과 공동체의 권익을 위한 규정임을 명확히 이해하고 보다 원활하게 운영할 수 있고 공동의 이익과 안전의 확보를 확보할 수 있는 내용으로 정하는 것이 필요하다.

표 15-10 ● 주거지관리협정 예

주거지관리협정	
항목	내　　용
주차	상가는 공용주차장 이용
	내부 진입도로 및 가로변 주차금지
담장	기존 담장은 높이 1.2m 이하 또는 담장 허물기 실행 권장 기존 담 처리에 관한 가이드라인 제시
간판	지역에 적합한 가이드라인 작성
색채	지역에 적합한 색채 선정·권장
식재(조경)	가로별, 구역별 특성 부여가 가능한 수목식재 권장 : 주민협의를 통한 선정 가능

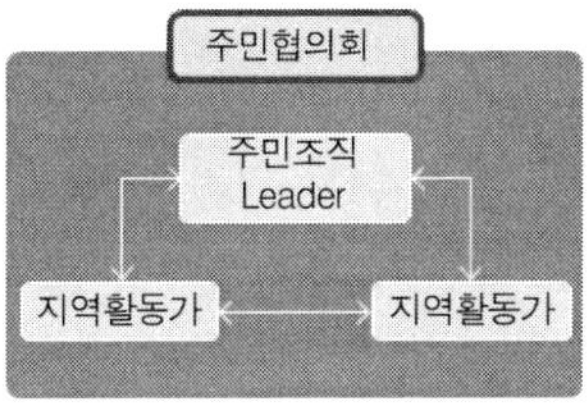

그림 15-14 | 주민협의회 구성 예

(3) 주민참여 유형

주거지관리는 자신이 거주하는 주거지의 상태, 과제, 문제를 잘 파악하고 있는 거주자가 주체가 되며 주민 모두의 참여가 중요하므로 주민자치의 관리조직이 필요하다. 관리조직은 관리에 관련자 전원을 참여시키는 것이 바람직하므로 주민 개인보다는 주민공동체로서의 자세를 견지해야 한다.

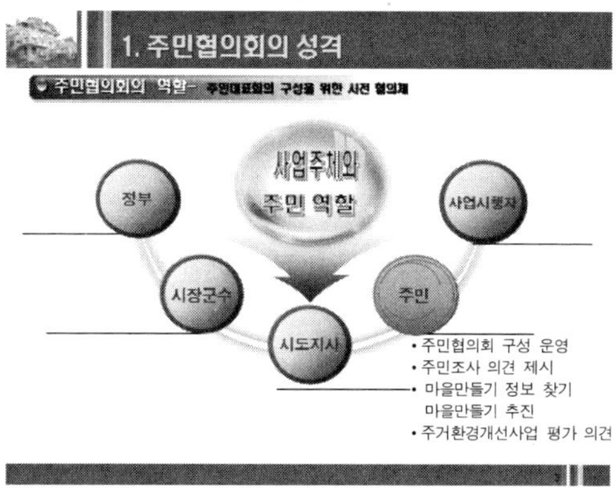

그림 15-15 | 주민대표의 역할 예

주민참여란 주거지관리에 관한 의사결정 과정을 공유하는 현상으로 주민들의 생활 및 생활터전인 커뮤니티 생활에 영향을 주는 의사결정을 함께 하는 것이라 정의한다(홍인옥, 2006). 주거지관리에 주민참여는 일반적으로 참여의 수준에 따라 참가, 참가 및 기획(참획), 주도의 3단계로 정리할 수 있다.

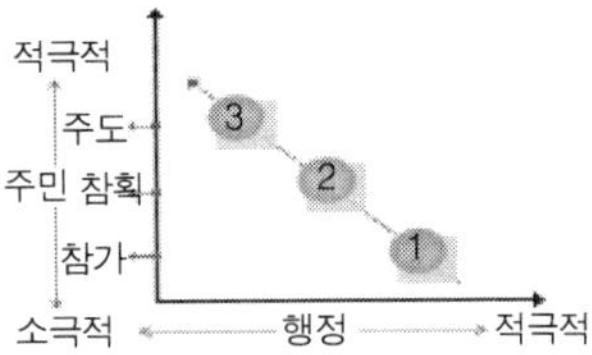

그림 15-16 | 주민참여 유형은 주민참여 정도에 따라 주민참여형, 외부지원형, 주민주도형으로 구분한다.

① **주민참여형** : 행정이나 전문관리조합이 주거지관리를 추진하되 의견청취, 공고 등 소극적인 방법으로 주민이 참여하는 형태이다. 주민공람형식으로 이루어지며 지금까지 대부분의 주거지관리가 단순한 주민참여형으로 이루어져 왔다.

② **주민 외부지원형** : 주민과 시민단체 또는 전문가 등 외부지원이 동시에 이루어지는 형태로 주민참여형보다는 체계적이며 원활한 주민참여가 가능하다. 대구 삼덕동 골목가꾸기가 그 예이다.

③ **주민 외부지원 행정결합형** : 주민과 전문가(또는 시민단체)에 의해 추진된 사업이 행정적 지원을 통해 구체화될 수 있는 형태로 민관파트너십이 강력한 힘을 발휘할 수 있는 형태이다. 서울 사당동 양지공원 조성이 청주 충북대 중문지구가 그 사례이다. 남해군의 원예예술촌은 초기에 관 주도로 개발이 이루어졌으며 입주가 끝난 현재는 주민의 적극적인 참여로 관리 운영되고 있다.

④ **주민주도형** : 지역의 문제를 주민 스스로 파악하고 문제제기 및 해결방안으로 마련하는 형태이다. 이를 위해서는 지역리더로 인재가 필요하며 주민 간 네트워크를 강화할 수 있는 방안이 강구되어야 한다. 주민주도형이 가장 바람직한 형태의 주민참여 모습이라 할 수 있다. 헤이리 아트벨리의 경우 1990년대 주민들 스스로의 협약에 의해 주거지가 조성된 선진적 사례이다.

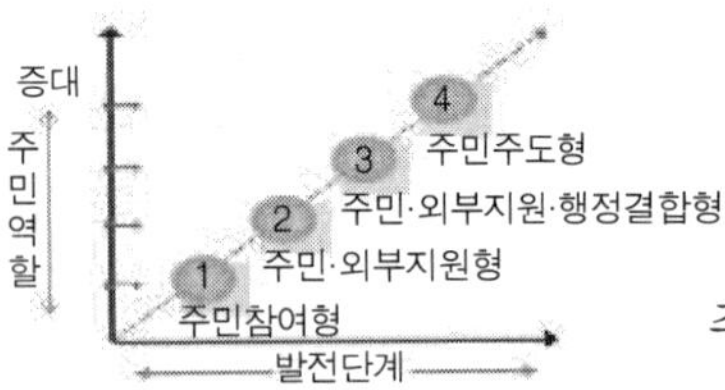

그림 15-17 | 주민참여 유형은 주민참여형에서 주민주도형으로 발전한다.

주민참여방식은 주민참여형, 주민 외부지원형, 주민 외부지원 행정결합형, 주민주도형의 방식 등 공공주도에서 주민주도로 변화해 가고 있는 과정이며, 이는 주거지관리 활동에서 주민참여의 중요성을 인식한 결과이다(그림 15-17). 향후 전문가와 행정은 주민들이 주도해 나갈 수 있는 주민참여시스템을 조성해야 하며, 이들을 이끌어 갈 지역리더를 육성해야 할 것이다.

15-4 주거관리의 전망

그림 15-18 | 주거지는 거주자, 주택들, 도시기반시설, 공동시설 등으로 구성된다.

(1) 공동주택관리의 전망

2006년 말 현재 전국의 가구수는 12,633천 호, 주택수는 13,534천 호, 그리고 주택보급률은 107.1%에 도달하였다. 전국적으로 관리물량이 급증되었으며 관리체제를 전환해야 할 시점이 되었다(박은규, 2004). 특히 청소, 경비, 소독, 수선업무와 같은 시설물관리 위주에서 입주자의 분쟁해결과 같은 세대관리당 휴먼서비스 질 개선이 시급하다. 관리전략은 기술집약화, 자치화, 전문화, 광역화가 핵심이 되어야 할 것이다.

① **기술집약화** : IT산업의 급진전과 전국적 보급에 따라 전자관리(u-Management)를 근간으로 관리효율성 추구해야 한다. 가정과 공동주택 단지, 단지와 단지간 연결망을 구축해야 하며, 공동주택의 특성을 감안하여 공용부분뿐 아니라 공용과 전용을 연계하는 대안까지 강구해야 할 것이다.

② **자치화** : 주민 스스로 관리참여를 활성화하여 주민 스스로 문제를 해결하는 대안을 제도적으로 강구해야 할 것이다.

③ **전문화** : 관리의 전근대성은 관리인력의 처우와 깊은 연관이 있다. 따라서 소수정예화 등을 통한 인력의 전문화를 근간으로 관리효율성과 효과성을 추구하는 대안을 강구해야 한다. 전문화는 단순한 인력의 부분에 국한시키지 않고 관리와 관련된 문제, 특히 생활관리는 복지 개념까지 확장하는 개념으로 접근해야 한다.

④ **광역화** : 관리기술의 발달로 기존 "1단지1관리주체"의 관리구도는 규모경제의 원칙에 부합되지 않는 경우가 발생할 것을 대비하여 여러 단지를 묶어서 관리하는 방안을 강구하여 관리의 경제성을 고려해야 한다.

미래 관리체제 변화를 위하여 이 같은 정책적 패러다임의 전환과 대응전략이 필요하다. 오늘날 관리의 영역은 단지 차원에서 도시 차원으로 격상되고 유비쿼터스, 유매니지먼트(u-Management)가 서비스에도 속속 접목되면서 관리는 단순한 사적서비스가 아닌 공공서비스로 인식되는 추세이다. 분양형태별로 살펴보면 고도의 산업사회가 진전되면서 소득의 양극화와 함께 임대주택의 등장과 임차인들에 대한 주거복지업무는 공적개입의 필요성을 증대시키고 있다. 결국 주거관리는 거주지의 물적관리에서 주민의 복지관리로 정책적 패러다임의 전환을 요구하고 있는 것이다.

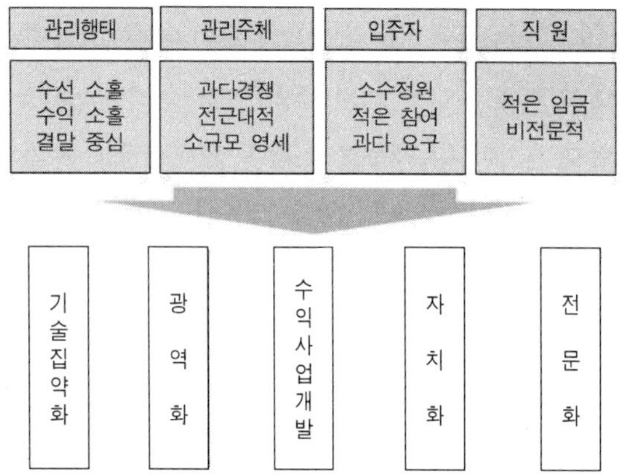

그림 15-19 | 공동주택관리의 전망

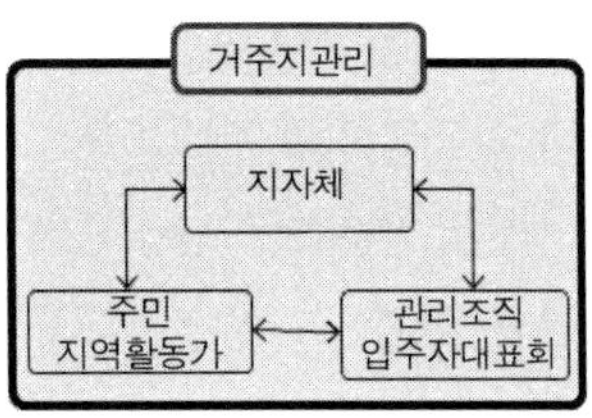

그림 15-20 | 주거지관리의 체계

(2) 주거지관리의 전망

각 지자체는 지역의 커뮤니티 진작을 위하여 다각적인 노력을 기울이고 있다. 울산시는 그린스타트운동으로 가정생활용수 절약, 녹색소비생활 캠페인 및 실천사업 등 10개 과제를 제시하고 각 지역에 적합한 사업을 지원하고 있다. 대전시는 공동주택 관리운영의 내실을 기하고 커뮤니티 활성화를 위해 광역시 차원에서 지원가능 요소를 검토 · 지원하고 있다. 동별 대표자 교육, 기존아파트 외부도색 시 색채 및 디자인 자문 무료제공, 아파트단지와 연계한 G9 아파트 단지 · 농촌마을 자매결연 사업을 추진하고 있다. 이제 주거지관리는 이웃뿐만 아니라 지역사회 전체를 연계하는 방안을 모색하며, 이를 위해 관 · 민이 협동하는 자세를 보여야 할 것이다.

(3) 건전한 주민참여의식 함양

제도적으로는 녹화협정, 보전협약, 경관협약 등이 있어 지자체와 주민간의 녹지 및 역사문화 보전이나 농촌경관 형성 등 한정된 지역을 대상으로 지자체와 주민간의 협약을 체결하여 주거환경을 관리하고 있다. 그러나 쾌적하고 깨끗한, 그리고 건전한 주거환경을 유지하기 위하여 주민의 참여는 주민스스로가 보전 · 관리 및 개선할 수 있도록 자율적이고 지속적이며 모든 지역에서 총체적으로 이루어져야 한다. 주민 간에 지역에 적합한 자치적 규약으로 관리의 범위가 정해져야 하며 주민들이 합의한 일정기간 동안 지속적으로 진행되어야 하는 것이다. 주민들이 해당지역에 필요한 내용 위주로 자치적으로 본인들의 주거를 일관되게 규제하고 관리함으로써 공동체를 이끌어 갈 수 있다.

주거지의 마을만들기 형태로 경관개선시범사업이 진행되어 살고 싶은 도시만들기와 같이 공공의 적극적인 지원에 의해 이뤄진 결과도 있지만 화단길 가꾸기, 내 집 앞 눈 치우기, 담장 허물기, 벽화그리기 등 주민들의 자발적인 활동에 의해 주거지를 관리한 사례들이 있다. 해를 거듭함에 따라 주거지관리에서 주민참여의 중요성을 인식하여 최근에는 경관법이 제정되어 주민 주도의 주거지관리를 지원하고 있다.

생각해보기

1 우리나라에서 현재 주거관리가 시급한 원인을 찾아보고 토의해 보세요.

2 우리나라에서 주거관리를 시행하는데 근간이 되는 관련 법규를 모두 찾아 정리해 보세요.

3 우리나라에서 마을만들기 차원에서 주거지관리가 이루어진 현장을 방문하여 답사하고 주민들의 의견을 들어본 후, 주변지역을 선정하여 주거지관리 방향을 모색해 보세요.

참고문헌

1. 강혜경, 한국과 미국의 공동주택 관리제도 비교, 한국 생활과학학회지 제15권 5호, 2006.
2. 공동주거관리연구회, 공동주거관리이론. 서울:교문사, 2008.
3. 김은정 외, 주민참여 마을만들기의 활동내용과 참여주체에 관한 연구. 한국도시설계획학회. 109-116, 2003.4
4. 박경옥, 거주지관리제도 도입을 위한 미국 주택소유자조합의 기능과 관리방식에 관한 연구. 한국생활과학회지 15(4). 691-701.
5. 박은규 외, 임대주택관리 로드맵 구상 연구, 주택도시연구원, 2007.
6. 손성태. 공동주택관리 관계법규의 문제점 및 개선방안. 월간 감정평가사 4월호. 28-38, 2004.
7. 이창호·김성연, 살고싶은 도시만들기를 위한 주민참여방안 연구. 2007 주택도시연구원 연구결과 요약집. 156-167, 2008.
8. 주관수, 도시정비에서 도시재생으로 : 재개발의 패러다임 전환을 위하여. HURI FOCUS 27호. 2008.4
9. 최수경·안효수, 공동주택관리에 관한 입주자 만족도 조사연구, 대한건축학회지 제23권 5호. 2007.
10. 한국아파트신문, 2009년 1월 28일자, "전문가에게 듣는다"
11. 홍인옥, 도시와 주민참여, 도시해석, 2006.

그림출처

그림 15-2 www//navercast.naver.com

그림 15-7 공동주거관리이론, 공동주거관리연구회, 교문사, 2008.

그림 15-18 www. google.com

건축텍스트북 시리즈

주거론

2010년 4월 25일 1판 1쇄 발행
2022년 2월 25일 1판 3쇄 발행

저 자 사단법인 대한건축학회
발 행 인 강해작
발 행 처 기문당
주 소 서울시 성동구 무학봉28길 4-1
전 화 02)2295-6171(代)~5
팩 스 02)2296-8188
출판등록 1976. 10. 7 (1-44)
홈페이지 http : // www.kimoondang.com
I S B N 978-89-6225-253-8 93540